科技创新战略与创导

刘琦岩 著

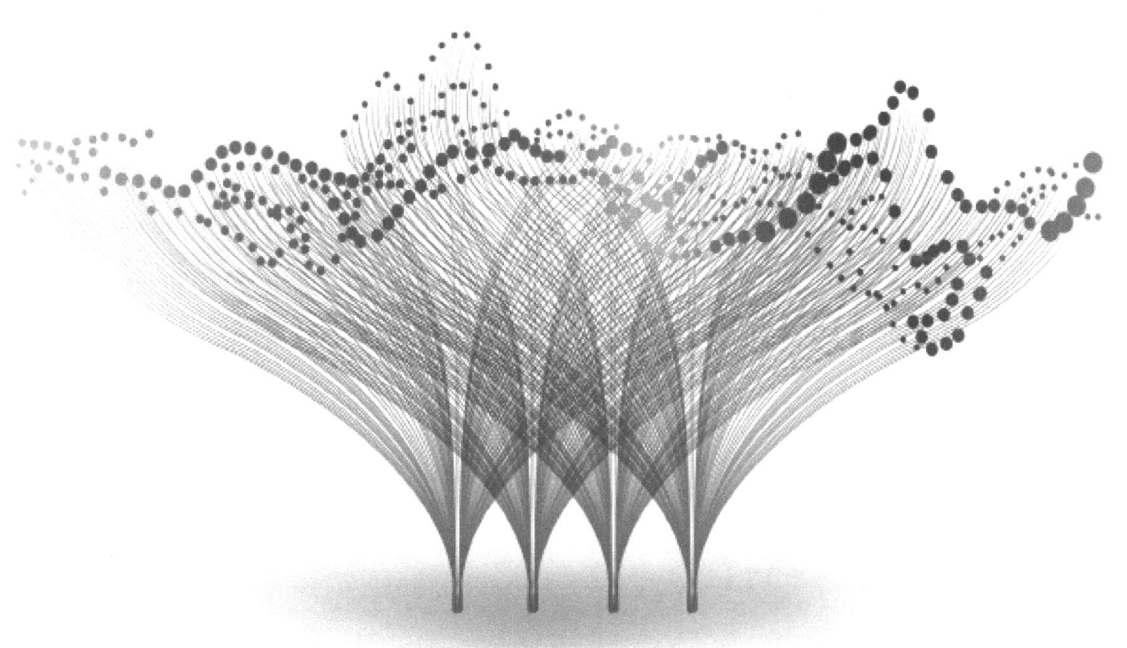

科学技术文献出版社
SCIENTIFIC AND TECHNICAL DOCUMENTATION PRESS
·北京·

图书在版编目（CIP）数据

科技创新战略与创导/刘琦岩著. —北京：科学技术文献出版社，2022.8
ISBN 978-7-5189-9511-0

Ⅰ.①科…　Ⅱ.①刘…　Ⅲ.①技术革新—研究—中国　Ⅳ.① G322.0

中国版本图书馆 CIP 数据核字（2022）第 151591 号

科技创新战略与创导

策划编辑：郝迎聪　　责任编辑：李　晴　　责任校对：张　微　　责任出版：张志平

出 版 者	科学技术文献出版社
地　　址	北京市复兴路15号　邮编　100038
编 务 部	（010）58882938，58882087（传真）
发 行 部	（010）58882868，58882870（传真）
邮 购 部	（010）58882873
官方网址	www.stdp.com.cn
发 行 者	科学技术文献出版社发行　全国各地新华书店经销
印 刷 者	北京厚诚则铭印刷科技有限公司
版　　次	2022年8月第1版　2022年8月第1次印刷
开　　本	787×1092　1/16
字　　数	397千
印　　张	22.25
书　　号	ISBN 978-7-5189-9511-0
定　　价	78.00元

版权所有　违法必究

购买本社图书，凡字迹不清、缺页、倒页、脱页者，本社发行部负责调换

序 言

世纪之交，中美两个大国不约而同地认为，21世纪的头20年是各自的战略机遇期，当然各自视角又不尽相同。同期其他国家也都以各自的方式表达了对冷战结束后战略环境变化、战略议题发展的认知。对战略态势的重新认识和表达，不仅局限于世界格局和国际关系话题上，也延及包括科学技术在内的各个议题上。

战略，关乎全局与部分、关乎决策与行动、关乎当下与未来。科学技术因其在历史上曾有的积极作为与所产生的不可逆结果，被赋予了先导功能、引领作用。同时，科学技术又具有广泛的普及性、渗透性。科学技术无处不在、无时不在。"何方可化身千亿"，科学技术的方法与结果就能够做到。由此，科学技术也被越来越多的人认为是历史进程中的一种革命性力量，一类不可错失的战略机遇创造者。所以，把科学技术作为整体进行分析考量也好，将其分开进行探讨研判也罢，其都是各种战略体系中的重要因素或支柱性力量，也必然成为战略（管理）研究的重要议题。

有着长达几千年的文化积淀，走过众多争战的历史场景，中国不乏自己的战略观和战略管理模式。像《孙子兵法》等一再传承的书籍和其中渐渐成为老生常谈的章句已然是这个民族有关战略研究的重要经典。经过战争洗礼并长期处于国际对抗中的新中国，也存续了很多关于胜利和斗争谋略的记忆。但就在世纪之交，中国至少在宏观科技管理方面经历了一次战略观和战略管理的调适期。由于全社会正从计划体制向市场体制加速改革，深化开放及加入世界贸易组织（WTO）又让我们的科研和创新主体面临全新的资源配置环境、竞争策略和机会窗口。这一时期，我们在宏观科技管理方面进入了国家整体谋划、创新主体各显其能的整合调适阶段。科教兴国战略、人才强国战略、创新驱动发展战略、可持续发展战略、知识产权战略等相继被提出。《国家中长期科学和技术发展规划纲要（2006—2020年）》就是进入新世纪我们主动、系统、深入的一次谋划。"自主创新、重点跨越、支撑发展、引领未来"这16字战略方针得到各方接受，各项任务举措得到各方响应和落实。当规划实施结束时，中国科技的创新发展已然成为塑造世界新发展格局的关键变量，也为中

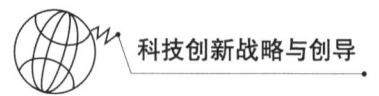

国下一步强国目标的实现打下坚实的基础。

对于有着全局观和整体思维的民族来讲,一个好的战略观和高水准的战略管理能力至关重要。这一好的战略观和高水准的战略管理能力体系中,精准认知环境态势、把握各种变量相当重要,但更重要的是正确认识科技创新自身。科技创新只有在自身发展规律、体系变革特点、与周遭的关系等被越来越清楚地认知、运用和维系时,关于科技创新的策略才会得到自主自如的制定和实施,也才会得到自立自强的结果。

能经历这一调适期并投身有关研究工作是我们这一代科技战略和政策研究者的幸运。本书就是这一时期围绕科技创新战略管理、科技创新活动与过程、产业及企业科技创新等议题研究与思考的反映,部分内容已在刊物发表,有的是当时的习作或心得。内容上既想追逐学术前沿,又想因应政策痛点。研究思考所得必定带有同期的历史印记。不当之处,均囿于笔者成见和笔力。但问题和思考是真实的。自然和历史之镜反映的是:知识之树总是对应着问题之根;真知灼见的浪花常常涌现于与实践交融的思想之流。

刘琦岩

2022 年 7 月

于中国科学技术信息研究所

目 录

科技创新战略与管理篇

第一章 国家科技层次论 3
1.1 层次的历史性 4
1.2 各层次的影响力因素 6
1.3 关键层次的作用 6
1.4 新的挑战——如何做好关键层次 8

第二章 科技创新的战略管理 10
2.1 创新的战略观和管理观 10
2.2 科技创新战略管理必须遵循的原则与规律 13
2.3 面向未来的科技创新战略的基本理念 15
2.4 科技创新战略管理视野的"4个基本点" 16
2.5 科技创新战略管理的基本分析框架 18
2.6 科技创新:战略创导未来 20

第三章 迎接颠覆性创新群集到来的挑战 22
3.1 颠覆性创新——竞争性市场偏好后起之秀 22
3.2 创新经济时代——颠覆性创新的群集到来 23
3.3 颠覆性创新带来诸多新挑战 25
3.4 重视变革、引导变革,变颠覆为科技创新的契机 27

第四章　作为战略奇点的颠覆性技术创新 29
4.1　科技及产业变革与颠覆性技术创新群集的到来 29
4.2　颠覆性技术——可孕育未来的战略奇点 31
4.3　主动研发颠覆性技术和推动颠覆性创新的战略意义 34
4.4　把颠覆性技术创新作为转型发展的战略枢纽 36

第五章　科技创新的十大战略工具 38
5.1　破坏（颠覆）性技术 38
5.2　CTO 制度 39
5.3　"架构与模块"化设计能力 40
5.4　技术路线图 41
5.5　产品和技术全生命周期管理 43
5.6　集成产品开发模式 44
5.7　研发外包及技术联盟 45
5.8　创新成熟度模型 46
5.9　计算机辅助创新 47
5.10　创新实验室 48

第六章　政府科技计划管理者多重角色——对 DARPA 案例的感想 50
6.1　政府科技计划管理者的众多角色 51
6.2　DARPA 管理带给我们的 4 点启示 53

科技创新活动篇

第七章　科学：游戏的观点、工具的观点、批判的观点 59
7.1　引言 59
7.2　作为游戏的科学 60
7.3　作为工具的科学 63

  7.4 科学的批判观 64

第八章 科研及研发活动类型分析 69
  8.1 "阿波罗型"与"酒神型" 69
  8.2 科研活动"四象限分类法" 71
  8.3 6类不同取向的科技活动 72

第九章 新型研发机构的生成与发展 77
  9.1 新型研发机构产生的背景 77
  9.2 新型研发机构的"四不像"特点 79
  9.3 新型研发组织是实现创新驱动的新生力量 81

第十章 高技术及其产业化趋势 84
  10.1 高技术及其产品发展的趋势、特点 84
  10.2 高技术产业化的新特征 86
  10.3 高新技术企业的成长模式 87
  10.4 高新技术产业化政策环境 88

第十一章 科技创新模式与战略性新兴产业 91
  11.1 科技创新模式 91
  11.2 破坏性创新与逆向创新 94
  11.3 新时期战略性新兴产业前瞻 96
  11.4 政府推动科技创新的责任 98

第十二章 破解科技成果转化之难——关键在于工程化水平和产品/服务架构能力 101
  12.1 工程化是科技成果转化的关键环节 102
  12.2 提升架构能力和模块化水平 103

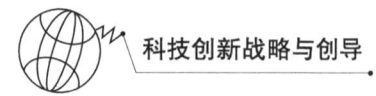

第十三章　探索适应创新发展需求的评价机制和模式 ... 105

　　13.1　联系地看科技、研发、创新的同与不同 ... 105
　　13.2　着眼于创新的过程与模式来理解创新的本质 ... 107
　　13.3　科技评价活动有序开展既要有分类更要有互动 ... 110

第十四章　技术路线图：决胜创新之道和创导未来的新方法 ... 113

　　14.1　技术路线图本身就是一种创新 ... 114
　　14.2　面向创新战略管理需要 ... 117
　　14.3　技术路线图只是一种工具 ... 118
　　14.4　路线图带来更多的新问题与思考 ... 119
　　14.5　对我国宏观科技发展规划的启示 ... 122
　　14.6　地方如何开展技术路线图研究 ... 123
　　14.7　技术路线图在我国的发展与相关思考 ... 127

产业集群和企业科技创新篇

第十五章　产业簇群现象研究及其政策意义 ... 133

　　15.1　关于产业簇群的描述 ... 133
　　15.2　产业簇群的产生和演化 ... 136
　　15.3　产业簇群的作用和意义 ... 138
　　15.4　产业簇群给理论研究带来的新挑战：新竞争模式 ... 139
　　15.5　对中国当前建设与发展的启示 ... 142
　　15.6　我国区域产业簇群的发展 ... 145

第十六章　产业集群与区域创新体系 ... 150

　　16.1　问题的提出 ... 150
　　16.2　产业集群现象存在的根据 ... 151
　　16.3　产业集群对现阶段国家和区域发展的意义 ... 154

16.4　目前产业集群发展面临的主要障碍 157

　　16.5　以产业集群为指向的区域创新体系建设 158

第十七章　产业集群研究综述 160

　　17.1　集群问题的热度在继续升温 160

　　17.2　集群理论探讨还需深化 161

　　17.3　政策层面的关注与操作 163

　　17.4　萦绕各方的几个关系问题 164

　　17.5　中国的高速发展引人注意 165

　　17.6　产业集群与中国区域创新发展 166

第十八章　产业集群在新型工业化进程中的使命与前途 169

　　18.1　产业集群在当代中国的3种解读 169

　　18.2　中国新型工业化阶段产业集群的使命 170

　　18.3　关注产业集群前途需处置好以下几个方面的关系 172

　　18.4　如何让产业集群有一个好的前途 174

第十九章　基于"双创集群"发展社区生产力——积累社会全面发展全面
治理的正能量 176

　　19.1　从社区来理解生产力，重新认知社区生产力 176

　　19.2　发展社区生产力必须将科技创新与社会创新有机结合起来 178

　　19.3　探索了新常态下文明型街道建设、发展社区生产力的新路 179

　　19.4　进一步完善"两创"社区发展和治理的设想 181

第二十章　院所衍生集群案例——河南超硬材料及制品产业集群崛起之路
考察 183

　　20.1　超硬材料及制品产业在我国的成长与崛起 183

　　20.2　河南超硬材料及制品产业发展带来的启示 185

　　20.3　超硬材料及制品产业的优势意义重大而深远 187

20.4 我国发展超硬材料及制品产业面临的机会和挑战 189

20.5 打造超硬材料及制品产业优势的若干思考 190

第二十一章 产业技术创新组织范式及政策取向 193

21.1 应从产业角度认知技术和创新 193

21.2 技术创新与现代产业体系 195

21.3 产业技术创新的动力模式 196

21.4 产业技术创新组织的基本范式 197

21.5 当前产业技术创新面临的主要问题及政策导向 201

第二十二章 民营企业自主创新六议 203

22.1 "三关一品": 民营企业实施自主创新战略的着眼点和着力点 203

22.2 民企: 从"价格屠夫"到"成本杀手", 再成为"创新剑客" 208

22.3 架构能力: 界定产品话语权的关键 209

22.4 何仿来个 N.5 代战略

——高世代产品断代切换或快速升级阶段的攻守思路 212

22.5 提升 6 项能力,高水平地谋划和推动创新 214

22.6 让创新者引领创新

——《硅谷中关村人脉网络》对科技体制机制改革和

创新体系建设的启示 216

第二十三章 科技型企业的产权激励 221

23.1 科技型企业的界定和特点 221

23.2 科技型企业的产权激励和薪酬模式 224

23.3 科技型企业产权激励的主要形式 227

23.4 科技型企业产权激励与资本市场、产权交易市场的衔接 229

23.5 科技型企业进一步完善产权激励机制的政策建议 230

第二十四章 抓住科技体制改革机遇做大做强科技创新服务业 233
24.1 目前科技创新服务业面临的机遇和挑战 233
24.2 科技创新服务业的发展方向与重点 240
24.3 加快科技创新服务业发展的基本思路与建议 243

第二十五章 科技为新经济新业态的核心——以养老科技与老龄产品与服务关系为例 245
25.1 进一步明确老龄产业是常规性基础产业的战略定位 245
25.2 科技助老养老与助老养老科技 247
25.3 以科技为引领，高起点丰富老龄产业新业态 251
25.4 注重科技养老、产业养老、文化养老协同并举 254

科技创新与历史发展篇

第二十六章 美国工业化、现代化进程及其启示 259
26.1 美国的工业化：从商业到工业体系 259
26.2 前提与道路 265
26.3 动力问题探讨 266
26.4 美国的工业化、现代化与改革 271
26.5 美国模式：特点与评价 274
26.6 发展后果及社会问题 280

第二十七章 世纪之交的中国研发（R&D）之路 282
27.1 我国研发投入态势 282
27.2 我国开展研发活动遇到的主要障碍 285
27.3 问题析因 292
27.4 对策和建议 295

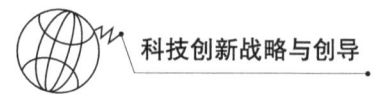

第二十八章　全球化中的新科技变革 301

    28.1　科学、技术和全球化中的科技变革 302

    28.2　科技变革影响经济社会的新维度 306

    28.3　科技、研发与创新相互交织又不相同的全球化 308

    28.4　全球化中的新科技变革与我们的对策 310

第二十九章　以自主创新不断增显中国道路的内涵和特色——中国科技改革开放 40 年的探索和实践 314

    29.1　改革开放将中国科技推入快速发展轨道 314

    29.2　改革开放使科技与国民经济同步壮大 318

    29.3　中国科技创新：40 年间做对了什么？ 323

    29.4　继续深化科技体制改革开放面临的新态势和挑战 326

    29.5　中国道路与自主创新 330

参考文献 333

后　　记 339

图表目录

图目录

图 1-1　国家科技系统层次示意 3
图 2-1　科技创新战略管理的基本分析框架 19
图 4-1　人类知识体系与"根问题"树状关联 30
图 5-1　技术变迁"S"曲线 39
图 5-2　CTO 的多方角色 40
图 5-3　架构与模块关系示例 41
图 5-4　技术路线图示例 42
图 5-5　产品全生命周期 43
图 5-6　技术全生命周期（基于 E. M. Rogers 技术扩散模型） 43
图 5-7　集成产品开发框架 45
图 5-8　研发外包图示 46
图 5-9　创新成熟度阶梯模型 47
图 5-10　计算机辅助创新文献 48
图 5-11　创新实验室 49
图 6-1　DARPA 示范的政府科技计划管理者的众多角色 52
图 6-2　科技研发管理的"5P"内容 54
图 8-1　研究类型四象限图示 71
图 11-1　多视角分析科技创新模式 91
图 11-2　科技创新过程的主要环节 93
图 11-3　产品或技术的融合创新 95
图 13-1　创新过程与信息化科技新应用 107

图 13-2　创新的模式、渠道与创新目标的关系 110
图 14-1　《技术前瞻与社会变迁》杂志及技术路线图译文报告封面 113
图 14-2　摩托罗拉技术路线矩阵 115
图 14-3　典型技术路线图一般图式（by David Robert，选自剑桥大学技术管理中心课件） 115
图 14-4　技术路线图用于技术前瞻 118
图 14-5　我国注塑机产业技术路线（2005—2010 年） 126
图 17-1　《集群创导绿皮书》报告及译文封面 162
图 20-1　人造金刚石产业愿景图示 188
图 21-1　产业技术创新的动力模式 197
图 21-2　6 类产业技术创新的组织范式 198
图 21-3　产业技术创新组织范式与创新驱动模式的关系 200
图 24-1　基于信息技术的服务模式演进 234
图 24-2　以价值增值为导向"先进制造 + 服务"体系图示 235
图 24-3　全国 R&D 投入与技术市场交易规模比较 237
图 24-4　经济总体下的各个服务业概念 240
图 24-5　科技创新投入与达尔文之海 242
图 24-6　技术树 / 技术族谱 243
图 25-1　助老养老科技与助老养老产品、服务的关系 249
图 25-2　外骨骼机械及应用 251
图 27-1　研发支出与设想的增长 298

表目录

表 4-1　新材料、新能源、智能制造、生物技术、信息技术五大"前沿线"技术主题一览 31
表 8-1　"阿波罗型"与"酒神型"的科学技术特点比对 69

科技创新战略与管理篇

第一章 国家科技层次论[①]

大国之科技，必分层次。从资源组合、运作机制和功能效果等多维度上看，复杂的国家科技系统其活动和发展，从低到高有6个特征化的层次（图1-1）。

① 个体层次——科学家、工程师、科技工作者等；

② 团队层次——学派、班组、研究或创业团队等；

③ 独立机构层次——企业、研究院所、大学、学会等；

④ 机构组合层次——企业集团、行业整体、科技产业集群、一体化的区域科技经济体等；

⑤ 国家战略层次——国家科技整体战略、优先选项、国家科技实力、竞争力，科技资源的统筹协调能力，国家在重大科技工程、项目或行动方面的动员力、组织力；

⑥ 国际化/全球化层次——主动为科技资源的全球化配置提供制度性安排。

> 大国之科技，必分层次。

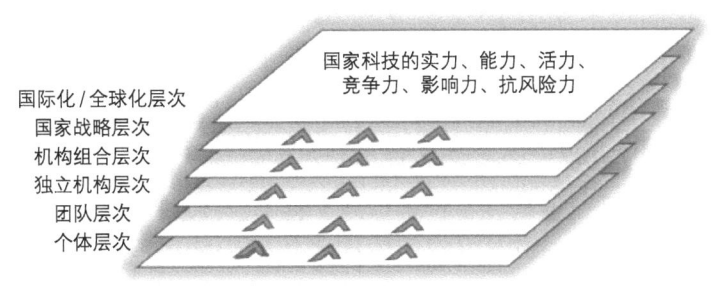

图1-1 国家科技系统层次示意

---

① 本文主要内容（不含插图）以"试论国家科技的层次性"为题，曾刊发于2002年第1期的《中外科技信息》杂志上，并由《新华文摘》2002年第5期转载。这其中的"国家科技"应视为一个整体概念。

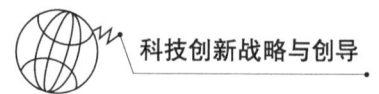

对于国家科技的发展而言，团队和国家战略是其中最为关键的两个层次。

国家科技的实力、能力、活力，以及竞争力、影响力和抗风险力是各个层次的因素相互作用、相互促进的结果。

科技发展在每个层次上都有它自律性的层次特点。各层次在要素、环境、结构、机制、目标、策略诸方面都有所差异。高层次一般要包容并超越较低的层次，但不能取代和完全否定。个体层次是科技创新活动的基本层面，还有人的要素本性贯穿科技发展的所有层次。很多事实表明，对于国家科技的发展而言，团队和国家战略是其中最为关键的两个层次。

1.1 层次的历史性

国家科技系统是指从科学家角色开始，从个人到团队、学会、企业，再到整个国家和国际的层次。国家科技系统的层次性是随着社会生产力和人类思维能力的提高而发展起来的。在历史上有其演变的历程，从个体层次到国家战略层次，再到国际化/全球化层次，依次出现于历史舞台。在"小科学"时代，是个体层次、学会等机构层次起主导作用，特别是科学家、工程师个人对科技发展的影响较大，像伽利略、牛顿、瓦特、卡诺、拉瓦锡、拉普拉斯、法拉第等，这些人的背后崛起了很多新兴学科。科学史上，人们称其为科学的"骑士时代"。

从19世纪中叶开始，科学研究开始了建制化、社会化的发展：一是与大学教育的结合；二是与企业开发的结合。伴随着科学研究的建制化、社会化，科学技术整体及其功能和影响跃升到一个新的复合层次。大学表现为学科的群体优势，而非科学家个体之优势。工业研发机构则体现了科学、技术、工程、工艺、产业、市场的有机结合，加快了科技走向实用的步伐。由于企业间的竞争和垄断目标追求，企业集团、行业整体联合的层次逐渐衍生出来。在后来的发展中，区域科技经济一体化和新科技产业群（如硅谷）的发展，使科技在这个层次上又多了很多内容和形式。

第一章 国家科技层次论

两次世界大战大大加快了科技要素跃升到国家层次的步伐。因为先进的科技直接导致战斗力及武器攻防性能的迅速提高。第二次世界大战后,科技成为国家战略视野中的重要着眼点,成为国际竞争的制高点,成为战略对抗的先导。从经济和社会发展综合角度上讲,先进科技向现实生产力转化的能力和速度直接影响一个国家财富的积累和竞争优势的确立。一个国家的科技战略是整个国家实力、能力、活力,以及竞争力、影响力和抗风险力在科技发展维度上的缩影。

当前,国际化在迅速蔓延,科技在国际化进程中既是一个重要内容,又是一个活跃载体。以科技要素导入或导出国际化已成为不争之事实。从发达国家的政策走向上看,它们在国际化进程中力图保持科技尤其是信息技术上与发展中国家的差距,以维持竞争优势;同时以有技术和管理优势的跨国企业集团为主要载体,主导和推进技术特别是高技术产业的迁移。

历史上,科学技术在某个时期和国别中发展不平衡,因此,一个国家在不同历史时期、不同发展阶段,其科技层次性的特点也不一样。在"小科学"时代,社会凸显的是科学家个体层次。这时的团队、机构层次乃至国家战略、国际化/全球化的层次几乎都是由科学家个人(群体)独当一面。

科技层次被拉开是随着科学的社会化和社会的科学化不断发展而出现的,并不是所有的国家都具备完整的、清晰的6个层次。一个国家的科技发展也并非必须要依次经历这6个层次的演化。美国就几乎没有经历过像英、法、德那种先由个体科学家撑起科技共同体的局面,但美国率先崛起了企业(独立机构)层次科技活动。日本的科技发展不仅在企业层次上后来居上,而且在企业集团(机构组合)这个层次上也曾做得非常出色。只有大国、强国才具备比较多的有优势的层次。

> 一个国家的科技战略是整个国家实力、能力、活力,以及竞争力、影响力和抗风险力在科技发展维度上的缩影。

> 在"小科学"时代,社会凸显的是科学家个体层次。这时的团队、机构层次乃至国家战略、国际化/全球化的层次几乎都是由科学家个人(群体)独当一面。

> 只有大国、强国才具备比较多的有优势的层次。

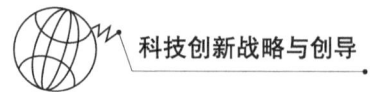

1.2 各层次的影响力因素

由于科学家和工程师在科研、教育、生产及社会政治经济中的作用独特且不可替代，于是科技个体层次的特点，可通过其他各个层次都折射出来。但应注意，在每个层次上，需要不同类型的人才。在个体层次上，既有群体力量，也有主导力量，即其中德慧双修的大师级人物。在团队层次上，主要是有创新精神的学派、团队或班组，其中个体层次上的学术精英有可能成为学科带头人或开发、创新团队的领头羊；在团队这个层次上，其主导力量是为争先而合作的机制，在这方面纯学术学派合作与产业化创新的团队合作又有所不同。在独立机构层次上，由于企业、大学和研究院所在目标上不一致，在管理体制和运作机制上也有所差异，所以在这个层次上影响力因素很多，对企业科技起直接作用的是市场价值或企业目标，以及相应的经营策略；对于科研机构、大学而言，学术荣誉与权威价值的影响会更大一些。在机构组合层次上，共同的需求、对创新共同的认知水平是形成组合层次的关键因素。这里特别值得一提的是区域科技经济一体化层次。在市场经济发达的国家，这一层次并不显著，它隐身于企业联合或产业聚集的环境之中。但对于中国当前的发展阶段而言，这一层次非常显著。主要是因为中国区域间环境差异很大，生产力和科技水平发展很不平衡，区域政体因素又十分突出，所以在中国当前的发展阶段，区域科技经济一体化层次的作用要高于企业间的组合层次，并对整个国家科技实力有着非常突出的重要意义。在国家战略层次上，国家利益和国家目标是重要的影响力因素。在国际化/全球化层次方面，共同的认知模式和相近的利益是重要的影响力因素。

> 在中国当前的发展阶段，区域科技经济一体化层次的作用要高于企业间的组合层次，并对整个国家科技实力有着非常突出的重要意义。

1.3 关键层次的作用

一个国家的科技能力或竞争力，或者说在全球化竞争中稳定地表现出来的素质，不是由某一个层次单独决定的。层次不可残

第一章 国家科技层次论

缺。层次的残缺会成为整个国家科技发展的内伤或先天不足，也是任何单一层次的优势都不能弥补的。从层次角度而言，国家整体的科技能力基本满足木桶原理（容量由最短的部分所决定）及链条原理（强度由最弱的一环所决定）。

但为什么说对于国家科技的发展而言，团队层次和国家战略层次是最为关键的两个层次？理论上讲，这两个层次中，一个是最小的共同体单位，另一个是（实际的）最大的共同体单位；一个决定了人与人合作的动力机制，另一个决定了国家生产力发展的方向和目标。这两个层次中，系统的变量最少，多是体制性的慢变量，且系统的自足性要求大于开放性。我们所讲的关键性是对于科技发展而言，且发展是动态而非静态的。任何一个有生命力的系统若要永续发展，其促进动力机制和与时俱进的目标当然是最为关键的。

科技以人为本、以创为先。但人的因素在什么样的机制下、什么样的环境下发挥出来，这需要人们深思，需要市场的选择，也需要国家意志的引导。也许有人会问，牛顿作用之大是不是一个例外？不是。对国家科技发展的作用和对科技发展的贡献不完全是一回事。比较一下牛顿和英国皇家哲学学会对当时英国科技发展的作用不难得出结论。这其中的作用包括早期的积极方面和后期的弱化，都是当时既是团队层次又是国家战略层次的英国皇家哲学学会始终在起主导作用。德国的科技发展之所以后来者居上，微观上崛起了大学实验室的团队层次；在国家战略层次上，还有扶持新兴的化工产业成为拉动国民经济超越英法的需要。美国科技的发展：微观上崛起了一批像爱迪生实验室这样的创新团队，并进入企业，开始了人类史上智力资本与产业、金融资本融合的时代；在国家战略层次，科技被认为是美国开辟国家新"疆界"的重要手段。日本产业科技的崛起既得益于国家扶持重点产业的战略，又得益于源自特有的民族文化的团队形成机制。

新中国前 30 年的科技发展也说明了这一点：国家先行制定了《1956—1967 年科学技术发展远景规划纲要》，提出"向科学进

> 科技以人为本、以创为先。

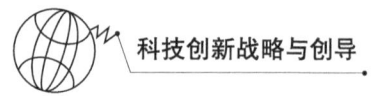

军""两弹一星"等战略目标和举措,加上计划体制可促成强约束团队机制,特别是从海外归国的一批大师级科学家,他们既能在学科带头人和团队层次上起到关键作用,又能在国家战略层次上运筹,使得我国在较短时间内建成了有自己特色、自足的科技发展体系。

推而广之,任何一个社会体系的发展要想获得优势的关键层次也主要集中于两个层面:一是整体战略;二是团队机制。过去,中国共产党领导的军队之所以能够战胜有优势武器的对手,星星之火渐成燎原之势,除却人的核心因素外,毛泽东等领导者们在关键层次上为一个新军队做出了正确选择和必要准备:一是战略方针的确定;二是在"三湾改编"中创立的使军队脱胎换骨的新团队机制。

1.4 新的挑战——如何做好关键层次

当今世界发展面临着信息化和全球化两大潮流。一个国家科技系统的各个层次都面临着新的挑战。例如,基于网络技术,传统意义的团队其地域限制将不再重要;再者,交流形式、媒体或表达形式的多样化也会促使世界范围内科技与社会、经济、文化的关系有所变化。特别是未来像硅谷这样聚集发展的新兴产业群落会越来越多,还会扩展到更多的新技术产业领域,科技产业化将成为新经济发展中显著的经济对象和作业过程。科技产业化明显具有跨层次性,一个技术项目从概念到实用化、一个创业团队从小企业到大企业再到企业集团,要经历跨层次的演变,这种演变要历经各种风险。再如,在全球化进程中跨国企业或企业集团的作用更突出,也更灵活,这样在国家科技国际化层面中,企业与国家的角色都面临重新定位。但是,在信息化、全球化时代,国家科技发展的关键层次仍然是团队层次和国家战略层次,因为新变化只是在形式和战略权重方面,而决定科技发展动力性质和国家生产力演化方向的变量没有本质的改变。

当前，由于改革开放的不断深入，我国社会主义市场经济体制正在完善之中。为应对信息化和国际化的挑战，目前，我国亟须加强国家战略层次和团队层次上的有关工作。在这两个关键层次上，我们要大力开发团队层次上的制度资源和强化国家科技发展的战略管理。在微观层次上，符合市场经济体制的新型团队机制正在形成和完善，国家要力促科研体制的改革开放，给研发团队、创新团队以更大的自由及自主空间，尝试或开发有利于科技发展及新兴产业发展的各种制度，以及团队合作的机制、优胜劣汰的机制、以市场体制配置创新资源的各种机制。在国家战略层次方面，应根据国情和科技创新的时代特点，着眼国际化视野中科技、经济、社会全局因素，以多样、动态、弹性化的战略目标体系替代过去计划体制的刚性目标，尤其是要加强战略管理。"两弹一星"的成功经验，以及跨国企业或企业集团可以在别国轻易取得技术上竞争优势的案例，这些都告诉我们——科技发展的战略管理，特别是集成管理非常重要。

最后，笔者特别想指出的是，国家科技发展战略要关注知识的增量发展。一个国家的知识总量与一个图书馆的知识量类似。图书馆的知识量并非正比于馆藏书本的总量。图书馆的影响力是由多少人使用图书决定的。那么，一个国家的知识总量可以说是由这个国家拥有（或可运用）的学科带头人的数量决定的；一个国家的知识增量是由有创新意识的带头人的数量决定的。当然，这里还存在着团队层次和国家战略层次的作用。知识具有未来性，知识的发展遵循着"增量替代存量、兼容存量，从而最后决定存量"的逻辑，所以，国家科技战略只有把重心放在增量方面，才能使战略真正成为发展的先导。

> 一个国家的知识总量可以说是由这个国家拥有（或可运用）的学科带头人的数量决定的；一个国家的知识增量是由有创新意识的带头人的数量决定的。

第二章 科技创新的战略管理 ①

> 软科学就是为了更好、更科学、更优化地改变世界而出现的，它也将为此使命而存在。

马克思曾告诫他的同代人及后人，以往的哲学只是在以不同的方式解释世界，而问题在于改变世界。科学技术不仅是认识世界的有力工具，也是改变世界的强大武器。在一个资源有限、存在竞争甚至争夺的环境里，如果要想实现发展，特别是那种可持续的发展，不能不讲求科学技术，不能不讲求战略或策略，同时还要配以科学、有效的制度和政策安排。软科学（以战略、规划、政策研究为代表）就是为了更好、更科学、更优化地改变世界而出现的，它也将为此使命而存在。可以肯定，关于战略及相关制度和公共政策的研究与实践，是软科学永恒的主题之一。

> 创新是实现人性化发展、塑造人工自然与社会的核心模式。

创新是实现人性化发展、塑造人工自然与社会的核心模式。面向竞争、不断加速的创新是当今时代的一个主要特征。科技创新是其当代主流的实践活动，也是当代主流话语中的主题词之一。关于科技创新的战略管理理应得到高度重视和深入探讨。

2.1 创新的战略观和管理观

战略作为人类思维的客体，主要是指全局性、前瞻性和决胜性的谋划；从行为视角看，则是指在一定时期内为实现战略目标而进行的全局性资源配置。战略观是一个共同体（组织）对战略目标的心态或意志的体现，管理层及领导者的战略观又是这个共同体（组织）战略观的集中表现。

---

① 本文以"略论科技创新的战略管理"为题刊载于 2004 年第 1 期《中国软科学》杂志，主要内容获同年《新华文摘》第 10 期转载。

2.1.1 战略观、管理观

我们首先对与战略相关或相近的一些词做简单的区分，从中也间接表达了战略观和管理观的内涵所具有的内容。

首先是战略与策略。战略（strategy）[①]来自希腊词汇"strategia"，意指"将军的才能或军队的运动"[②③]，即对整个战场（时空）的资源配置；而策略（tactics）出自希腊语"taktika"，是指遭遇敌人时所采取的手段和措施，实际上含有战术手段的意思。这两个词的意思比较容易区分。

其次是战略与对策：战略不同于对策，战略的指向是为了改变战略环境或者为了取胜或者获得绝对的竞争优势；对策的指向是为了适应战略环境或者针对战略环境中的某些变量、某些情形，通过谋划资源安排而形成对自己有利的态势，能多得固然好，但首先要过得去。如果我们认可这种定义，对策无疑具有机会主义、个体化的色调。但保护自己是生命系统的天性，在遇到障碍、压力、挑战甚至威胁时，对策倾向往往是人的第一反应。但如果不只是考虑到"有利"，还要考虑更好的生存，人们必须策划自己的战略。对策无法等同于战略，最佳的对策也不见得就是战略；战略必须也必然是优先或高于对策。因为对策不能保证走向决胜；一堆对策，也顶不上一个战略。影响未来和命运的是战略，对策一般是引导人们适应环境或他人的战略。关于迎接加入WTO的挑战，我们可以把其他国家所遇到的问题、所采取的措施汇成一集，就是一个很好的对策版本，从中也可挑选更适合的对策组合，但这不是战略。

> 对策无法等同于战略，最佳的对策也不见得就是战略；战略必须也必然是优先或高于对策。
>
> 一堆对策，也顶不上一个战略。

---

① "strategy"一词，可译作战略，也有译作策略、对策的。详细考证这些词的意义和对应关系不是本文的主要目的。本文通过简要分析只是想提示读者，汉语词的描述力、解释力很强；但也须明了战略、对策、策略在汉语中所指的是不同的、有差别的对象。
② 钮先钟.西方战略思想史[M].桂林：广西师范大学出版社，2003：2-4.
③ 摩根·威策尔.管理的历史[M].孔京京，等译.北京：中信出版社，2002：223-224.

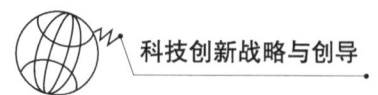

在一个竞争性的社会，在一个弱肉强食的环境里，围绕全局性主题，一个国家、一个企业、一个创新机构可以根据条件和需要讲对策，但更要讲战略。一个积极的战略观是激励共同体成员进取心、决胜心的思想源泉，是引导成员自觉超越客观或人为局限的思想动力。从科技层面来看，一个国家的科技创新战略极为重要。战略的落后或失败，会导致难以设想的后果。例如，过去一个时期，某些科技项目强调"跟踪"，我们现在已经看到这样做的危险后果。所谓"跟踪"是介于战略和对策之间的一种定位，相对于先进国家是对策，相对于后进国家是战略。如果所有后进国家都采取"跟踪"方式，我们尚可以维持自己的优势；但是如果有的后进国家集中力量，另辟蹊径地发展个别领域的科技和产业，那么，它们就有可能获得某一方面的竞争优势。于是乎"跟踪"的对策实施下来，结果是我们不可能获得相对于先进国家的竞争优势，且在一些领域曾落后于我们的一些国家正在超越我们。企业的情况也是类似，受成本和资源约束，企业更倾向于使用对策。由于资源有限，对策的实施常常排挤战略资源，这就是我们常常看到的企业的创新战略多是有头无尾或虎头蛇尾。而以"引进""跟踪""模仿"为主的对策型发展方式，不可能使企业在此创新时代获得必要的竞争优势。大国、大企业的科技创新战略必须以形成决胜优势或至少形成可竞争的优势为前提。

此外，必须指出的是，一个共同体的战略观从属于其世界观、价值观和发展观，也深受其人才观、竞争观、创新观及绩效观等观念的影响。单方面塑造一个战略观是实现不了的。

管理观是人们对管理事务、问题、过程等主题的一般看法。管理概念带有相当大的统摄性、整合性，因而关于这个概念的内涵和外延也就带有相当大的不确定性。狭义的管理指内部控制，广义的管理指宏观治理。企业的创新战略管理，多用前者之含义；而国家的创新战略管理则两个含义都用。

在科技创新方面有一个老生常谈而又总翻新意的问题，很能反映一个人或一个组织的管理观。这就是技术和制度的关系问题。对于同一个经济体而言，两者都是生存和发展的要素，不可或缺；从历史的角度看，不存在孰轻孰重。但在这个经济体发展的不同阶段，面临的战略环境不同，技术和制度供给能力也不同，对于不同的目标，技术和制度因素在某个战略框架下可能有不同的权重。一个好的战略管理常常会自主、能动甚至创造性地调适各个要素的关系。特别是随着时代的进步，科技创新和制度创新都在不断升级，技术和制度在更大的广度和深度上交织在一起，科技的系统化、程序化及制度的编码化、标准化就是两者互相渗透和影响的结果。所以，一个好的科技创新的战略观和管理观，不仅会针对经济社会发展的实践情况来配置优先权和相应的资源，更能适时升级战略管理平台，让技术、制度及其他发展要素更快地相互识别、更自由地组合、更充分地互动。

2.1.2 科技创新战略管理的主要职能

科技创新战略管理旨在拓宽科技发展视野，端正创新理念，摆正（科技创新体系）整体位置，引导成员快速识别战略目标，形成贯彻执行模式，响应总部决策和指导，因应前端及环境的变化，疏通渠道，传导信息，协调各战略单元的行动，并根据战略实施的进展启动正向激励和负面约束机制。科技创新的战略管理必须以保证方向、保证执行、保证疏导、保证调控为指导方针。

2.2 科技创新战略管理必须遵循的原则与规律

科技创新战略管理既要遵循科技发展的一般规律，也要遵循一些创新的逻辑。

其一，原创优先。尊重发明发现的优先权、尊崇原创性是科技共同体的基本原则，也是知识产权有关法规处理相关事宜的基本取向。不能实现原始性发明发现的"战略"不应成为科技创新战略的主导，所以，像技术引进这样的贸易性政策和策略，只能成为科技创新战略必要的补充和策应。

> 科技创新的逻辑:
>
> 原创优先;胜者全得;常规扩张与突变革命交替发展;路径依赖;增量决定存量进而替代存量;知识的非线性叠加。

其二,胜者全得。由于现在科技开发投入的成本越来越高,知识产权保护越来越受到关注,企业对新产品市场成长规律的研究越来越深入,科技新产品率先进入市场更容易获得相对的垄断权,于是先取得优先权,也就更容易获得技术标准的创制权和市场垄断权,之后就会占有大部分市场。

其三,常规扩张与突变革命交替发展。科技创新同知识发展一样,有其常规发展、按照一定模式扩张的一面,也会在一定程度上产生革命性巨变。常规发展的波及效应很少也很短,而大大小小的革命性创新有着很强的波及效应、次生效应,也就是会产生熊彼特所说的"创造性破坏"。小小的鼠标就是一个创新革命鲜明的小事例,它对信息时代人类行为方式的"破坏力"到现在还没有释放完。

其四,路径依赖。科技创新虽然讲求推陈出新,但也以一些主客观条件为前提。原有的发明发现有其客观的物质基础和文化成因,这些因素会影响其进一步发展。路径依赖如果单是科技因素造成的,这只是一种"弱锁定";如果是科技、制度、产业、文化多重锁定,则是一种"强锁定"。"李约瑟难题"就是一种强锁定现象,被锁定的中国科技发展很难跳出原来的轨道。

其五,增量决定存量进而替代存量。知识具有未来性,具有向后的兼容和覆盖力,所以,知识的发展遵循"增量替代存量、兼容存量,从而最后决定存量"的逻辑,需要指出的是国家科技发展战略应关注知识的增量发展,重心也应放在增量方面,把主要资源投向活的知识,才能使科技创新战略真正成为发展的先导。

其六,知识的非线性叠加。知识的总量不是按照线性模式叠加的,两个大学的知识加起来并不一定比一个大学多,图书馆的知识量也并非正比于馆藏书本的总量。企业的情形也是如此,连续的几次创新并不能按比例增加回报,因为竞争之激烈导致企业的新旧产品与次新产品在争市场。如果一个国家的知识总量是由这个国家拥有(或可运用)的学科带头人的数量决定的,那么一个国家的知识增量则是由有创新意识的带头人的数量决定的。

总之，在创新实践中，有所综合，有所创造；有所集成，有所超越。创新的战略管理就是在尊重创新逻辑的前提下，营造必要的综合与集成的平台，为实现战略的终极目标创造条件。

> 在创新实践中，有所综合，有所创造；有所集成，有所超越。

2.3 面向未来的科技创新战略的基本理念

有什么样的战略理念，将意味着有什么样的战略平台。关于面向未来科技创新战略的基本理念，笔者认为有四大理念：

> 有什么样的战略理念，将意味着有什么样的战略平台。

宽带创新——这一理念要求以开放、宽容、平等、兼容的意识和心态善待各种创新，甚至相互矛盾的理念和策略，并对各种正当的创新活动、各种正当机构或个体的创新、各种正当方式的创新一视同仁。观念、理论、知识、科学、技术、机制、体制、管理、文化等方面的创新，以及独立开发、引进、模仿、逆向、渐近、干中学、竞争中学、网络、并行、集成、跨越等创新模式和手段都可以统合于一个宽带、广谱化的战略之下。简单地说，只要合理，能够制胜，怎么都行。这样一个战略是创新主体吸纳各方面资源和经验的重要前提。第一代研发管理到第四代或第五代研发管理的根本性变化就是战略平台涵盖的内容越来越多。《孙子兵法》提出要观乎九天之上、九地之下，就是讲要比对手有更宽的战略理念、视野和平台。

演进创新——创新是从概念到实体、从少数人使用到大多数人使用的一个不断演化、升级的动态过程。这个过程一般要经历概念的物化、商品化、产业化到国际化等几个标志性阶段。成功的创新，有的看似横空出世，其实都有一个从小到大、滚动发展，最后为众人所接受的经历。设想一个贯穿全过程的战略几乎不可能，因为在创新开端，人们无法清楚未来各个阶段的战略环境和参量。这就要求创新战略提倡全程思考和设计，但必须是因时制宜、视情而定、与时俱进、沿阶升级。

> 科技创新战略的基本理念：
>
> 宽带创新；演进创新；人本创新；自主创新。

人本创新——创新是人类最重要的实践活动之一，也是最能

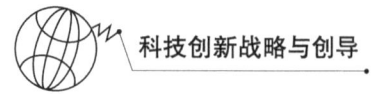

体现人类文明的实践方式之一。首先,以人为本要服从并满足人的需要。其次,人是创新智慧的根本载体,也是创新实践的主体,人本创新就是要充分考虑人在创新实践中反映出来的特殊需要,如信息、学习、交流、基础条件(科研仪器)等因素都会直接影响创新的效果和效率。以人为本的社会表现形式就是尊重劳动、尊重知识、尊重人才、尊重创造,特别是应充分认识劳动本质上的创新性,创新知识共享性、经济性,创新人才专才性、稀缺性,以及创造性活动的独特性。以人为本是使人的能动性、积极性、创造性得以充分发挥的基本前提。

自主创新——提倡自主创新,并不是闭关自守、盲目排外。这一点无须再加说明,它是宽带创新理念解决的问题。自主就是想方设法保持自己选择理念、目标、模式和过程的主动权。战略家毛泽东有一句话最能体现这种自主性:"你打你的,我打我的。"也就是不按竞争对手的意图出牌。但现在有些人讲,大家都要按国际规则和惯例出牌,这应视民族大义而定。任何国际规则都是对战略赢家的奖励。

2.4 科技创新战略管理视野的"4个基本点"

科技创新战略4个基本点:
新生点管理;
切入点管理;
临界点管理;
制高点管理。

科技创新战略管理应集中注意力,着眼于"4个基本点"的管理。

新生点管理——新生点是我们常说的新的增长点,但"增长"的意义又很难全部涵盖"新生"的含义。科技以推陈出新或标新立异为基本特征。新的学说、新的成果、新的产品、新的方式方法都会成为科技、经济和社会的新生事物。文艺复兴之后,科技不断向经济社会提供新生事物,提供经济发展和社会进步的动力。高技术产品又是当代经济社会中最具发展潜力的新生事物。战略的新生点管理就是在科技及经济共同体内部为"新生点"打造环境和支撑体系;在共同体外,则是在充分研究科技产业化、社会化规律的基础上,用适当的管理体系支持并调控科技创新市场化、产业化和国际化的节奏。这里需要指出的是，并不是每个新东西都可以成为"新生点"或"增长点"，成为这样一个"点"，不仅需要客观基础，也需要社会支撑和认同，还可能需要一些机遇。

切入点管理——科技探讨世间万物，还可以渗透到社会各项事务的各个层面。科技创新战略就是要实现科技及其成果要长入经济、进入社会，并持续地茁壮成长。所以，科技创新战略的切入点管理必须要关注和研究科技与产业、经济和社会各个可能的接口和环节，从中寻找科技创新的切入点。一个主动的切入点管理应花气力去研究和探索实现切入的普遍模式和某些条件下的特殊模式，即使市场拉动的创新也需要研究和正确运用切入点管理。

> 一个主动的切入点管理应花气力去研究和探索实现切入的普遍模式和某些条件下的特殊模式。

临界点管理——临界点也可称为"转折点"。临界点的含义是在这个点的前后事态有质的改变。科技创新是一个演进、升级的过程，如前所述，从研究的开始，一般要经历概念的物化、商品化、产业化到国际化等几个标志性阶段。这几个阶段都至少有一个发展阶段的临界点。创新管理就是从一个临界点到下一个临界点的管理。下一个临界点往往是前一个临界点的阶段性战略目标，在每个临界点前后，科技创新体系或经济体常常需要一个战略转型，需要打造新的平台和内部支撑体系。临界点之间的间隔是客观的，也是有条件可以改变的。"战略竞争可以压缩时间"①，跨越式发展就是通过战略设计和有效管理压缩某个创新阶段内各个临界点之间的间隔，或几个创新临界点之间的间隔。在创新与全球化交叉变奏的今天，任何国家创新体系都要主动地体现出宽带化、全过程的创新战略设计。例如，游戏、网络服务等新兴产业的国际化速度超过了传统产业，我们看到这类产业的成功主要是因为企业一开始就采取了周期压缩型的国际化战略。

> 在每个临界点前后，科技创新体系或经济体常常需要一个战略转型，需要打造新的平台和内部支撑体系。

制高点管理——创新是动力，自然而然成为竞争者必争之地。

---

① 卡尔·W.斯特恩，小乔治·斯托克.公司战略透视：波士顿顾问公司管理新视野[M].波士顿顾问公司，译.上海：上海远东出版社，1999：4.

所以，创新系统涵盖了诸多制高点，如基础研究、产业化开发、能力培训、高等教育、企业研究院、专业人才、特殊人才、拔尖人才、知识产权、产品标准、市场化和国际化渠道等。任何国家或企业，越是要保住现有优势，就越是要控制这些制高点；越是控制住这些制高点，就越容易给对手设置障碍、抬高门槛、增加成本，维持自身的竞争优势。发达国家对此招数早已轻车熟路，常常信手拈来。微软、英特尔、思科等企业对行业技术关键的控制体现了战略制高点的管理。一些有竞争优势的国家或企业有时还成立联盟，共同控制制高点。

战略实施的过程中，一般还会出现其他一些关键点，如科技与经济的结合点，学科或专业的碰撞点、融会点，几个市场的交织点等。这些点与上述"4个基本点"有关联，甚至可还原到这"4个基本点"的分析。但如果有特殊的战略需要，如支持跨学科发展、抢占细分市场等，这些点也可以作为战略视野的着眼点。

2.5 科技创新战略管理的基本分析框架

> 科技创新战略管理分析有3个基本的视角：层次、价值导向和内容。

同样的事物，不同的视角，观察的结果自然不同。科技创新战略管理的基本分析框架也要根据视角而定。笔者认为，有3个基本的视角：层次、价值导向和内容。当然还存在其他视角，不一而足。

以一个国家的科技发展为例，从动员资源能力、社会复杂性等方面因素来看，科技创新的战略管理层次有6个：个体、团队、法人机构、区域或集团、国家、国际。其中，关键层次为团队和国家（详细说明见第一章），国家层次的内容主要是指国家利益及国家战略。

从动力、价值等因素来分析，科技创新战略管理的价值导向共有三大类6个：科技共同体内部方面的兴趣导向和建制导向；社会功利方面的市场拉动导向（需求拉动型，先有市场再开发针对性技术）和技术引领导向（创新驱动型，希望更多的人认同和使用已出现的新技术）；超越上述两个方面的公共利益导向（非军事化和政治需要）和国家战略导向（出于政治考量和军事优势需要），如图 2-1 所示。

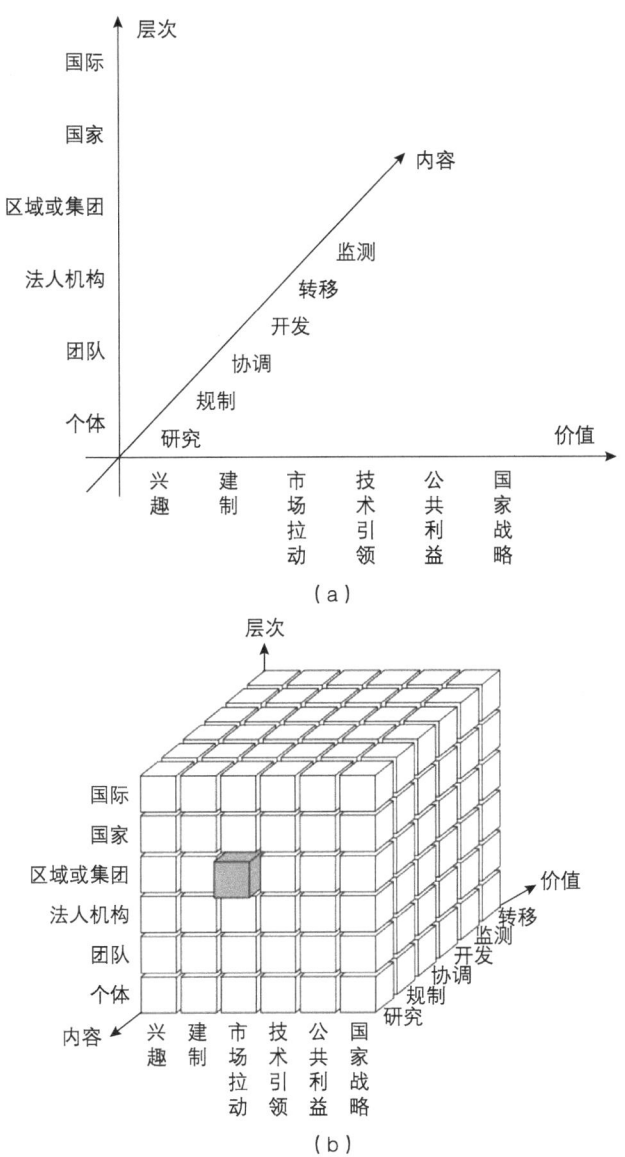

图 2-1 科技创新战略管理的基本分析框架

根据战略研究理念和科技管理的发展现状，科技创新战略管理的内容至少具备以下 6 个方面，我们可以概括为 3R+3D[①] 或 R^3+D^3，即：

研究（research）——基础研究、应用研究、战略研究、跨学科研究等；

规制（regulation）——含技术标准、制度、体制、政策、法规等；

协调（reconciliation）——跨层次、跨部门、跨区域的协调行动、举措等；

开发（development）——技术开发、产品开发、平台开发、产业开发等；

转移（diffusion）——知识或技术转移、转化、分享、传播等；

监测（detection）——统计、监控、预警等。

上述分析的是国家层面科技创新战略管理的基本内容框架，如果是企业创新战略管理的基本框架，则要视企业规模和战略纵深而定。高新技术企业可能规模不大，但其战略纵深也许覆盖多个区域或国家。需要指出的是，在不同的发展阶段针对不同的战略环境，上述内容的关键作用是不同的，有效的战略管理应积极识别或运用关键的影响因素。

2.6 科技创新：战略创导未来

"在当今这个瞬息万变的世界里，希望对战略和变革进行管理可能是一种幻想。"[②] 的确如此，无论是哈耶克的市场无法计算之观念，还是海森堡的测不准原理，以及普利高津的复杂系统无法

---

① 笔者在若干研讨会聆听过成思危和惠永正两位教授关于将研究开发（R&D）拓展为"R+3D"的说法：研究（research）、开发（development）、转移（diffusion）和示范（demonstration）。本文顺其意，提出 3R+3D，将"示范"归结于"转移"概念之下，同时又补充几项内容。

② 约翰·达文，菲尔·约翰逊，约翰·麦考利. 战略思维创新：变革时代的企业发展战略[M]. 杨世伟，佟博，徐芬丽，译. 北京：经济管理出版社，2003.

预言之理论，也都向我们昭示这一结论。但这并不是让我们放弃战略，而是启示我们必须放弃那种用战略来决定或控制未来的一厢情愿的战略观，革新刚性、传统计划型的战略管理模式。

战略如何影响未来？它不是决定、控制、主宰未来，也不是被动地服从、响应未来，而是创导未来。创导的逻辑要求人们必须彻底地以历史唯物史观和辩证思维来看待战略与未来的关系。两者是紧密的相互联系的变量，在一定程度上既独立于对方，又在相当大的程度上影响对方。战略可以能动地改变历史，甚至在一定条件下决定历史走向，主宰历史实践主体的命运。但一个好的战略时时刻刻都在从新的变化、新的态势亦即新的历史发展中汲取新的信息，丰富战略的新内涵。战略创导未来，就是要让人们通过对战略中所包含未来信息的识别，形成对新的历史可能性的认同，激励在现有资源的条件下采取一致行为的动力，从而影响和塑造未来。人们有这样的比喻，一滴水包含大海的气息，可以反射太阳的光辉。很多科技创新就是映照未来的一滴水，科技创新战略就是放大其光辉的机制。战略创导未来已由第二次世界大战以后的历史所演绎，更为像"两弹一星"这样的一系列大事所印证。美国在提出"星球大战计划"和"国家纳米科技发展计划"时，就用了（创导"initiative"）一词，旨在引领未来科技、产业和社会发展的方向。另外，众多跨国公司几乎都制定了"中国战略"，"中国战略"已成为很多商学院的必修或选修课。这使我国科技创新所面临的竞争环境中多出了许多内容。呼唤好的创导战略，革除糟糕的对策措施，这样才能决胜未来。

未来20年，我国正面临着一个重要的战略机遇期。这决定了未来中国的科技创新管理在相当长一个时期内是战略型管理。科技是人类新生产、新生活和新生态的真正创导者。中国的科技创新要想抓住机遇，为赢得民族复兴之未来做出实质性贡献，就必须适时、因地制宜地更新我们的战略理念和管理模式。我们有信心制定出好的战略，实施最佳的战略管理；我们有信心创导民族的未来，更情愿付出才智和努力赢得未来。

> 战略如何影响未来？它不是决定、控制、主宰未来，也不是被动地服从、响应未来，而是创导未来。

> 战略可以能动地改变历史，甚至在一定条件下决定历史走向，主宰历史实践主体的命运。

> 战略创导未来，就是要让人们通过对战略中所包含未来信息的识别，形成对新的历史可能性的认同，激励在现有资源的条件下采取一致行为的动力，从而影响和塑造未来。

第三章　迎接颠覆性创新群集到来的挑战[①]

> 有了技术，不等于有了创新；新技术的颠覆性作用，不管技术拥有者主动不主动、情愿不情愿，总会有创新者将其落实。

2012年1月，百年名企柯达公司申请破产保护，这一事件让颠覆性创新这一话题再次回响在当今的产业界及理论界。更让人唏嘘的是柯达还是被自己发明的技术绊倒的。"创造力破坏"这一"熊彼特之咒"让人们再次领略了创新的力量和逻辑。没有技术，只能"被创新"、被破坏或颠覆，顶多能跟着跑；有了技术，不等于有了创新；新技术的颠覆性作用，不管技术拥有者主动不主动、情愿不情愿，总会有创新者将其落实。

3.1　颠覆性创新——竞争性市场偏好后起之秀

创新者常要面对一个两难之境，可表述为：一个致使企业市场领先的创新策略，也会导致其丧失领先地位；成败皆系于创新。本土企业用极通俗的语言把这一困境概述为：不创新等死，创新找死。事实告诉我们，一般的改进性创新、维持现有市场地位的创新（incremental innovation），不足以让创新者应付市场上的创新之争及所引发的变革；必须实施颠覆性创新的策略，创新者才有可能在未来或新兴市场上争得主动权。

产生颠覆性效果的技术创新一般指两类：一类是指由产品技术的重大革新所引发的新市场，导致产品大规模更迭或替代，如

[①]　本文曾刊发于《科技日报》2012年7月16日第一版（不带英文注释）和《中国科技奖励》第9期上，也受到多家网络媒体转载。如文中所释，disruptive innovation 译介到国内学术界或媒体中，当时有多种对应的译法，"分立式创新"有之，"裂变式创新"有之；译作"破坏性创新""颠覆性创新"都有。本文无形中助推了对"颠覆性创新"这一说法的选择。

激光照排技术对活字印刷技术的全面替代，也有人把它们称为突破性技术创新（radical technology innovation）；另一类则是指克里斯坦森（Clayton M. Christensen，也有译成克里斯滕森）所说的颠覆性创新（disruptive innovation，也有称为破坏性创新、分立式 / 裂变式创新等）。颠覆性创新是指企业从不被主导市场的领先者所看重的边缘、细分或新兴市场开发切入发力，在此站稳后再向主流市场进军，最后战胜先前产业领先者的创新。颠覆性创新利用了市场结构与企业经营管理上的非对称性。在某个产品市场上，往往是几个大厂商主打几个产品，但是对边缘、细分或新兴市场的产品，大厂商们不是没看到，而是只能选择忽略。因为对他们而言，这要么是利润不高的"瘦狗"板块，要么是风险或先期成本很高，理性策略只好放弃，将资源集中于高回报、高端的市场。但是对很多中小企业而言，它们会通过新技术、新经营模式形成不对称的竞争优势，先争占这个边缘、细分或新兴市场，然后再把优势延伸至主流市场。绝大多数在竞争中成长壮大的 500 强企业，无论是老牌还是新秀都演绎过利用颠覆性技术或创新策略打败过去强手的故事。中国改革开放中崛起的民营企业也再现过类似的经历。竞争性市场总是这样眷顾后起之秀。

> 竞争性市场总是这样眷顾后起之秀。

在一个边缘、细分或新兴市场，从事颠覆性创新的企业往往会把新特色、新价值带给用户和消费者，从而定义了一个局部市场或一个新产品，就像乔布斯所言：是苹果（公司）定义了智能手机。在新市场形成中，先者先得，胜者全得。主动面向新市场实施颠覆性创新，是企业走出创新困境的真正法门。

> 在新市场形成中，先者先得，胜者全得。主动面向新市场实施颠覆性创新，是企业走出创新困境的真正法门。

3.2 创新经济时代——颠覆性创新的群集到来

过去，小企业、非主流企业是应用颠覆性创新策略的主要群体；如今，不管是大小企业还是新手老手都在应用这样的模式或策略；过去是传统产业、高技术领域、本土市场上才上演颠覆性创新的事例，现在无论是传统产业还是新兴产业、无论是本土市

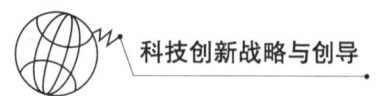

> 全球经济正进入大规模、长周期的颠覆性创新群集阶段。

场还是他国市场、无论是维持现有市场还是准备进入新兴市场，企业都在想方设法地应用颠覆性创新策略。全球经济正进入大规模、长周期的颠覆性创新群集阶段。

创新经济不断生成大量的边缘、细分和新兴市场。人类生产已进入高度分工与高度集成并行的时代，越来越细分的生产、技术领域，又被叠加、组织成为越来越综合的产品/服务市场，这里孕育着越来越多的颠覆性创新的机会。创新经济是处在强竞争、快发展的生产方式和环境下，源自科技研发和创新规模化、长期化的实施，也源自竞争压力、市场信息、新知识、新方法的驱动。这一切都迫使企业快速寻求超越前人的创新模式。

> 颠覆性创新是新进者进行市场重新洗牌的根本策略。

信息时代颠覆性创新将无孔不入。理解这一点，需要链接几位大家的论断。克里斯坦森给出的解决方案是：颠覆性创新是新进者进行市场重新洗牌的根本策略。乔治·吉尔德（George Gilder）和凯文·凯利（Kevin Kelly）两人断言，"20世纪的核心事件，是对物质的颠覆"；"21世纪的核心事件，是对信息的颠覆"[1]。信息又是什么？麦克卢汉（Marshall McLuhan）的核心命题："媒介就是信息。"而媒介又是什么？任何东西，无论有形的、无形的都可以成为媒介，如电磁波、出版物、明星、制度、组织等。这就不难理解，为什么不久前凯文·凯利用犀利的话语指出："屏幕"是下一个革命性的技术创新点。在云计算、物联网、大数据、多网合一的发展阶段，信息的泛在、媒介的泛化，提供了大量的"颠覆信息"的切入点、生长点。

> "20世纪的核心事件，是对物质的颠覆"；"21世纪的核心事件，是对信息的颠覆"。

> 在云计算、物联网、大数据、多网合一的发展阶段，信息的泛在、媒介的泛化，提供了大量的"颠覆信息"的切入点、生长点。

颠覆性创新理论的传播与再实践。实际上颠覆性创新的实践走在理论前面。但自从克里斯坦森总结归纳后，这一理论及相应的策略模式受到了管理咨询界的大力推崇、传播，企业界深受影响并相互借鉴。犹如比尔·盖茨所"报怨"：自从颠覆性创新理论提出后，出现在其桌上的每一份提案都自称是"颠覆性的"。现在关于颠覆性创新的研究还在不断被推向深入，策略模式不断推

---

[1] 凯文·凯利. 失控[M] 东西文库，译. 北京：新星出版社，2010：187.

陈出新，有人已延伸探讨了逆向创新、节俭创新、微创新、民主化创新、山寨创新种种模式。

产品技术的体系化发展及越来越深入的技术融合带来了更多颠覆性创新的机会。全球科技界和产业界正力推信息技术、纳米技术、生物技术和认知技术的融合发展，正在演绎出越来越复杂、越来越高级的产品或服务技术体系。系统论有一个原理：部分包含着整体的信息。这就意味着对产品或服务任何部分的改变，都会引发整体的改变。因而，加减一个鼠标，计算机产品的整体性也会发生变革，进而改变市场格局。另外，技术的体系化和融合化带来了多领域技术的协同问题，跨界技术（cross-cutting technology，也可译成横断技术）如自控、传感、显示、电源、接入、总线、用户端、嵌入设计、缺省配置等技术（体系），正越来越多地演进成新的产业技术平台，在颠覆性创新中发挥着重要的媒介和催化作用。

现在越来越多的产品/服务市场是国际性的，跨国竞争、跨行跨界跨领域竞争已然常态化。众多企业正把颠覆性创新推向泛化。因为无论是新创业者还是市场已经在位者，都在思考如何用颠覆性创新改变现有的市场局面。即使刚刚成功的颠覆者马上就得面临新颠覆者的挑战。那些实施颠覆性创新策略的企业，都在把技术研发与商业模式创新、媒体运作捆绑，利用信息网络和营销布局制造市场爆发的临界状态，加之以超凡的设计、频繁的互动、数亿的点击量、嘉年华般的体验，要让别人感受到自己更快更高更强（但成本要低）。总之，要比对手产生更强的颠覆效果。

3.3 颠覆性创新带来诸多新挑战

第一，对于科技发展与管理而言，过去对科学知识、技术的认知和评价现已不能适应进行颠覆性创新策略竞争的要求。没有跨学科、跨界的理念，没有参透新技术的颠覆性力量，没有各创

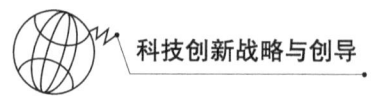

新要素或资源协同的本领，便无法与他人的颠覆性创新策略相抗衡。此外，我们不仅要关注整体的颠覆性效果，还要特别重视细分领域的技术革新。看看历史学家常常津津乐道的技术创新，有的只是工艺上小的改良，但也产生了巨大的历史推力，如锯、马镫、铅笔、打字机、罐头、滑膛线、鼠标、触摸屏等。新的科技革命，往往是由众多小革新汇聚成大变革。

第二，对于企业战略与管理而言，企业家不要指望未来市场能够稳定给出足够的时间寻找立足点，站在旧市场中再高的点也看不清新兴市场的进路。未来的企业要学会适应市场颠覆性的更迭，会主动应变，要有抓机遇、胜挑战的能力。企业实施技术颠覆性创新策略的关键在于能够根据边缘、细分或新兴市场的特定需求，早于对手把创新战略的策划力、创新资源的配置力、创新目标的执行力整合为对市场的创新颠覆力。

第三，对于政府管理而言，最大的挑战是造就并维护好一个竞争性市场，其艰难的挑战是愿不愿意引导主动的颠覆性变革。诺基亚曾是当年颠覆摩托罗拉市场地位的主角，诺基亚所在的辖区政府愿意让其竞争对手随意颠覆它现在的市场地位吗？如果有竞争者执意来颠覆，能阻止得了吗？在新兴产业领域如何支持本土企业实施颠覆性策略也考验着政府发展创新的智慧。

第四，对于社会进步而言，就是大家能尽早更新意识，宽待并参与到在科技创新方面出现的新方向、新业务、新组织、新机制之中。历史上，机遇偏爱有准备的头脑；抓机遇则偏爱于有活力、有胆识的新组织、新机制。应把不断生成或主动推出科研、产业、社会、公共服务等方面的新组织、新机制作为社会进步的鲜明标志。

有位化纤专家曾谈过，中国化纤产业技术起步不晚、水平不低，但后来形成产业很慢，甚至落后于我们周边国家，为什么？因为在起初阶段，化纤在传统的以棉毛丝麻为主流的纺织技术和产业体系中算不了什么，而在石油、煤、碱、酸等大化工技术和产业体系中更不起眼。长期没有找到适合化纤技术及产业化发展的组织模式，由此错失了很好的机会。用旧技术条件下形成的体制机制难以甚至无法抓得住新技术机遇。

3.4 重视变革、引导变革，变颠覆为科技创新的契机

面对大量的、不可预知的颠覆性创新群集的盛行，创新者怎么办？变革在所难免。在变革过程中，既要善于颠覆他人还要懂防被他人颠覆，这就要求创新者内外兼修、平衡发展，全面升级自己的创新能力。

一是解放思想，升级创新观念。创新者要能与时俱进，及时更新和升级自身的观念体系。倡导以人为本、原创优先、应用引领、开放共享的科技观、创新观，树立与开发者、用户、消费者共建、共赢的市场观、成长观，培植创新立业、惠民强国的使命观、价值观。要能以"广谱、宽带、全频"的理念来认知及评价当代的科学知识和技术体系，以及从知识到产品/服务的各种活动，能从实现颠覆性创新效果出发，全面发展相适应的能力。

二是强基固本，雄厚创新资源。现代科技创新实践正反两方面经验告诉人们，越是需要产生高质量的交叉学科发展，越是需要稳固的科学研究基础；越是需要高水准的技术融合、跨界技术等，越是需要稳固的技术研究基础；越是需要进行颠覆性的创新，越是需要稳固的能力基础。这里的创新资源是指全社会的资源。打造雄厚的科技创新资源基础，是政府、社会和创新者的共同责任。

三是以变治变，优化创新管理。创新之变，变在市场；能力之变，变在管理。创新者要从市场需求和创新规律出发，不断变革和优化对科技创新的管理。要从基于资源的管理转向基于能力的管理，从面向目标的管理转向面向机遇的管理，从依赖指令运作的管理转向依靠服务引导的管理，从依赖制度体系的管理转向依靠全员参与的管理，要学会构建应变型的组织流程，根据迅速

> 用旧技术条件下形成的体制机制难以甚至无法抓得住新技术机遇。

> 越是需要稳固的技术研究基础；越是需要进行颠覆性的创新，越是需要稳固的能力基础。

> 以变治变。

变化的技术创新步调实现最小切换成本的战略调整，不断推进学习型、研发型、创新型的组织建设。

四是尝试组合，活化创新空间。创新要素的自由流动、创新资源的自由组合是产生新创新的基本条件。很多新的模式都是来自知识、方法、手段和资源等自由组合的探索。创新者要努力利用一切有利条件，让创新要素自由流动、自由组合，让创新资源得到最大化利用。

五是精益细节，增值创新流程。颠覆性策略或模式一般讲求3个要点：技术的市场指向、创新速度，以及所造成的不对称优势；评价创新模式也有3个方面的要求：是否有利于创新的资源整合、是否有利于创新流程的建构、是否有利于创新价值的重塑。创新者要以积极的策略和充足的信心引导所在组织的全员创新，让创造力渗入每个创新环节。

六是远近兼顾，实现创新使命。很多实现了市场颠覆结果的创新者当初还真不是冲着市场上大企业去的，只是想实现心中的创新目标。创新者就是为创新而存在的。创新者可用愿景昭示使命，通过责任创导使命，通过行动履行使命。创新者对自己的责任就是正心诚意，树立以创新谋发展、求发展的正确价值导向；创新者对创新组织的责任，在于自主实施创新战略，引导创新组织发现创新的方位，形成能融合多模式创新的发展流程，主动开拓新业务、新方向、新市场，强化技术积累和技术融合，强化创新要素间、创新资源间、创新环节间、创新模块间的合力协同。

第四章 作为战略奇点的颠覆性技术创新[①]

《国家创新驱动发展战略纲要》提出"发展引领产业变革的颠覆性技术，不断催生新产业、创造新就业"。这是中央政策文件中首次提出这样的新概念和相应的目标要求，显示出政府推动科技创新理念改变，以及以科技创新引领未来发展的信心与决心。

4.1 科技及产业变革与颠覆性技术创新群集的到来

近现代历史是科学技术不断从隐性走向显性、从小科学走向大科技、从小众走向大众的历史。科学技术的实践逻辑就是创新。创新的本质是让新事物从无到有、从小到大，把只有少数人发现或发明的事物带入日常的生产和生活中。这也是当代社会历史发展和变革的内在成因之一。

4.1.1 科技与产业变革——小革命与大变革的变奏

科技进步从未间断过，有时在加快、有时在某些地方变得延缓；有时是量变的积累，有时是质变的更迭。历史上经历过两次公认的科学革命、三次产业革命，每次较大科学革命和产业革命之间，又有多次科学分支或学科的革命、多次技术领域的革命。所以，科技及产业变革是量变与质变交替、小变革积累成大变革的变奏过程。

> 科技及产业变革是量变与质变交替、小变革积累成大变革的变奏过程。

以当下互联网技术变革为例，当初研发互联网技术，只是为

[①] 本文以"大力发展引领产业变革的颠覆性技术"为题刊发在《红旗文稿》2016年第14期上。此题为投稿时所用的题目。

了将工作室内各个独立的电脑连接起来，而连接以后的效果，远远超出了当时各界人士最初的设想。互联网既带来了新产业，又在同传统产业、产品结合中实现了一次次革命性的颠覆，让传统的电报、信函、传真、长途电话被一个又一个的革命性产品替代，让纸媒、店商、出行、教育/培训等业务无论是在形式上还是在内容上正在被越来越深度地改变。这一切还只是在移动互联网刚刚普及之后，比之更大的物联网时代还没开始，更多的颠覆性效果将让人拭目以待。

4.1.2　新科技突破总是围绕"根问题"和"前沿线"持续展开

创新是科学技术发展的内在动力，科学技术的知识和方法体系是按照创新的逻辑在探索中向前延伸的。科学体系由命题知识[①]融合而成，基本上是围绕宇宙演变、物质结构、生命起源、意识本质这4个世界本源性的"根问题"而展开探索的（图4-1）。技术体系是指令知识的汇集，其新知识是围绕新材料、新能源、智能制造、生物技术、信息技术这五大"前沿线"加速展开的（表4-1）。这4个科学"根问题"和五大技术"前沿线"将是酝酿颠覆性技术最为可能的创新空间。

> 科学体系由命题知识融合而成，基本上是围绕宇宙演变、物质结构、生命起源、意识本质这4个世界本源性的"根问题"而展开探索的。

图4-1　人类知识体系与"根问题"树状关联

[①] "命题知识"及下文"指令知识"两个概念，借鉴了莫基尔《雅典娜的礼物——知识经济的历史起源》中的分析。详见该书第一章"技术与人类知识问题"第1~28页。

表 4-1　新材料、新能源、智能制造、生物技术、信息技术五大
"前沿线"技术主题一览

生物技术领域	新能源领域	新材料领域	智能制造领域	信息技术领域
基因测序	可再生能源	新基础材料	微纳制造	半导体器件
生物芯片	生物质能源	纳米材料	3D/4D 打印	智能终端
蛋白质工程	煤气电联产	碳元材料	编织制造	大数据
干细胞技术	清洁绿色能源	复合材料	智能制造	云计算
工业生物技术	能效工程	结构材料	机器人	移动互联网
转基因工程	节能减排	生物基材料	绿色制造	区域链
克隆技术	智能电网	材料基因工程	清洁制造	元宇宙
合成生物学	新能源汽车/交通	超材料	生物机电/仿生制造	人工智能

4.1.3　当下人类正步入颠覆性技术创新群集到来的时代

受经济全球化发展、信息与通信技术变革、新知识和方法加速应用、技术与产业跨界发展、技术与商业模式融合创新、资源和平台共享、颠覆性创新策略普及，以及激烈市场竞争等各方合力推动，全球经济正进入大规模、长周期的颠覆性创新群集到来的阶段。全球的企业、大学、研发机构及政府都不得不面临这一前所未有的挑战。在过去，常常是名不见经传的中小企业、非主流企业在使用颠覆性创新策略来对抗大企业的竞争优势；如今，不管是大小企业、新手老手、新兴市场还是传统市场、国内市场还是全球市场，众人都在谋划颠覆性技术及相应的创新模式或策略。一些企业不惜自我革新、自我颠覆曾经的主流产品来争占未来市场发展的切入点和制高点。能实施还能应付颠覆性技术创新的策略正成为当前创新者的基本素质或标配模式。

4.2　颠覆性技术——可孕育未来的战略奇点

工业革命以后，人类加速从以自然世界为生态的环境向以人工世界为直接生态的环境过渡，其中科技的作用从次要转为主

要，正在向起主导作用和决定性作用的方向深入发展。

4.2.1 技术路径的选择和锁定是历史演进的基本议题

科技进步不单是历史发展的动力。科技在与历史的互动中相互提供作用力和资源。历史提供了科技进步所需的信息和边界条件，从而影响着科技发展的方向；科技贡献了历史演进所需的知识和方法，决定了历史发展的路径。无论是国家的历史，还是企业的历史，始终是在对技术路径的选择、锁定、解锁、再选择中推进自身发展的。对于国家而言，是在选择整个经济、产业的技术路径，这其中带有制度的因素；对于企业而言，是在选择产品或服务的技术路径，这其中是指某种产业技术体系。而颠覆性技术及其创新恰恰能够体现企业或产业从旧的技术路径中解锁出来，有效地跨入新技术路径上去的一种实践。为此，颠覆性技术创新是绕不开的挑战，更绕不开的是技术路径变化所带来的产业、经济、社会、文化系统的调整。

4.2.2 技术的"定义、使能、赋权"功能正构建全新的赛场和规则

人工世界是技术的衍生品，同时又是人同自然界连接的桥梁。当前，技术对人与自然关系的决定作用得到越来越大的发挥。这种决定作用，一方面体现在技术的体系化、工具化、人格化3个进程中；另一方面体现在技术的"定义、使能、赋权"三大功能中。技术"定义"世界——技术提供了主要维度和内容用以界定人与自然的关系；技术"使能"世界——技术确定了人工世界及活动体系的激活方式，确定了相应的功能指标和限度；技术"赋权"世界——技术让各类主体以一定的自由度对人工世界或技术体系进行选择、执行、评估。技术本来就是人类创造的东西，现在已然获得越来越多的自主性发展，甚至让人追随其发展的秉性。由此，技术同市场的结合、同政策的结合、同文化的结合，不断地建构全新的竞争空间和博弈场所，其主动权、主导

权、话语权也在其中得到了放大。

4.2.3 作为未来"战略奇点"的颠覆性技术受到高度关注

历史并不是完全按照人们的预见和策略形成的，但人们的预见和策略却为历史发展提供了丰富的信息和内容。任何历史进程中，有4个战略基本点对战略谋划和实施甚为关键。这4个基本点就是战略的切入点、增长点（新生点、生成点、生长点）、临界点（转折点）和制高点。这四点合一的环节我们可称为"战略奇点"。"战略奇点"展开的活动，就是人们常说的战略枢纽。"战略奇点"的出现意味着此点之后，新的历史或内容或形式——开始了。科技具有创造性破坏的威力，颠覆性技术更是在切入点、增长点、临界点和制高点4个方面都能有所贡献、有所体现，是不断生成"战略奇点"的知识母体。预见颠覆性技术、把握颠覆性技术、促进颠覆性创新，对于国家或企业把握创新机遇、应对可能的挑战、引领未来发展都至关重要，甚至是具有决定意义的举措。

4.2.4 颠覆性技术促成科技引领型经济和社会

纵观历史，每个既定的产业、经济模式都有其特定的技术路径，也有按原有技术更新速度和周期往前推进的持续创新。但这种创新只适合现有的产业领先者强化领先地位，还不能对市场或产业结构直接造成颠覆性改变。而颠覆性技术属于知识或方法驱动的创新，要么源自尚未产业化的新知识、新方法，要么源自当前主流技术尚未注意到的新组合、新模式。颠覆性技术创新一旦成功，势必产生新的业务板块、酝酿新的市场结构、导入新的技术路径、开辟新的产业方向，将引发现有投资、人才、技术、产业、规则进入"归零"状态。犹如空气动力学的原理变成了飞机，从而诞生了航空业；集装箱的设计形成了新的跨运输方式的标准，重新塑造了物流业和外贸经济模式。颠覆性技术在促成引领型经济和社会的过程中，彰显了当代科学技术对历史的真正价值。

4.3 主动研发颠覆性技术和推动颠覆性创新的战略意义

面向未来、面向新科技革命和产业变革,我们既要关注颠覆性技术,更要主动促进颠覆性创新。

4.3.1 颠覆性技术、颠覆性创新的关联和差别

> 颠覆性技术不等于颠覆性创新。

如前所述,颠覆性技术是指可引发市场激烈调整、产品重大改变、产业重大变革的技术,它的出现将导致产品、经营模式大规模地更迭或替代,像激光照排技术对活字印刷技术就是一次全面替代,也有人把它们描述为突破性技术创新。颠覆性创新是指企业从不被主导市场的领先者所看重的边缘、细分或新兴市场开发切入发力,在此站稳后再向主流市场进军,最后战胜先前产业领先者的创新。两者视角不同,一个着眼于技术的革命性效果;另一个着眼于创新过程中策略与模式的选择。两者所需的前提也不同:颠覆性技术往往源自科学自身的进步,而颠覆性创新则需要公平的市场竞争和有效的知识传播转移。

> 两者视角不同,一个着眼于技术的革命性效果;另一个着眼于创新过程中策略与模式的选择。

4.3.2 主动研发颠覆性技术是企业创新生存之道

必须主动地实施颠覆性技术创新战略是企业在市场竞争中无数的创新成功和失败案例所带来的深刻教训。在新科技革命和产业变革蓄势待发的今天,在众多细分领域大规模颠覆性技术创新群集的今天,"惟创新者进,惟创新者强,惟创新者胜"[①],很多胜者和强者都是主动抓住了颠覆性技术带来的机遇,实现了出色的跨越和转型。苹果公司巧用移动通信技术变轨或断代时产生的机遇,迅速从一家电脑和办公设备制造商,转战成为电信产品、消费电子产品的供应商。腾讯总是在为自己庆幸,微信技术抓在了自己手里,甚至不惜牺牲已有的主打产品QQ来实现面向无线通信时代的市场颠覆。既然创新无法回避,既然颠覆性技术迟早要落地,那么,主动而为,将颠覆性技术与颠覆性创新模式结

> 很多胜者和强者都是主动抓住了颠覆性技术带来的机遇,实现了出色的跨越和转型。

---

① 习近平.习近平谈治国理政(第一卷)[M].北京:外文出版社,2014:59页.

合，这样才会在颠覆中赢得把握创新命运和道路的主宰权。

4.3.3　主动推动颠覆性创新更为重要

有了颠覆性技术不等于自动会实现颠覆性创新。这方面典型的事例就是柯达——偌大一个公司却被自己发明的数字摄像技术颠覆了。同样，在智能手机市场开启之际，诺基亚、摩托罗拉本应更占有利位置。作为搜索技术先驱的雅虎，现在已经被后起之秀挤到了不被注意的地方。这些企业研发实力不谓不强，技术变革的趋势也不是没有注意到，但如果依然陷于传统的、持续改进式的创新模式，颠覆性技术的革命性效果也会被自然地消解掉。即便拥有好的技术、好的研究能力，一而再再而三地忽略新兴市场、细分市场有备而来的创新者，企业或产业被颠覆的命运就可想而知了。

> 如果依然陷于传统的、持续改进式的创新模式，颠覆性技术的革命性效果也会被自然地消解掉。

4.3.4　长期坚持才能有机会成为颠覆者

技术创新充满机遇，有些就是颠覆性的机遇。而这样的机遇青睐有准备的创新者，也会奖励坚持到底的创新者。在一个产业发展的长周期内，颠覆性技术和创新的机会肯定不止一次两次。那么，做好准备、长期积累，也是把握机会的应有之策。我国的高铁之所以能迅速发展并创造了新的世界标杆，其中一个重要因素就是我国在此方面的长期积累和准备。我国人造金刚石或超硬材料产业的创新发展更能说明问题（进一步细节可参阅本书第二十章）。这个小行业所面对的曾经是跨国企业对其主导技术、关键部件的严防死守。我国研发机构和企业从未放弃，抓住行业关键技术变轨的机遇，一举弯道超车，掌握了技术和市场的主导权，而且新的技术体系还源于跨国企业曾经放弃的技术路线。没有长期的坚持，就不会有这一天。

> 在一个产业发展的长周期内，颠覆性技术和创新的机会肯定不止一次两次。那么，做好准备、长期积累，也是把握机会的应有之策。

总之，在创新驱动发展的历史阶段、在科技引领未来的新潮流下，常态化的创新，一方面要能够实施各类模式的创新；另一方面还要能应付各种创新的挑战，特别是颠覆性技术的创新。

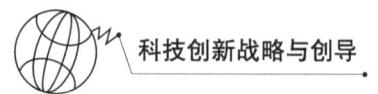

4.4 把颠覆性技术创新作为转型发展的战略枢纽

应对新科技革命挑战,推动转方式、调结构是一场深刻的技术与制度大变革,需要一系列的重大转变,亦即需要一系列的战略枢纽。主动预见并研发颠覆性技术、积极推动颠覆性创新将为此提供所需要的战略支撑。

一是解放思想,升级与新科技及产业变革、建设创新强国相适应的创新理念。面对新科技和产业变革的挑战,应大胆解放思想,更新和升级相应的科技观、创新观。超越简单以"新颖性""国内首次""拥有多少自主知识产权""人无我有"等取向作为科研和创新的引导,从建设创新强国、引领经济社会发展出发,面向新科技和产业变革、面向转型发展的需求,提升创新者的胆识和思想境界,让广大创新创业者的想象力、创造力充分释放出来,让更多富有号召力、冲击力、穿透力的创新理念、创新思想成为昭示未来、引领未来的思想原动力。

二是积极谋划非对称策略,通过颠覆性技术开辟新市场、引领新产业。经济上的非对称战略是指充分利用市场、政策、社会方方面面的资源,充分把握科技创新、产业整合的规律,在转变和竞争中加速形成产业链和创新优势。社会主义制度集中力量办大事,其中部分利用了非对称策略;产业集群、双创集聚也是部分利用了非对称思维。颠覆性技术与非对称战略可以形成互补性、互动性较强的组合,这也是技术创新同管理创新、制度创新的组合融合,可以较好地发挥颠覆性技术的革命性、引领性作用,加速实现战略性新兴产业崛起,并对转型发展起到强有力的支撑作用。

三是促进新技术与传统市场融合发展,以颠覆性创新再造内容更为丰富的业态。成熟的产业总会不断地细分出新的市场,这是新技术与传统市场融合发展的良机。颠覆性创新会让产品或市场更加多元、更为丰富,会更好地对应民众日益丰富的物质文化需求。当下就是需要大力推进"互联网+""新能源+""机器人+""人工智能+""清洁制造+"等新科技与传统行业的对接、融合,让丰富的创新产品与服务、丰富的业态使广大人民群众实现更为直接的获得感。

四是将总体协同、包容与产业上局部切换、颠覆有机结合起来,打造良好和谐的创新生态。我国拥有行业体系齐全、产业谱系丰富的巨大优势,可以兼容并蓄多种类型的创新模式。因此,要落实"全面创新发展"理念,既要促进整体协同、体现包容的创新发展,又要鼓励在局部产业领域可以实施较大的技术变革、系统切换和市场颠覆。这需要在宏观上把握好方向、尺度,从微观上又要把握好节奏和力度。特别是既要积极谋划好产能退出及结构调整优化策略,同时还需要在加快调整的某些产业领域,有意识地把颠覆性技术创新作为产业转型发展的战略抓手,做好创新链、产业链、金融链的协同推进。

第五章　科技创新的十大战略工具[①]

当今企业的技术创新管理，常常面对研发国际化、知识融合化和创新加速化三大挑战，面对创新机会识别、技术能力获取、技术资源集成、技术方案选择和知识产权保护等五大管理主题。问题的多样性直接要求方法的多样性；没有好的战略工具，企业将无法应对日益复杂而又充满变数的局面。

创新是进步的灵魂、发展的动力，是战胜挑战、走出困境的法门。创新能力的生成和发挥离不开创新工具，尤其是一些战略性工具的运用。从现阶段中外典型企业的科技创新绩效比较和差距上看，破坏（颠覆）[②]性技术等十大科技创新战略工具应成为企业创新亟须掌握的工具。

5.1 破坏（颠覆）性技术

破坏性技术是通过新的开发路线能迅速并低成本地实现当前市场主流产品的技术。基于破坏性技术的创新战略被称为破坏性创新。破坏性创新旨在利用破坏性技术的潜在优势做大细分或边缘市场，以非对称动机打消主导者的优势，颠覆现有的市场结构。

[①] 本文是受邀进行企业创新管理内部培训 PPT 的文字稿，其精简版曾分上下两期发表于《科技日报》（2008 年 8 月 31 日和 9 月 14 日），并转载于《中国科技投资》2008 年第 10 期。

[②] 此处沿用原文说法。从"破坏性"逐渐变为"颠覆性"，也映照该词汇的历史演变过程。破坏性技术创新就是后来的颠覆性技术创新。

技术变迁（technology change）在历史发展中总会展现一定的轨迹。不同的技术发展轨迹间存在着跳跃或者滑落的可能（图5-1）。颠覆性技术主要涌现在两个技术路线切换之间。作为创新的战略工具，破坏性技术创新超越了一般意义上的持续性创新或单纯改进型的创新；它是对创新过程、创新模式或创新战略本身的创新，是旨在打败对手的创新。过去很多名不见经传的中小企业有意无意抓住破坏性技术机会，利用破坏性创新模式实现了崛起，有的甚至取代了原有大企业的位置。当今很多知名大企业，在其起家阶段都重复过类似的故事。今天，无论大小企业都在主动地开发破坏性技术，策动破坏性创新战略，把握未来市场的制高点。可以说，一旦这种意愿和行为成为潮流，未来的企业技术创新和市场格局将更加斑驳陆离。企业不积极掌握这样的战略工具，就无法走在变革的前面。

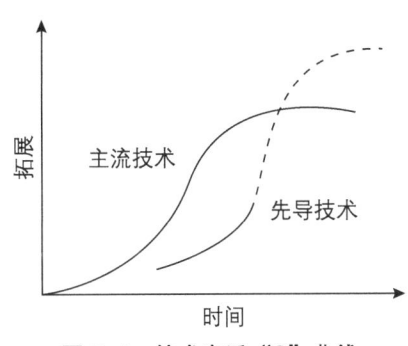

图 5-1 技术变迁"S"曲线

5.2 CTO 制度

在企业内对技术创新实施专门化管理、研发和市场一体化经营，并将技术创新与企业战略密切挂钩是当代高新技术企业或知识型企业的一个共同特征，这也是 CTO（Chief Technology Officer，首席技术官、科技主管）制度产生的客观基础。CTO 即企业内负责技术的最高负责人，是企业技术创新规范化、建制化的产物。

企业设立CTO，是对原有首席科学家、总工程师、研发或技术总监等制度的超越。

企业设立CTO，是对原有首席科学家、总工程师、研发或技术总监等制度的超越。CTO角色是一角多用（图5-2）。首先是企业技术资源的最高管理者，其越来越多的职责是把握总体技术方向，策划与实施技术创新战略，对技术选型和具体技术问题进行指导和把关，完成被赋予的各项技术创新任务或目标。通常只有高科技企业、围绕研发进行生产的企业才设立CTO职位。有时CTO和首席信息官（CIO）、首席知识官（CKO）为同一个人，有的企业CTO同时兼任战略总监，有的企业在其涉及的多种技术分支领域内还要设置多个高级技术负责人。企业将CTO、CIO、CKO等职位制度化定格下来，标志着新经济时代企业发展战略和管理内容的一次转型，同时呼唤着更多的战略型科学家和工程师涌现出来，超越单纯研发者的角色，在新的平台上担当起技术创新领航者的使命。

图5-2　CTO的多方角色

5.3 "架构与模块"化设计能力

架构是支撑产品或服务体系存在和运行的总成结构；模块是执行或完成产品或服务部分预设功能的子系统。架构和模块是认知当下体系化产品或服务的一对分析范畴（图5-3）。架构化是按照一定的理念、思路对总成结构进行基本设计；模块化是通过对某一类产品系统进行分析和研究，把其中含有相同或相似功能的单元分离处理，用标准化方法进行统一、归并、简化，最终将产品系统化分为通用模块与专用模块的过程。一个好的技术创新战略必须在架构与模块两大维度上实现产品创新、流程创新和组织创新的三位一体，这样才能实现创新战略与资源整合的统一。

> 一个好的技术创新战略必须在架构与模块两大维度上实现产品创新、流程创新和组织创新的三位一体。

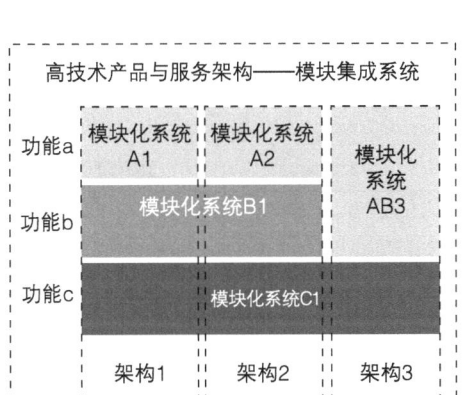

图 5-3　架构与模块关系示例

专注于模块已成为众多企业实施差异化战略、打造竞争优势的必然选择。模块化不仅给生产过程及其管理带来改变，也给城市建设、社会生活、政府管理等方面都带来深刻的影响。相对于模块化能力的发展，当前我国企业亟须提升的是架构化能力。好的架构化能力要求人们体现对产品的超越性、规律性认识，能较充分地做到以人为本、以用为先、系统思考、集约运作。这需要企业从事科技创新的群体在产品和服务的系统性、普适性、宜人性、可持续性等方面具备更高级的、宏大的思维能力，还需要在系统上具有进行系统整合、协同集成的操作能力。

> 专注于模块已成为众多企业实施差异化战略、打造竞争优势的必然选择。

5.4　技术路线图

技术路线图（technology roadmap）是管理者为了达到一定的技术目标在一系列战略选择中用以识别、评价和筛选的规划工具，为技术选择、技术前瞻和相关的技术管理与决策提供了一个新的图示化手段（图 5-4）。它是基于各方面专家共识而面向未来的前瞻性工具，是技术创新的决策者与执行者之间进行沟通的文本平台[①]。

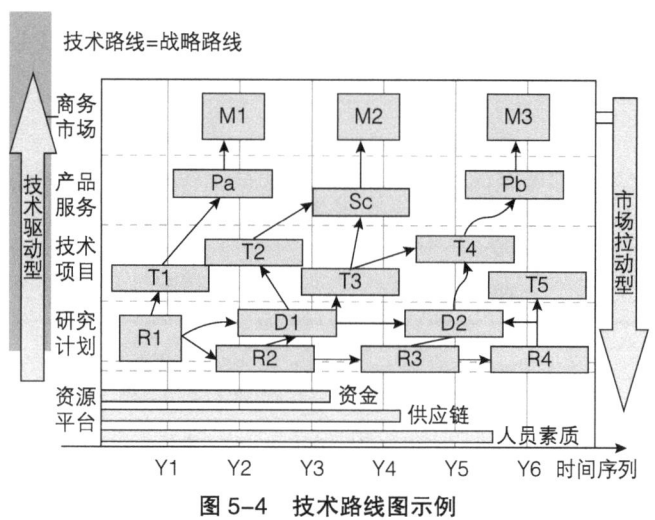

图 5-4　技术路线图示例

技术路线图可帮助公司、产业部门、研发机构在未来市场中发挥应有的作用，能基于良好信息基础预测未来市场的技术及产品需求，识别对某个产业具有高潜力的科学和技术领域，识别企业发展所需的、可实现的关键技术，识别目前水平和目标之间的技术差别，还可用来支持战略技术的投资决策，避免技术和市场的风险，并通过知识共享来强化参与公司间的合作伙伴关系。

企业使用技术路线图的战略意义在于：可帮助管理层各个界面就研发项目目标和计划执行尽快达成一致意见，在一个战略框架内调整企业内的研发活动和投入水平，在研发管理上起到督导、传达、启发的功能；可较好地刻画出技术开发与市场需求间的差异，以及新产品进入市场的路径，并在技术开发到市场经营之间架设桥梁，确定战略实施的相关步骤；可支持企业技术战略及相关计划启动实施，面向科技创新推进供应链管理，强化并精细化时间节点管理，确保关键技术研发持续进行并随时进入临战状态。

---

① 本书第十四章是对技术路线图深入分析研究的专章。

5.5 产品和技术全生命周期管理

产品全生命周期管理（PLM）和技术全生命周期管理（TLM）在众多企业中是分开处置的，甚至大多数企业只有产品全生命周期管理而无技术全生命周期管理，有太多的企业甚至都走不到技术创新的下一个周期（图 5-5、图 5-6）。而高水平的、可持续的科技企业都将两大内容管理融为一体。产品和技术全生命周期管理（product/technology life-cycle management）就是从理性预期出发，通过严格的分析和规划，按照周期内的不同阶段制定不同的解决方案和应对策略，使企业在整个产品特别是技术的全生命周期内在市场的最佳点进入、在最适当点退出，以期获得最大的收益。实施产品和技术全生命周期管理已成为当今企业创新发展、持续发展的基本素质。

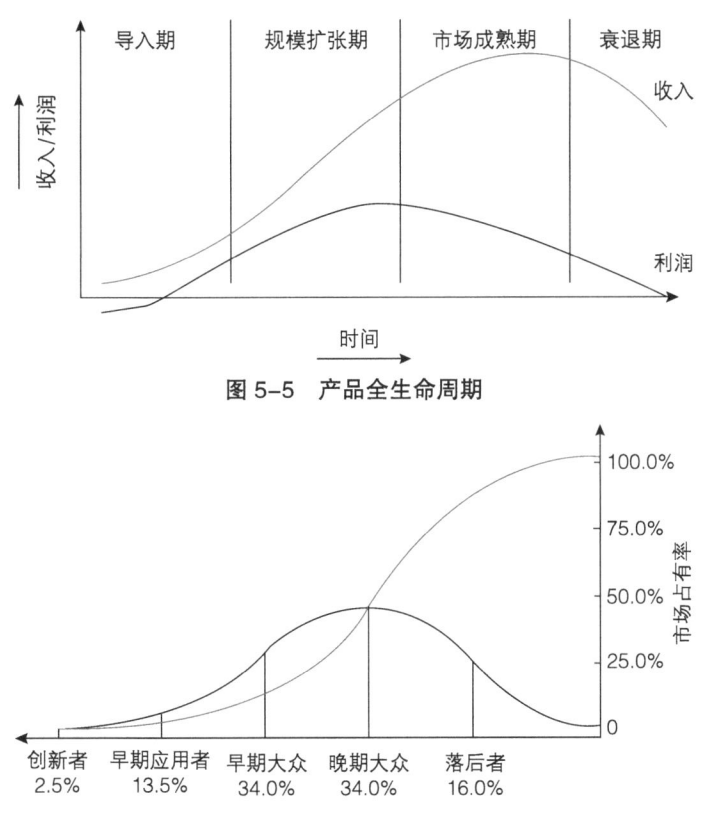

图 5-5 产品全生命周期

图 5-6 技术全生命周期（基于 E. M. Rogers 技术扩散模型）

全球市场局部间既有空间上的差异，也有技术上的落差。跨国企业正是利用这两点延长了产品和技术全生命周期。主要做法：一是以"产品+产业或技术转移"延长产品的全生命周期。二是以"产品+平台创新+品牌+资本运作"组合策略来延长产品的技术全生命周期。一旦本土产品在技术上差距不断缩小，跨国企业便通过自身强大的科技平台，持续推出创新产品，并通过品牌优势和资本运作能力进一步打压本土竞争对手。

需要补充的是，"长尾理论"揭示出一种现象：市场主流产品、主流设计具有一定的周期性，畅销后的产品和技术退市并不是一下子寿终正寝，还会延长很长时间。在全球范围内，用上述两种策略都可以实现。做好"长尾"阶段的持续创新和营销也是有利可图的。

> 管理上尤其是战略管理上的工具、技术、制度、模式，虽不像坚船利炮那样引人注目，也不像硬件技术那样易被模仿和习得……

胜败乃商家常事。但如果不知击败自己的武器为何，就会有一些遗憾。一些管理上尤其是战略管理上的工具、技术、制度、模式，虽不像坚船利炮那样引人注目，也不像硬件技术那样易被模仿和习得，但如果能够学会和善用新的创新战略工具，因地制宜地架构运用体系，并促进管理体制机制改善，则必然会让我国企业的自主研发及创新体系更快、更好、更有效地运行起来。

5.6 集成产品开发模式

集成产品开发（integrated product development，IPD）（图5-7被圈中的部分[①]）来源于产品周期优化法，系全球领先的研发咨询机构 PRTM 公司提出的研发管理模式，后再经 IBM 公司多年实践总结出来的一套先进、成熟的研发管理模式和管理工具。

---

① 参见 https://blog.csdn.net/chenkaifang/article/details/93324570。

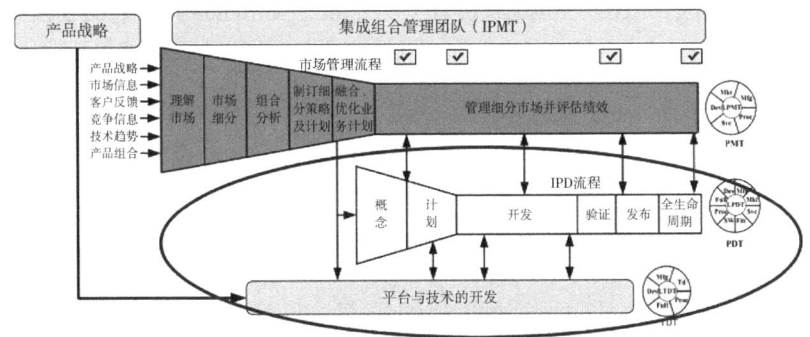

图 5-7　集成产品开发框架

IPD 系统集成了企业的创新资源来支持研发活动的开展。它依据企业创新战略，整合了企业科技、市场、资金和组织等各方面资源，从产品研发规划、研发平台、研发流程、研发绩效等方面对企业研发体系进行了架构化设计。通过 IPD 工具，企业可以实现市场需求与开发能力的快速对接，促进研发部门面向真正的市场需求进行有效的决策和创新；可以实现异步开发或并行开发，使跨部门、跨系统、跨阶段的研发活动实现整合和协同；可以实现研发和创新所特有的不确定性、非程序性与生产加工的明确化、程序化要求的有机统一。

对于企业不愿进行研发投资的指责，除企业创新动力和意愿不足、人才素质落后、有意回避创新风险外，企业家对研发投资缺乏足够信心也是重要因素之一。如果企业能有效地实施 IPD 系统，可以设想基于产品开发的企业经营局面将大为改观。

此外，IPD 系统自身就是可被结构化、数字化、平台化表达的工具，可以很好地同企业其他的管理子系统或管理工具实现对接，这就确保了企业的研发能力稳固地成为创新能力和竞争力的核心。

5.7　研发外包及技术联盟

开放式创新就是企业通过系统的研发外包（contract R&D

outsourcing，CRO）和技术联盟（technology alliance）等组织手段，尽可能地利用一切可能的科技创新资源。由此，能够主动进行研发外包（图5-8）和技术联盟，以及能提供可供外包和联盟的资源，都已成为企业在新时期生存中所必须具备的前提。

图5-8 研发外包图示

研发外包和技术联盟是传统产学研合作高级阶段的表现形式。研发外包是研究开发活动市场化分工协作的产物；技术联盟则是企业为了破解资金约束、共享资源、分担风险、共同面向挑战和机会的必然选择。关于研发外包和技术联盟等活动的开展，因企业所在的国家或地区、所在的产业行业及自身的科技资源和管理能力等因素的不同而不同，是双方或多方根据自身需要博弈约定的结果。这其中有固定的议题，但没有固定的模式和标准。

研发外包和技术联盟的扩张正在使研发活动、研发服务、研发权益日益市场化、产业化，也使如何整合外部研发和创新资源成为当今企业进行创新管理的重要议题。

5.8 创新成熟度模型

创新成熟度模型（innovation maturity model）是企业根据创新战略的要求，参照产业和技术的生命周期规律，对创新产品和服务在其典型的开发和决策节点上进行针对性评估的工具。这个工具的开发，一方面借鉴了软件开发成熟度模型（capability maturity model for software，CMM）的做法；另一方面还参考了研发管理中的技术就绪度模型（technology readiness level–TRL，也称为技术成熟度模型）的理念和做法。每个创新型企业（甚至有条件的企业针对特定的研发创新项目）都要根据自身产业及产品的特性开发出适用的创新成熟度模型。这个模型及依此开展的实践带给人们很多启示：企业的（产品）创新能力是企业综合实力的体现；成熟的创新素质也会产出成熟的创新产品。

过去的创新是一场接力赛，需要企业从头到尾好好策划与管理。今天，有实力的企业可通过IPD、创新实验室或研发创新并行过程，将创新过程压缩，变成一次演出。其中研发成果的创新成熟度评价是关键的决策依据（图5-9）。成功企业的标志是在市场上成功，其本质则是企业在创新能力、创新组织和创新文化上的成熟。通过创新成熟度模型不断开展自我评价，可确保企业稳步地走向成功。创新创业需要激情，也需要理性和谨慎。

> 过去的创新是一场接力赛，需要企业从头到尾好好策划与管理。今天，有实力的企业可通过IPD、创新实验室或研发创新并行过程，将创新过程压缩，变成一次演出。其中研发成果的创新成熟度评价是关键的决策依据。

目标结构与资源配置同步产出可持续的竞争优势　5级：持续创新
聚集整体目标协调各项活动和资源　4级：战略创新
为实现确定市场目标的创新协调　3级：定向创新
2级：定义创新（能自主识别和定义创新）
1级：响应创新（被动式激发创新）

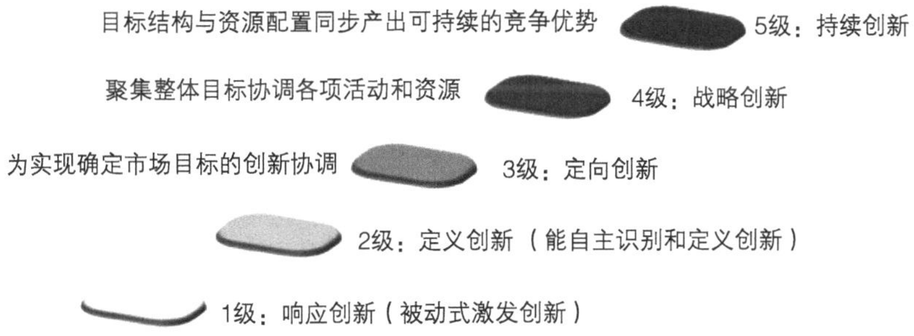

图5-9　创新成熟度阶梯模型

5.9 计算机辅助创新

计算机辅助创新主要以发明创造理论为基础，是结合了现代设计、工业工程、决策分析、CIMS、数据库、虚拟现实等多领域科学知识综合而形成的集成技术。目前越来越多的企业已通过多种方式将它与管理工具结合并相互融入，逐渐形成了计算机辅助创新（computer aided innovation，CAI）的概念和技术体系（图5-10）。

图5-10　计算机辅助创新文献

> CAI 技术的应用正在成为现代企业技术和新产品开发的一个新动向。

CAI 技术的应用正在成为现代企业技术和新产品开发的一个新动向。当今世界新产品开发趋势以集成开发和制造为特征，众多前沿技术大量渗入新产品中，产品日趋小型化、多功能化、智能化。产品更易于制造、生命周期短、成本低。在开发过程中用成熟的创新理论做支撑，用优秀的计算机创新软件做导引，用多学科领域的广博知识做支撑。

CAI 技术在产品研发概念或方案设计阶段为企业提供创新理论、方法及多学科知识的支持，使研发人员打破思维定式、迅速发现问题本质，从而构建出新的设想和方案，大大优化研发进程，减少资源的重复和浪费。

5.10　创新实验室

创新实验室（innovation lab）就是将可设想的创新全过程、市场因素、创新决策环节基本上放在可控环境下推演（图5-11）。创新包括理念的物化、工程化、商品化、产业化、国际化等多个过程。过去的研发实验室及工程中心大多只是完成了创意的物化和工程化阶段，而创新产品的商品化、产业化和国际化的路很长，风险很大，客观上就需要更广意义上的创新体验实验室来缩短这个过程，实现创新成果地向现实中试验、检验和体验的"三验合一"。据此来整合各方资源，识别创新风险因素，进行即时的修订完善。目前不仅有大量的制造业企业正在改造自己的实验室，使之向创新实验室功能方向演进，还有很多产业如金融业、服务业、软件产业，以及显示、创意、健康等新兴产业，一开始就建立了新型的实验室。创新实验室在这些产业中发展甚为迅速。

> 实现创新成果地向现实中试验、检验和体验的"三验合一"。

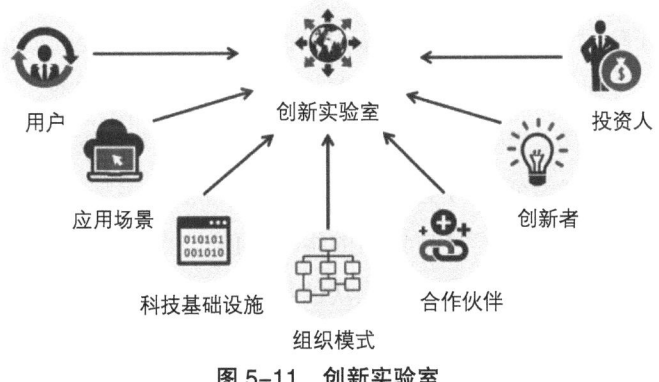

图 5-11　创新实验室

较传统的研发实验室，创新实验室更加开放、内容更复杂、形式更多样，有的还可能更虚拟化一些。创新实验室是在高仿真甚至就是在实际情景环境下，有更多的中间用户和终端用户广泛而深入地参与。它除了物理空间外，还包括市场空间、网络空间等新的实验范围，有的企业会将一个行业、一个城市当作自己的实验天地，并构建起强大的创新实践网络体系。这同过去政府主导的新技术推广示范有异曲同工之处，但其中的创新主体不同，主导理念、推进模式、激励机制也不同。

> 有的企业会将一个行业、一个城市当作自己的实验天地，并构建起强大的创新实践网络体系。

第六章 政府科技计划管理者多重角色
——对 DARPA 案例的感想①

> 大国的科技常常以规模化科研活动为特征。
>
> 大国之大科技的决策、组织和实施十分复杂。组织好大科技的研发和产业化是国家科技实力乃至国家实力的主要标志之一。

大国的科技常常以规模化科研活动为特征。科技从研发到创新要分阶段、分步骤实施。研发和创新活动从要素、资源、过程、行为到产出还要面对众多有形和无形的因素。因此,大国之大科技的决策、组织和实施十分复杂。组织好大科技的研发和产业化是国家科技实力乃至国家实力的主要标志之一。

在国家层面政府科技计划的组织实施,很多国家都做过尝试和开展过相关工作,有实践成功的如曼哈顿工程、阿波罗计划、

---

① 本文是对 Erica R. H. Fuchs 在清华大学中国科技政策研究中心进行学术交流时分享的论文《重新思考政府在科技发展中的角色——DARPA 及嵌入式网络治理案例》后期译本的推介与评论。其主要内容后来又整理刊发在《科技日报》2011 年 8 月 28 日第 2 版。
Fuchs 的文章是作者在清华大学开研讨会时分享给中国学者的文章,当时还是一篇拟发表前进行匿名评审的文章。大家若引用最好找到她在 Research Policy 刊载的正式论文 Rethinking the role of the state in technology development: DARPA and the case for embedded network governance 2010 年第 39 卷第 9 期第 1133~1147 页。关于 DARPA 的经验借鉴,大家还可参阅赵刚、程建润、林源园等合写的《美国 DARPA 模式及其对中国科研管理的启示》(发表在中国科学技术发展战略研究院内部刊物《调研报告》2011 年第 9 期)。关于美国政府科技战略和政策方面的社会分析,建议大家还可参考 F. Block 在美刊《政治学与社会》第 36 卷第 2 期第 169~206 页发表的文章《"逆流而上:一种隐形的发展主义国家在美国的崛起"》(Swimming against the current: the rise of a hidden developmental state in the United States),此文汉译版《被隐形的美国政府在科技创新上的重大作用》,已刊登在《国外理论动态》2010 年第 6~7 期。通过该文并联系 Fuchs 的文章来共同分析,我们会更深刻地理解美国这样的国家,它们在标榜其"政府不管"的理念或制度表面下,存在若干有形无形的代理者网络,能够把国家意志传导出去,强势地渗透到社会各界各层面。

第六章 政府科技计划管理者多重角色——对 DARPA 案例的感想

"两弹一星"工程等;也有成为借鉴的如美国国家癌症治愈计划、日本高清电视开发计划等,还有相当一部分有头无尾、不了了之的项目或计划,最后淡出了历史的视线。预想的成功与最后的结果常会有不一致的地方。鉴于研发活动和科研管理的复杂性、不确定性,很多国家都将研发、科研及创新管理列为特别对待之事项,出台有针对性的制度和政策,给予研发活动和科研管理以较大的弹性和自由度。在对复杂科研活动的特点和规律认识尚不完全的条件下,我们还要有所作为,主动实施权变、策略的管理,给科研及管理人员以较大的独立运作空间。

6.1 政府科技计划管理者的众多角色

在众多政府设置的科技计划管理机构中,DARPA(Defense Advanced Research Projects Agency,国防先进研究项目管理局)是"冷战"这个特殊时期的产物。由于研究领域的敏感性,该部门一开始就受到世界各国的关注。DARPA 在半个世纪的时间里,通过自身的改革和管理创新取得了一些有革命性作用、有深度影响力的成果。这些成果有科技专家们的智慧贡献,也有计划组织管理者的功劳。很多政府科技计划设计的初衷或管理者的预期都是希望能获得 DARPA 所收获的那样重量级的成果。因此,卡耐基梅隆大学 Fuchs 博士关于 DARPA 的案例研究也是从一开始研究到文章发表就受到各方面的关注。Fuchs 博士还特地到清华大学中国科技政策研究中心与我国有关学者、政府科技计划管理者进行了学术交流,引发了中国研究者们的深入思考。

Fuchs 博士通过扎根理论、田野调查、深度访谈等研究方法,向我们展示了一个较为成功的政府科技计划管理者的关键角色:其不仅是政府信息、资源或政策窗口那个"打开窗户"的人,不仅是一个链接不同组织界面的协调人,不仅是"一个对创意有热情、懂得创意的艺术要素并对构思创意有可能的走向有远见卓识的项目经理",不仅是在军事科技方面国家意志和利益的代理者等。通过几十年的制度和文化建构，DARPA 示范的政府科技计划管理者已逐渐形成了以下众多角色（图6-1）。

①组织高水准头脑风暴、激发创意学术活动的召集者；

②组织不同研究者就共同主题展开独立调查研究的协调者；

③鼓励核心研究人员、特邀产业技术专家进行早期知识共享的促进者；

④对不同组织间进行研发合作提供新技术方向的第三方验证的工作信息的传导者；

⑤组织成熟企业与学者及初创企业进行合作的联络者；

⑥在体制层面上为技术平台的领导人提供政府支持背景的辅佐者。

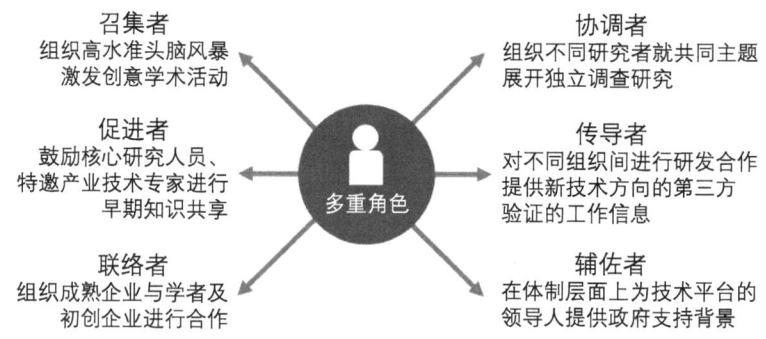

图6-1　DARPA 示范的政府科技计划管理者的众多角色

政府科技计划管理者以其多面手的角色，成为国家或地区在某一领域开展科技创新活动网络的核心节点之一。这些角色及其功能可能不完全来自当初政府计划设计者的设想及权威部门给定的职能，更多的是被后来实践所赋予的、为众多专家和学者们所选择的。

阅读 Fuchs 的文章，我们不难感受到，政府科技计划及其管理者在体现和落实国家愿景，有效执行规划计划，激发群体创意，实现或超越项目预期目标，密切联系研发、应用和产业部门的关系等方面有着极其重要的责任和关键性作用。Fuchs、Block 等人分析并指出，在国家科技战略实施方面，美国既有很多成文的法案、国家策略以有形的手引导经济社会发展，也有用市场机制这样无形的手引导要素的流动和资源配置，同时还存在由政府科技计划管理者组成的一个"嵌入式网络"，能够在政府科技资源触及的科技、教育、经济、文化、社会等方面深层次随时随地地发挥有深度影响的作用。

任何计划的启动、实施都至少涵盖4个方面的工作：决策、组织、沟通、督导。而政府科技计划若要成功实施则还需要每项工作带有寓于管理者人格上的一些能力因素，那就是有洞察力的决策、有执行力的组织、有激发力的沟通、有亲和力的督导。特别是对待科技天才、研发能手和学界精英尤其要讲求管理策略和艺术。DARPA的实践告诉我们：一个政府科技计划除需要运作足够长的时间、与时俱进的改革、社会各界的支持外，科技管理人员的素质是计划成功实施并取得超预期效果的关键环节。政府科技计划的管理者就是要像DARPA项目经理人给我们展示的那样，成为一个具有综合素质的多面手，特别是如何把最好的创意激发出来并落实到计划项目的实施中。

> 一个政府科技计划除需要运作足够长的时间、与时俱进的改革、社会各界的支持外，科技管理人员的素质是计划成功实施并取得超预期效果的关键环节。

6.2 DARPA管理带给我们的4点启示

从Fuchs的文章可以看出，我国科技管理需要在不断丰富管理者角色和功能，加快提升管理能力、水平和质量的大前提下，有以下4个方面需要关注。

一是加强计划实施体系和制度建设，促使管理流程、管理层次和角色规范化、清晰化。这里科技或科研管理者（至少）要关注5个"P"打头的关键词（图6-2）：Plan（战略规划）、Program（行动计划）、Portfolio（项目群组）、Platform（资源平台）、Project（具体项目）。这5个关键词在政府科技的管理架构中对应着不同层面、不同环节的工作内容，需要管理者起到不同的作用。规划管理者、计划管理者、群组管理者、平台管理者、项目管理者实际上有着不同的分工和职能，也对应着不同的工作

> 科技或科研管理者（至少）要关注5个"P"打头的关键词：Plan（战略规划）、Program（行动计划）、Portfolio（项目群组）、Platform（资源平台）、Project（具体项目）。

内容和绩效标准。在中国，我们面临的问题是上述5个方面的工作都是搅在一起的，有能分清的，更多是分不清的。各层次的管理者常常被简单地认为都是一般的、类似工程项目的管理者，而在其他方面的责任和角色则被有意无意地模糊了。现在我们特别需要在做好项目管理的同时，实施好既能整合科技领域及经济社会的资源，又能服务于科技界及经济社会的项目群组管理和资源平台管理，进而面向国家发展的战略实施好规划管理和计划管理。

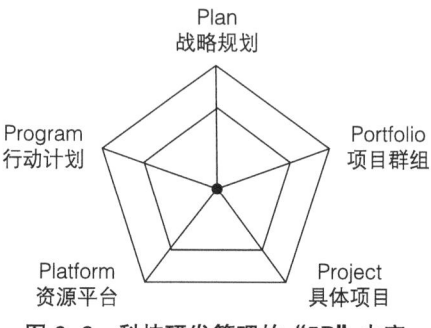

图 6-2　科技研发管理的"5P"内容

二是树立适应政府科技管理特点的业务理念，倡导相应的管理者文化。政府科技管理是一项特殊的业务。随着业务的范围扩大及种类日益繁杂，政府和企业的科技管理已显现出专业化、职业化、准市场化的势头（企业的科技管理更带有经营的色彩）。DARPA相对独立的运作有利于其形成独树一帜的管理理念和风格。在中国，我们特别需要加快形成有中国特色的科技管理体系、管理者队伍和相应的文化。政府科技计划管理者的职业理念或文化应以国家或公共利益为标杆，要讲求一定的精神境界和行为品格：强调利益取向的公共性，在其位时就是要"正其义不谋其利，明其道不计其功"；强调共建、共知和共享，使政府投入形成的科技资源真正成为科技界或经济社会一个有价值有促进作用的平台；强调管理工作应提供有效的服务支撑，重方向、重绩效、重解决方案，要"助人为乐、乐见其成"，要"为而不有""成

第六章 政府科技计划管理者多重角色——对 DARPA 案例的感想

而不居";强调领导者、管理者、执行者、评价者角色和职能的区分,修正过于行政化的倾向及所带来的弊端,突出素质、责任及德行或信誉要求。

三是理性地面对成功、失败与平庸的结果。人们对待任何计划和项目都渴望成功。若聚集全部精力,可以确保单个计划、行动或项目实现成功,也就是我们常说的点上的成功。但作为全面的统计和评估,总是有好有坏,还有相当多平庸的结果。众多科技计划莫不如此。在《梦断代码》(*Dreaming in Code*)一书中,作者 Scott Rosenberg 给我们深入分析了研发活动的复杂性和不确定性。有关研究报告说:即使在有意识组织的、有目标导向的软件或信息化研发项目中,1995 年的样本显示,成功的("按时并在预算范围内完成所有计划的功能特性")也只占 16%,不成功的占 31%,剩下的被委婉地形容为"待解决的项目"(占 53%);2004 年的样本显示,成功的上升到 29%,不成功的降为 18%,"待解决的项目"的比例还是 53%。笔者认为 DARPA 也面临这样的情况。从长周期来看,50 多年 DARPA 做的全部项目中,大家津津乐道的总是那十几个项目,它们也有相当一批失败的项目或成果。科技发展本质上是不连续的,伟大的发明、发现和创新更不是天天都会发生。笔者同很多人一样相信,DARPA 还有成果没有引起人们足够的注意,还相信已研发的、现在所谓尚在"沉睡"中的成果有被唤醒的日子。科研毕竟不是选秀,成功与否不应以人们的关注度为衡量标准。人们关注 DARPA,除有影响的成果外,更主要是关注其独立而有创造性的管理和运作,关注其与时俱进、适应并支撑了美国开展新条件下战争的需要,关注其没有让互联网这个革命性成果限制在特定的范围内。科技计划管理者要与科学家、工程师们一道,积极适应那种向往成功、博采众长、突破约束、追逐新奇、冲击峰顶,最后总要寻常着陆的工作习性。实际上,科技创新中很多看似寻常的成果中孕育着不寻常的创新爆发力,特别需要耐心和发现。

四是引导专家学者以自己的特色参与研发社区或网络的构

> 科技发展本质上是不连续的,伟大的发明、发现和创新更不是天天都会发生。

> 科研毕竟不是选秀,成功与否不应以人们的关注度为衡量标准。

> 积极适应那种向往成功、博采众长、突破约束、追逐新奇、冲击峰顶,最后总要寻常着陆的工作习性。

建。科学家告诉人们，近代科学在一定程度上形成于不讲究学科界限的"无形学院"。但现在的情况是学科和专业间的隔阂已成为创新的主要障碍之一。还有克服学界和专家的"非我发明综合征"（not invent here-syndrome，NIH），也是科技管理的老大难问题。"非我发明综合征"就是大家常谈到的学术间隔、文人相轻、非我创意、自家的项目或成果最好等现象。有学者分析指出，这种现象甚至大量出现在组织和机构层面，即非我组织（团队、单位、院所、实验室、企业）发明的技艺都不顺眼、难以适用。DARPA的实践告诉我们，以共同构建面向同一创新主题的研发社区和创新网络，可引导学者和专家们超越由自己设定的视野，跨出由学术建制形成的门户界限。在设计主题、召集聚会、激发创意、推动共识、分享成果、引导传播等各个环节上，科技计划或项目管理者都要好好定义自己的角色，也有很多作用有待发挥。DARPA的实践告诉我们，这种角色是重要的、难以替代的，同时也是有限的。

科技创新活动篇

第七章 科学：游戏的观点、工具的观点、批判的观点[①]

7.1 引言

在当今的社会文化思潮中，社会中有许多事物，尤其是那些既有历史传统并附带现代建制，又具有交往意义的事物，常常被人们视为一种（广义的）游戏，同时也被视为一种赋有各种意义或功能的工具，诸如科学、艺术、语言、文学、贸易、政治、隐喻、批评等，笔者概括为"戏—器"（一体）观。这种观念已作为一种观念范畴被用来当作进行社会认同的视角和表达定位的框架。在后现代主义的分析探讨中，我们可找到越来越多的"游戏"与"工具"，因为在它们看来，凡是有人参与的活动或可看作游戏或可看作工具，最后人本身也被同化为游戏或工具的一部分。本文只针对科学来谈。

> 科学"戏—器"（一体）观：一面是游戏，一面是工具。

科学的游戏观之出现是由于科学活动的参与者们对诸如"科学是伴随工业化而产生的谋生手段和职业"之观点[②]的不屑一顾，而要求表现出科学活动独具特色的心智体验和富于创新的文化品性。工具观的出现则由于科学活动的实践者们想以工具特定的目的和价值作为标志，让社会认同科学或科学家不可替代的角色和作用。而"戏—器"（一体）观既保留了小科学时代的科学家对科

[①] 本文刊发在《自然辩证法研究》1996年第12期。
[②] 张之沧. 科学：人的游戏 [M]. 北京：中国青年出版社，1988.

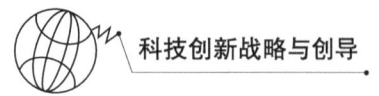

学问题、答案能进行自由选择的尊严,以及自由探讨的传统;同时又肯定了在科技社会化、资本主义大生产中起着积极的决定影响的科学家、工程师的作用与价值。科学家常常视同行为游戏的参与者,而非简单地认为是对手或合作者,科学家也愿意让世人肯定科学不失为一种高尚的游戏,同时也想方设法在任何可能的用武之地一显身手,有时还会超常发挥,对世俗中"科学无所不能"的神话听之任之。科学家包括社会群体中相当一部分人,既是游戏的参与者,也会成为观望者;既是工具的设计者、制造者和操纵者,也可能沦为被该工具操纵的对象和媒介。总之,这种观念是要来保持科学建制的内在自主和与社会环境相调适两种品性的兼容。

> 正是根植于其游戏的品性,使得不同的科学能在知识、方法、传统上相互交融;又由于其工具的品性,使得科学同社会中其他建制之间在效果、功能、价值等方面有着广泛而深刻的交互。

这种"戏—器"(一体)观又是社会中某种中性化心态的折射,既不臧否什么,也不特别推崇什么;被视为游戏自然有其变通和引人入胜的一面,被视为工具也定然有其合理和不可替代的一面。由于其工具的层面,使科学的意义和价值远超出了体育或影视这些职业化游戏狭隘的娱乐性和流俗;又由于其游戏层面,使科学在社会运行中能自律、自主、自行组织、自行复杂,并没有最后(至少到目前)变格为纯粹的国家机器。正是根植于其游戏的品性,使得不同的科学(不同时期、国家、学科的科学)能在知识、方法、传统上相互交融;又由于其工具的品性,使得科学同社会中其他建制之间在效果、功能、价值等方面有着广泛而深刻的(如经济的、政治的、制度的、管理的等)交互。"戏—器"(一体)观又恰似科学这块"硬币"的两面,一面揭示其机制和用法,另一面揭示其价值和功能,相互依存又相互制衡。

7.2 作为游戏的科学

维特根斯坦不是首先探讨游戏的,但他在以游戏喻射语言、文化、哲学的关系方面做出了极其深刻的探讨。他曾指出:游戏是不可下定义的一类术语。因为按他的主张,语言即用法,而游

第七章 科学：游戏的观点、工具的观点、批判的观点

戏的含义很难用有限的语言去涵盖其全部用法。游戏不是一个、不是一种，而是一个系列、一个族谱，各种不同的游戏有着不同的特征。科学是游戏，不单是语义上的喻射。一般而论，游戏既包含推理、娱乐的一面，如分析、判断、决策；也包含义理、价值的一面，如对规则的认同、对成功的执着。如果拿科学与游戏的关系而论，我们至少可以找到3个方面的类似之处。

首先，从心智层面来看，无论是早至古希腊，还是近至20世纪90年代的科学家，其从事科学研究的主要目的还是满足人类的好奇心和求知欲。古希腊时代，天文学、数学是悠闲人的消遣；开普勒以优美的音乐来类比行星运行的轨道；牛顿深沉而孤独，他说自己只是在海边捡捡石子和美丽的贝壳；爱因斯坦认为科学的概念是思维的自由创造。为了获得更准确的观察和试验结果，科学家把地球人送上月球，把望远镜送入太空。科学家正是在这种对完美、精确的追求中，冲击着人类知识和能力的极限，刷新了一项项纪录，从中得到了极大的满足和快乐，向大自然证明了人类的能力和努力。科学以真善美为其最高境界，它当然能在本质上与一切以真善美为最高境界的游戏进行沟通、化解和相互还原。

其次，从规则层面来看，游戏与科学又有相互近似乃至一致的成分。科学有其规范和传统，游戏亦有其规则和惯例。两者都认同公正、共有和创新等目标和原则。波普尔、彭加勒、拉卡托斯等人在分析科学发现的逻辑及方法论结构、评价标准尺度等问题时指出，科学的实质就是以一套以评价规则为母体来制造或延伸出来的一系列科学家的行为。在他们看来，科学这套游戏犹如猜谜一样，要经过一系列的尝试与证明，而这些猜谜和证明答案的规则为科学圈内的人所共知共有。科学从开始到如今，其知识内容的变化是天翻地覆的，但科学的规则、思考和行为的规则变化微然。这种特性也许在昭示我们，在被人操作的对象实体之外，对于人类活动的社会性而言，还有一种"规则实体"。围棋2000年前就有了，延存至今的不是当年的棋子、棋手、棋谱，而是行棋的规则，科学亦然。

科学可看作一种"规则实体"。

这"规则实体"不同于实物,而要以事物的属性、关系等为表现方式;也不同于认识论上的实体,要以主体认识能力为前提,而是以人交往行为的特征和关系为展现方式。人的社会本性要求"规则实体"长存,否则人无以生存和成就事业。科学之"规则实体"是指在人与自然的关系方面,由人在从事认识、调控等活动中积累起来的成功的经验内化而成的行为准则。

最后,从科学活动与游戏活动的本质联系层面来看,科学与游戏太相似了。如果把科学看作解题猜谜的认识活动,那么,科学无疑是一种智力上的游戏,与一切智力上的游戏有着相同的分析、运算、解答、证明的思维过程。在这些活动过程中,科学活动完全是科学家个体心智活动的展开。再从科学团体内的科学家之间的社会联系与层次结构来看,科学也是科学家之间进行社会交往、交流的"游戏"。这种游戏既是建制层次上的社会活动,又与科学家本身的心智游戏活动密不可分,因为心智活动的结果是发现答案、提出论证,而社会交往游戏则是寻求对答案的认同、确认(优先权)。所以评价活动在这种建制化的游戏中是必不可少的。此外,这些随着科学发展而完善起来的科学规范和建制,连接起了一个科学家整体部落,即科学共同体,使之成为社会中独特的角色群体。在这个群体中,科学家之间(由于社会其他因素的影响)还存在着对于优先权、名誉及使用权的角逐,这时的科学,就不单纯是个人的游戏了。

> 科学,已然不单纯是个人的游戏了。

科学家及社会上关注科学的许多人接受并赞同游戏观,不仅在于科学与游戏之间在大小社会尺度上有着很多的相似,可以类比,而且更有其深刻的理由。笔者认为这样的理由主要有两点:其一,游戏观是中性的、跨阶层的、跨意识形态的、能被广泛地用于认同和交流;其二,游戏观又是弹性的,广义的游戏观主张参与比角逐更重要,狭义的游戏观则认为角逐是科学进步的动力和途径,两者折中的观点则认为参与与角逐都是必需的。科学是非零和游戏,谁都有机会成为赢家。进步的不仅是科学,也涵盖整个社会;受益的不仅有科学家,也包括全人类。

7.3 作为工具的科学

科学从起源始,就与技术一道作为工具性的事物而存在。在人类生产力发展史上,科学主要是以工具的角色伴随人类的实践活动而不断发展的。因为人类的进化史就是人与自然关系的演化史。在人与自然的关系上,人类对认识自然、改造自然的经验总结逐渐上升并定型为科学技术;反过来,总结出来的科学技术再指导下一代人如何生存和实践,并在实践过程中又使科学技术得以进步和发展。从人与自然的关系现状上看,科学技术已成为人类认识和实践上的中介。中介就是要有自身的目的和功能,能伴随主体共同进化的工具。需要指出的是,科学技术只是中介的核心部分,不是全部。

从人类这个大系统的视角上看,科学(连同技术)其工具属性由两部分构成:一个是外在的;另一个是内在的。其外在的工具属性是由社会操作出来的,也可称为科学的社会功能。这其中包括科学作为传导和教育的工具和媒介,作为文化的工具和媒介,作为经济追求效率的工具和媒介,作为政治军事的工具和媒介等。社会用这些职能来发挥科学的生产力职能和文化职能。值得注意的是,社会与科学是在互动中实现科学之工具的各种职能,亦即社会以科学为工具,科学也以社会作为发展自身的条件和工具,使得两者在社会发展中呈现出相互支持、相互促进、相互催化等复杂的互动关系。

科学内在的工具属性表现为两个方面:一是认识的职能;二是评价的职能。从认识职能上说科学是认识人与自然的关系、理解这种关系、改善和调控这种关系的工具。在认识的起点、中介和结果中我们都可以看到科学在起作用,旧科学又是发展新科学的基础和必要手段。人们常说科学最伟大的发现就是发现了科学本身,其含义就在于科学能为自身发展提供"软"的和"硬"的支撑。从评价职能上讲,科学的核心部分是人类经验和智慧的结晶,是经过长期实践证明了的可信度较高的东西。于是科学理论

> 科学内在的工具属性表现为两个方面:一是认识的职能;二是评价的职能。

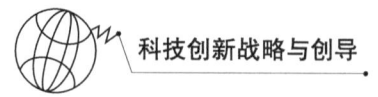

和科学方法又被人类选为评价其他活动和行为的一种评价体系（只是从近两个世纪才开始的，并且关于这方面的研究已完善成为若干门类的学科和技艺，如科学学、技术经济评估、科学预测、政策评估等）。创立评价体系，开展评价活动，是出于优化资源配置、提高效率、增加效益、减少风险和不必要损失的需要，是科学作为标准工具的体现。

我们必须注意，科学的评价职能不排斥也不反对，更代替不了实践对真理和知识的最终检验功能。首先，因为评价是一种实践活动；其次，评价活动并不对真理的真伪做出评判，而是对所使用的知识和方法的科学性、有效性和可行性做出评判，对事物的发展和可能的结果依理做出预测和评判；再次，科学评价也有失效的时候，但这表明科学和科学评价尚需完善；最后，科学评价与实践检验在历史性或时间跨度上有差异。科学评价并不是人类唯一的评价体系和活动，但由于科学评价以其深刻的理论性、高度的确定性、广泛的易领悟性和实践上的可操作性对其他评价方式显示出极大的影响力和兼容力。因此，科学评价的手段、方法和体系的社会化趋势越来越强势。

科学家并不反对科学成为某种特定的工具和手段，因为他们不想使科学成为可有可无的文化器物，也不想使科学成为曾经辉煌过的历史遗迹，更不想使科学成为只有少数科学家才会摆弄的专利和标本。人们只希望这个工具有公正性、平等性，充满自由和民主的品质，富于时代感和创新的活力，使科学人人可用，成果共享。既然人人都可使用，那么，用的结果必因人而异，差异之间就有了相互批判。

7.4 科学的批判观

人类物质文明与精神文明的进步不单单取决于建设的努力，很大程度上也取决于自我批判的艺术。批判是人类一种特殊的认识活动，以怀疑、审查、揭露和修正为方式，以错误、偶像、虚

第七章 科学：游戏的观点、工具的观点、批判的观点

假、统治等知识的、文化的或意识形态的问题为对象，对在历史进程中一定条件下得出的观点、判断、价值等进行再认识、再思考、再争辩。

对科学的批判古已有之。古希腊学派林立，各种观点标新立异，在相互争辩和批判中大放异彩。在科学的游戏观和工具观中也有广泛的评价活动和浅层次的批判。科学发展到今天，对科学的批判也日益深入科学系统的各个层次和角落。批判观所指向的问题主要包括科学在当今社会文化和意识形态中的统治地位、纯科学主义和技术决定论的危险、科学方法的有效性、科学进步合理性的标准如何、科学的异化和负面效应、科学伦理与社会伦理的相容性问题及科学文化与人文文化的分合问题等，本文主要来勾画3种类型的批判观。

其一是体验后的反思。几乎全部或间接来自从事科学研究、科学实践的科学家和哲学家，抑或深受其影响的思想家。这种科学自我批判的传统是科学内在发展机制之一，因为科学发展要求科学家敢于怀疑和创新。从怀疑到创新必然有一个批判的过程。再者科学发现发明的方式方法中充斥着经验概括、理论建构、直觉判断，这些属于不同思维方式、不同认识层次的结论、判断、知识，在遭遇时必然相互碰撞、相互批判、相互验证直至相容。所以科学家如何对待新旧科学知识、科学方法、科学传统的态度就构成科学自我批判的核心内容。

> 不同思维方式、不同认识层次的结论、判断、知识，在遭遇时必然相互碰撞、相互批判、相互验证直至相容。

这种批判在科学革命的前后表现得愈加明显。例如，古希腊德谟克利特学派一反过去"单纯感觉+直观判断"的方法来研究自然，提倡"理性"地研究自然，从中引导人们对事物真正本质及规律（逻各斯）的认识，最后完善了原子论的创立。不同于其他批判的方面是科学家并非单纯为了批判而批判，而是为了建立或创新而批判。无论是古代、近代还是现代的科学研究过程，科学家对旧的东西，既有否定，也有扬弃和继承。伽利略既拒斥亚里士多德的"物体位置理论"和目的论原则，又坚持使用亚氏的归纳程序和逻辑演绎原则；牛顿在其《数学原理》中坚持"我不

用任何假说"用以和笛卡儿的理性主义方法分野,而在后来的光学研究中却用了微粒假说和超距说;爱因斯坦既用"科学概念要有操作定义"来坚持经验主义,又强调逻辑简单性原则来张扬理性的建构和选择功能。科学家就是这样来创建科学的,这其中充满了批判,也充满了辩证法。

而来自哲学家、思想家的批判不像科学家那样,直接关心的是如何造好这个科学大厦,把注意力放在科学方法、理性和传统的内在本质与人性、文化发展的相互关系上。康德以牛顿的理论方法来看宇宙,并指出牛顿的理论和方法也有不可及的地方;胡塞尔指出科学理性的扩张蕴含着深刻的认识和价值的文化危机;斯诺则直接道出科学精神与人文精神的相互背离;而卡尔纳普企图建构一个宇宙级的"科学词典",使得整个知识与文化都可还原为这个词典上的词句,当然这个企图失败了,但哲学家并没有停止类似的思考。恰恰是由哲学家的推波助澜,使得对科学的批判跨出了纯学术的圈子。而来自文化方方面面的批判,促使人们以更大的视角来看待科学的责任和命运。

其二是在当代以哈贝马斯、霍克海默、马尔库塞、费耶阿本德等为代表的对"科学权威统治"进行的摧毁式批判。费耶阿本德更多的是针对科学方法的有效性方面,其批判也是在科学的内部或亚文化层次。而哈贝马斯、霍克海默、马尔库塞等人的批判则是针对科学技术广泛社会化后的政治与文化的后果。他们普遍认为:科学如今获得了前所未有的崇高地位,成了一种后来者居上的权威,接受着人类有意无意的歌颂和膜拜。这个新兴的权威表现为工具理性和目的理性合二为一,科学代表唯一的逻辑、理性,只有通过科学有效、简捷和精确的手段达到目的才具合法性,亦即工具理性被当作合理性的准则。于是近代史表现为科学技术的全面胜利,科学技术在意识形态中逐渐占据统治地位。任何层级社会总是需要一种或几种因素,作为其权力和权威的核心工具或媒介,历史上巫术、神话、宗教、皇权、宗法等都曾成为过这种核心。在当今科学技术既要以生产力的面目来推动社会,

第七章 科学：游戏的观点、工具的观点、批判的观点

又要以意识形态左右现代人与自然的价值关系，所以科学技术带有一种阻碍人们去发现社会危机之真正原因的作用。事实上，法兰克福学派的批判直指发达现代资本主义目前的社会问题，诸如享乐主义、虚无意识、精神异常、自恋情结、普遍焦虑、意义危机等。在这些批判家看来，科学技术的权威掩饰了目的和价值的差别，又夸大其工具理性的当然性，于是人与自然、人与人只是在某种统治下才显出秩序，但却包含着深刻的内在矛盾和冲突。这种批判传统显示出热衷于摧毁和革命的倾向，于是科学技术在这种批判下被推向人的对立面。

其三是导向或建设性批判。前一种批判是针对游戏观的，而后一种批判是针对工具观的。导向批判是在批判的同时又通过一种积极的建设来引导被批判的对象与社会共同走向完善。这种批判强调的不仅是揭露，更强调启示；导向的不是摧毁，而是重建。马克思对资本主义的批判就为此树立了典范。他通过商品分析及科学社会主义理论的建构，完成了对资本主义彻底的批判，为社会进步和重建、革命与发展指明了道路。这种批判的特点在于是以社会发展规律来揭示对象事物发展的方向和趋势，把规律和理想（目的）、需要和手段有机结合起来，引导人们在建设中消除弊端，走向完善。

> 建设性批判强调的不仅是揭露，更强调启示；导向的不是摧毁，而是重建。

卢梭、韦伯、胡塞尔、海德格尔等人也揭示和批判过科技所造成的问题和危机，但又不能辩证地看待科技正负两个方面的作用，故只能对人类的命运表示极大的忧虑和同情。而马克思既揭露了科技在资本主义生产条件下的双重作用："一方面机器成了资本家阶级用来实行专制和进行勒索最有力的工具；另一方面机器生产的发展为真正的社会生产制度代替雇佣劳动制度创造了必要的物质条件。"① 同时指出科学技术是"最高意义上的革命力量"。未来的合理的社会必根源于科学技术的合理运用。

哈贝马斯在其后来的著作中又建构了一个交往理论来完善他

---

① 马克思，恩格斯. 马克思恩格斯全集［M］. 北京：人民出版社，1963.

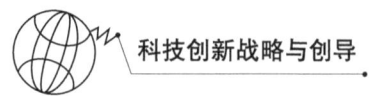

对科技意识形态的批判。可他在理论中把与科学有关的"工具行为"和与价值有关的"交往行为"割裂开来,抛开工具的合理化而只谈价值或交往的合理化。很难想象这种分裂在未来的社会中能实现。从实践角度而言,离开科学技术,其可操作性的前提就是值得怀疑和批判的。

当代不少有识之士都评价过科学技术不可替代的伟大作用。邓小平提出的"科学技术是第一生产力"是对科学技术进行导向性、建设性批判的现代典范。因为科学技术在当今所起的作用已用其在历史上曾起到的作用概括不了了。后工业化社会的来临,社会和文化加快了科技创新和技术成果更迭的节律,科学技术已成为社会进步的多媒体,是经济发展的发动机、文明发展的生长点。科学技术被推向第一生产力的主角地位,这需要我们批判和抛弃旧的科技观,需要用新的科技意识来重新把握未来社会发展的方向和动力。

我们是分开叙述游戏观、工具观和批判观的。可实际上很多人谈到科学技术时,是3种观点的杂陈。实质上3种观点又有其深刻的内在关联。例如,科学其工具和功能的广泛性就是基于科学其游戏性的跨阶层、跨角色、跨时代的性质;而科学游戏的内在魅力又在于只有科学才能安抚人类那动荡不已、充满好奇的心灵。游戏观很自得,也很有魅力,工具观有些不可抗拒。"戏—器"(一体)观固然有其全面、兼容的特点,但又过分偏重于科学的自治和自律。但不能忽略批判观,尤其是建设性的批判观。

走进批判观,就是要坚持主张:科学技术是文明的子系统,必须跳出科学技术本身的圈子来看待科技。社会文明是科技生长的土壤和背景,科学游戏的问题要来自社会大系统的信息,科学的功能指向是人类文明的共同进步。离开社会文化,科学技术的自律势必走向僵化的封闭,科学家也容易使自己蜕变为文化过时的僧侣。科学技术要想方设法把自己的血脉融入社会文化的大脉络中,才能获得动力、支持和发展。

第八章 科研及研发活动类型分析

8.1 "阿波罗型"与"酒神型"

科学技术活动是可类型化的,不同的人可有不同的分类。

20世纪80年代,日本学者对独创性进行了大量的研究[①],其中有的学者把科技活动分为两大类:"阿波罗型"与"酒神型",两类活动有以下区别(表8-1)。

表8-1 "阿波罗型"与"酒神型"的科学技术特点比对

	"阿波罗型"	"酒神型"
意向	尖端技术	生产力
方法	技术突破型	系统化型
组织	个人的	组织的
成果	根本性的发明、发现	改良、加工的技术开发

注:选自中国科学院管理科学组编《管理科学译丛》。

在古希腊神话中,阿波罗(Apollo)与酒神(Dionysus、罗马神话中为Bacchus)都是宙斯的儿子,据说阿波罗也就是太阳神或者说日神(别名有Helios、Titan),权力很大,主管光明、青春、医药、畜牧、音乐、诗歌,并代表宙斯宣告圣谕。酒神则主管酒和丰收。日神与酒神之分,源自尼采的著作《悲剧的诞生》。尼采用日神与酒神的象征含义来说明艺术的起源、本质和功用,乃至

---

① 冯之浚.日本独创力的贫困[J].科学学研究,1986(4):52-56.

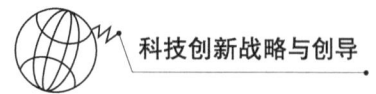

人生的意义。过去多数思想家总是以"和谐"的理念来说明或处置古希腊时代人与自然、感性与理性的关系。但尼采一反传统，认为希腊艺术之繁荣的原因不是缘于希腊人内心之和谐，反而是缘于他们内心的痛苦与冲突。因为他们看清了人生的悲剧性质，所以用日神与酒神两种本能的艺术冲动来拯救人生。这里日神代表"驱向幻觉的迫力"，酒神象征"情绪的总激发和总释放"。日神精神使人停留于自然与事务的外观，而酒神精神则要求人与自然、美等本体的沟通融合。尼采曾表达过科学与美是同一件事的两个方面：从自然那里取出就是知识和科学，而放进去就是艺术和美。

> 尼采曾表达过科学与美是同一件事的两个方面：从自然那里取出就是知识和科学，而放进去就是艺术和美。

日本学者把科技活动分为"阿波罗型"和"酒神型"，无非是指代两类科技活动：一类是目标比较分散、讲求个性、突出过程、注重具体问题的科技活动；另一类是目标集中、讲求集体、突出结果、注重普遍问题的科技活动。日本学者在分析中也指出：英国、瑞士、美国是"阿波罗型"，即尖端技术科技活动的代表，而日本是"酒神型"或生产力型科技活动的代表。分析到这，我们不难发现日本学者对日神与酒神类型的分类与尼采的分类有些不同甚至误读。因为按照尼采的说法，日神关注的是形式，而酒神关注的是本体，从这个意义上讲，日本的科学应该是"阿波罗型"的。但在上述分析中，我们看到日本学者对这两类活动有自己的解释，但日本的科学技术还没有向我们证明有关注本体的取向。无论如何，日神与酒神两个类型是人类两类本能的原型。关注科技活动的动机当然是一个理所应是的视角。

> 无论如何，日神与酒神两个类型是人类两类本能的原型。

分类或类型化研究，是学术史发展很重要的一个环节。人类关于这方面的研究，实际上是在自身借鉴中不断前进的。有的分类是便于分析，有的分类是便于表达，有的分类则是便于管理和操作。特别是当今的科学技术（虽然现代科学也不过三四百年的历史）发展还处于快速增长期、变革期。科学技术无论是自身还是与经济社会文化的关系也处于变动、变形当中。我们深信关于科学技术的类型化研究会越来越丰富，也会越来越具有应用价值。

8.2 科研活动"四象限分类法"

长期以来,我们将科学技术中的核心活动——科研/研究开发活动（research and development，R&D），主要分为三类：基础研究、应用研究及试验开发研究。这一分类后又因《弗拉斯卡蒂手册》[①] 及相应工作的开展而固化。当然这种操作型的分类很难精准地对应实际科研创新活动。所以在后期实践和学术研究中,人们还对应用研究、应用基础研究、技术基础研究、共性技术研究、共性问题基础研究、前期试验开发（小试）、后期试验开发（中试）等研究创新活动不断地进行细化分类描述。关于科学技术研究开发与创新活动的分类分析,远没有结束,应不断与时俱进。

> 关于科学技术研究开发与创新活动的分类分析,远没有结束,应不断与时俱进。

世纪之交,普林斯顿大学唐纳德·斯托克斯教授在其遗著《巴斯德象限：基础科学与技术创新》一书中,借鉴管理学的"四象限分类法"提出新的研究分类,如图 8-1 所示。

研究起因		以实用为目的	
		否	是
以求知为目的	是	Ⅰ 纯基础研究（玻尔）	Ⅱ 应用引发的基础研究（巴斯德）
	否	Ⅳ 技能训练与经验整理（皮特森）	Ⅲ 纯应用研究（爱迪生）

图 8-1 研究类型四象限图示

图 8-1 参考了《管理学报》2007 年第 3 期的刘则渊、陈悦的《新巴斯德象限：高科技政策的新范式》。

①左上方象限代表的是纯粹由好奇心驱动的基础研究,称为玻尔象限（Bohr's quadrant）；

②右上方象限代表的是既受好奇心驱动又面向应用的基础研究,称为巴斯德象限（Pasteur's quadrant）；

③右下方象限代表的是纯粹面向应用的研究,称为爱迪生象限（Edison's quadrant）；

[①] 经合组织（OECD）研究发布的关于研究与试验发展调查实施标准指导手册,自 1963 年启用,目前已更新至第 6 版。

④左下方象限代表的是既没有探索目标也没有应用目标的研究,称为皮特森象限(Peterson's Quadrant)。

上述分类分析,优点就是对科技活动的多种驱动因素进行了组合分析探讨。

8.3 6类不同取向的科技活动

笔者着眼于科学技术实践活动的目标取向因素,将科技创新活动分为兴趣、建制、市场、技术、公益和战略六大取向。

8.3.1 兴趣取向的科技活动

兴趣取向的科技活动多存在于基础研究领域和独立的发明活动。基础研究是对客观世界基本现象及其规律的认识。在基础研究的进行中,问题的出现很多是源自个人的好奇,所以即使是国家、企业、基金会资助的基础研究的选题,也应该给个人的兴趣留有很大的余地。科学的发展进程表明,兴趣取向的科技活动是科学技术发展的源头和母体,个人兴趣是重大科学发现的重要起因。众多诺贝尔奖获奖者其成功经验表明,个人的兴趣在选题、解题过程中的作用极其重要。据有关调查显示,我国国家自然科学奖一等奖1982—1993年所授予的21项奖项中,共有11项课题是自选的。

而在独立的发明活动中,发明家多是对某一方面的机器设计、构造和功能(在材料、化工或药品方面就是不同的配方)非常着迷,发明家全身心投入设计、创造和发明。目前个人发明仍旧是很活跃的,一些国家所授予的专利中有一半以上为个人所有。虽然以兴趣取向为主的科技活动规模小、离市场需求有相当大的距离,但是这样的活动可以发现极有价值的现象或规律,可以引进一项极有意义的新产品,可对社会和经济产生巨大的作用。在20世纪初,如果不是有相当一批年轻人在现代物理学方面兴致勃勃地进行理论研究和实验探讨,那么,就不会有后来的原子能、微电子、光电子器件、航空航天等工业;爱迪生留给人类的不只是几个产品或专利，而是一个个的新产业。科技活动之所以充满了活力，是因为科技系统是一个开放性的系统，不仅在于它向社会开放，更主要的是它向人类的心智力量开放，从中吸纳新陈代谢的力量。

8.3.2 建制取向的科技活动

建制取向的科技活动是科研机构为了执行自己的自治目标和社会职能而进行的常规性科研活动，以及有意识的研究、开发、学术活动等。例如，希尔伯特提出的"23个问题"左右了20世纪数学很长一个阶段的发展，科学家定期的测量测定、常规性实验、确定已有学科的分支发展等都属于建制取向的科技活动。其特点是活动目标要么是学科领域集体民主制定的，要么是在学术领袖或学科带头人领导下制定的。由于科学技术承担向社会供给一定知识的职能，公益类科研机构的主要活动也常常是建制取向的。不要小看建制取向的科技活动，一方面它决定科学技术本身的发展；另一方面也维护社会的延续、安定，并推动经济社会的发展。若没有第谷·布拉赫的长期观测，就不会有随之而来的开普勒三大天体运动规律的产生。我国封建社会政府中设有主管天文和术数的机构，这是我国历法保持进步的重要因素，先进的、较为准确的历法是我国农业保持世界领先的一个先决条件。在科学技术的发展中，一旦一项科学研究或实验技术取得突破，这项研究或技术就有可能成为常规性的、建制取向的科技活动。又如，法拉第的老师戴维首先发现通过电离可以发现新元素，其后化合物的电离实验就成为实验室的主要工作。X射线显微技术的突破使得测定微小物体的结构又成为常规性工作。目前在纳米、基因组测序、器官再生等方面由于技术的突破，又产生了许多新的常规科研活动。

> 若没有第谷·布拉赫的长期观测，就不会有随之而来的开普勒三大天体运动规律的产生。
>
> 我国封建社会政府中设有主管天文和术数的机构，这是我国历法保持进步的重要因素，先进的、较为准确的历法是我国农业保持世界领先的一个先决条件。

8.3.3 市场取向的科技活动

市场取向的科技活动主要是企业或国家针对市场、经济和社会的需要进行的产品和技术开发，多是在应用和开发研究阶段。

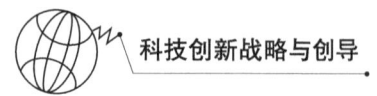

市场取向常常专指需求牵引型的科技活动。需求牵引型的科技活动就是把人们已经显现的物质和文化等方方面面的要求还原为科学技术待解决的问题。满足需求从解决问题开始。由于有市场需求的拉动，这类科技活动会表现出一定的趋利行为，风险较小，而且这类科技活动多是在企业中完成的。不同的企业围绕着同样的市场需求在科技方面展开竞争，争夺信息、人才和开发时间。这种科技活动其终极产品的标志是最大限度地满足市场需求，技术要求很宽泛，传统的也行，最新的也行。在同样信息条件下，市场取向科技活动的成功取决于厂家自身的技术积累和其研发机构的快速反应能力。假设若干厂家有相互接近的科技水平，它们推出新产品的时间也很接近（如几乎同时推出新型号的电视机、电脑等），那么，厂家就难以依赖市场取向科技活动来实现市场独占。

8.3.4 技术取向的科技活动

技术取向的科技活动从目的论上来说属于市场化导向的科技活动，因为这类研发活动的结果是在市场上看到新产品、新技术（包括市场开拓期间的产品完善），或者用功能更齐全、更优良的新产品替代旧产品，或者用新技术和新工艺以全新的概念、方式进行生产。它与市场取向科技活动的区别在于目标产品是否对应已存在的市场需求。因为新产品还在试制之中，还谈不上大量、大范围的市场需求。对于功能更加齐全的产品我们完全有理由认为其是一件全新的产品，如全自动模糊控制洗衣机、多媒体电视或电脑等。产品的新功能要激发新的需求，并要求用户支付创新的费用。而用新技术和新工艺以全新的概念、方式进行生产就是以一种根本的方式改变了产品的质量和成本，亦即造就一种新质量和成本概念的产品，典型的事例如浮法玻璃工艺的开发、低成本的药品（如青霉素、疫苗）的生产技术和工艺的开发、PC机的开发、CIMS（计算机集成制造系统）应用等。

技术取向的科技活动其特点是投入较大，有一个开发周期，且市场、技术方面的不确定性和风险较大，而且一旦这类科技活动获得成功,如率先向市场推出新产品或率先采用新技术、新工艺,那么,就获得了领先对手的技术优势,甚至可以使一些小企业、小公司获得与大企业、大公司相抗衡的实力,使自己在日益扩大的市场份额中迅速成长起来,绝大多数高技术企业就是这样的经历。而且先行的厂家一旦能够使自己下一步新产品的科技周期与他人模仿自己先期产品的周期相近,那么,该厂家就有可能把握整个系列产品创新的节奏,可以使企业在市场和技术两个方面获得主动权,也就像有些厂家如英特尔在芯片技术和产品方面所做的那样,可以较长时间居于市场的独占地位。

> 能把握整个系列产品创新的节奏,厂家便可以较长时间居于市场的独占地位。

8.3.5 公益取向的科技活动

公益取向的科技活动一般有两大类:一是利用科学是进步知识、公共知识的特性进行科学教育、科学普及等活动,旨在利用最新知识培养文化素质,掌握新方法、新技能。科技同教育的结合,让科学技术获得了人才再生机制。二是应对社会需求、解决社会问题的大型工程、社会活动的知识利用。历史上,不论是哪个民族,只要有这样的需求,都会想方设法应用新的科技手段来打造标志性的器物存在。大家看看各类宗教有名的庙堂或其他公共场所遗存,都积淀着本民族的科技精华。

8.3.6 战略取向的科技活动

战略取向的科技活动是企业或国家根据特定的战略目标所部署的科技活动。就企业范围而言,这种战略取向的科技活动与市场或创新取向的科技活动还是有联系的,或者把市场和创新因素当作战略因素予以考虑。企业的发展也有自己的战略,相当一些大型企业或公司将其科研机构当作战略职能部门来设置,那么,科技活动就要为企业的战略服务。例如,一个企业向新的生产方向进军,如原来生产的冰箱达到市场饱和后,现在为扩大规模还要生产空调或洗衣机、电视之类的同类产品,那么,它原来的科研机构就要调整研究、开发的方向以适应战略发展的需要。又如,某一厂家为将产品

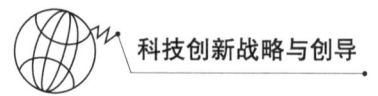

打入别国市场，实施新市场的开拓战略，就必须按目标国的要求调整自己产品的技术性能、标准和规格，那么，企业科技活动就要给出调整的技术方案。

而国家层次战略取向的科技活动不仅涉及市场和创新的问题，还会牵涉到政治、军事、对外关系、国家竞争力、社会福利、环境保护等多方面的因素，军事上的科技活动是非常突出的战略取向的科技活动。这类科技活动投入大、问题难度大、风险高，且竞争对手不会把其领先的技术优势轻易让给你，所以这类科技活动还具有较高的对抗性。即使这类科技成果研制出来，但性能水平低于对手，那也不能算是成功。因为这类研究的最终目的就是争得技术上的优势，企业的情形亦不例外。在当前经济领域的竞争中很多战略取向的科技活动都是由国家、企业和科研部门（官产学研）合作完成的。

还有很多科技活动属于综合性质的，可以是上述几种类型的组合。像电动汽车、航空航天设备的研制就包括市场取向、技术取向和战略取向等多种考虑。从理论上说，越是复杂系统产品的研究开发，其取向或主导的因素就越多。无论是国家还是企业，若支持上述几种取向的科技活动，那么，它不仅要考虑战略目标和创新意志，还要考虑市场需求和发育、最大范围内的科学技术发展趋势、自身的科技实力和人才优势，这样才能调整好外部力量和内部力量的关系，使得资源得到更有效的配置。

对于6类取向不同的科技研发活动，我们有两点重要结论：

其一，6类活动之间有密切联系，一个综合性的研发活动也会出现6类活动的叠加，可以相互支撑，但是6类活动原则上各有各的规范，不能相互替代。

其二，兴趣取向是基础性科学研究和技术发明两类科技活动的核心，没有这样一批人走进科学殿堂，任何建制、战略、创新都找不到实践的主体。吸引、培养、鼓励一大批人才自觉地投入科技事业，永远是科技创新政策的第一动机。

第九章 新型研发机构的生成与发展[①]

9.1 新型研发机构产生的背景

1999年，国家加大技术创新推进力度，从国家和地方两个层面推行行业类科研院所整建制转成企业的举措。几年之后，全国计入统计的科研院所数量，从转制前的8000多所变为后来的3000多所。我国科技创新的资源和力量格局由此发生了根本性变化。同时，开始探索以新的机制和政策改革原有的基础型、公益型院所，以新的体制机制建设新型科研机构的实践。进入21世纪之后，科技部与北京市以共建北京生命科学研究所为新的政策平台，开展面向全球和科技前沿建设新型科研机构的探索，中国科学院、清华大学、浙江大学等机构也与有条件的地方开展深度合作，建设新的研究院所，或者集科研、产业化、教培、创业孵化等多功能于一体的创新载体。

自2006年自主创新战略方针提出后，对源头科技创新的需求日益凸显出来。

2000年，为了能继续推进国际人类基因组计划所开创的研究，几名科研人员离开国有科研机构，创办了一家全新的科研机构。10多年后，这家科研机构几乎成为基因组研究领域的一个奇迹：科研人员由不足10人增加到近4000人；每个月至少在《自然》《科学》《细胞》等国际一流期刊发表一篇论文，论文数及引用率位列国内第七。这家科研机构便是深圳华大基因研究院。虽

[①] 本文改编自一次关于新型研发机构的专访，刊发在2012年9月23日的《科技日报》上。

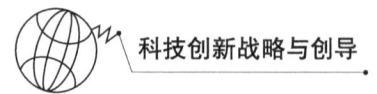

然 10 多年间自身几经组织变革，但深圳华大基因研究院以超高的创新效率奠定了中国基因组科学研究的国际领先地位，为中国和世界基因组科学的发展做出了突出贡献。

深圳华大基因研究院的出现与发展并非孤例。近年来，我国涌现出一大批这类新型研发机构。通过体制机制和管理创新，它们在开展科技研发、促进科技与经济结合、服务发展、培育创新人才等方面取得令人瞩目的进展。2012 年 7 月召开的全国科技创新大会强调，要进一步深化科技体制改革，提高科研院所和高等学校服务经济社会发展的能力。那么，这些新型研发机构的发展对于加快科技体制改革、完善国家创新体系有什么借鉴意义？传统科研院所改革之路又在何方？

> 从某种程度上说，科研机构、研发组织的水平代表着民族文明的高度，代表人类在发展前沿的探索和努力。

从某种程度上说，科研机构、研发组织的水平代表着民族文明的高度，代表人类在发展前沿的探索和努力。仅仅从促进经济社会发展的角度来考量科研机构的作用还不够。人类科学发展曾历经"科学骑士"时代，当时科学家个人的力量影响着科学史的进程，这也是为什么科学史上对哥白尼、伽利略、牛顿、达尔文等人的思想和成就有着浓墨重彩的记载。但随着人类所掌握的知识越来越丰富、科学研究需要的能力和资源越来越多，科学研究便越来越多地以组织的形式展开。"大科学"时代更是如此。近现代的科研发现发明大都出自各类实验室、科研院所、研究型大学及企业，这说明了科研组织在近现代科学技术研究中发挥着主流作用。在推崇自主创新的时代，我们需要大师，但更需要创新的团队、创新的科研机构。这是现代科学技术发展的内在要求。

从创新型国家的角度来看，科研院所和机构是创新的重要源头之一，体现着国家的战略能力、综合实力和影响力，是创新型国家建设中的核心力量。

20 世纪 90 年代的科研院所改革所涉及的 242 家院所当时都是各行业的排头兵。这次改革是近 20 年来世界范围内一次很大的科研力量调整，对全球科研力量布局都有影响。企业化转制使这些原本靠争项目的院所转变为自负盈亏的科技型企业,激发了它们的创新活力。历经多年来的改革与发展,这些企业不仅承担的国家重点项目没有减少,而且承接了更多来自市场的项目,企业创新能力更强了,具备了引导行业技术进步的能力。由于改革有力地促进了科技与经济的结合,使我国一直面临的科技与经济"两张皮"问题有了根本性缓解,使市场配置科技资源的基础性作用得以初步确立,企业作为技术创新的主体地位得到明显加强。

当然,在发展过程中,这些转制院所也遇到了新的问题,如共性技术开发、基础技术开发等,它们正以技术联盟、产学研用相结合等方式进行新的探索。

9.2 新型研发机构的"四不像"特点

全国科技创新大会掀开了我国从科技创新大国迈向科技创新强国新的一页,科技改革与发展面临着新的态势。做实企业技术创新主体地位是新一轮改革的核心目标之一。按照新目标、新要求,科研院所应自觉定好位,服务改革大局,在关键技术共给、自主创新能力提高方面做出贡献。

> 做实企业技术创新主体地位是新一轮改革的核心目标之一。

在院所改革方面,有一个方向值得考虑。2006年颁布的《国家中长期科学和技术发展规划纲要(2006—2020年)》中提出建立现代院所制度的任务。这个问题迄今没有完全破题,下一步我们要加快步伐,构建符合中国特色自主创新体系的现代院所制度,特别是在科研院所的决策、治理、选人用人、资源配置、绩效评价等体制机制上开展探索和改革。

例如,在内部管理方面,科研院所过去实行的是课题制。随着科研规模越来越大,需要组合的资源越来越多,科研渗透到产业上下游的环节越来越多,单纯使用课题制已不太合适。特别是在执行重大课题时,需要集合全院所乃至各种社会力量来联合攻关。在这种情况下,简单的课题制就难以招架。近年来,科技部

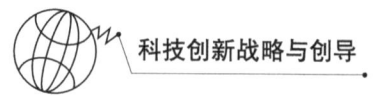

对国家科技计划项目推行"法人责任制",就是希望在这方面做一些探索。又如,在选人用人方面,新形势下的科研项目需要更大范围的合作、更大程度的开放流动。这对人才使用提出了新的要求,对于科研机构内部的创新文化也提出了新的要求。可以说,科研院所面临的改革,不仅是改机制,还要改观念、改文化。

近年来,中国科学院北京生命科学研究院、深圳华大基因研究院、光启研究院等一大批新型研发组织纷纷涌现。它们在基础科学、科技研发、成果转化、创新人才培养等方面的进展显著,引起了人们越来越多的关注。它们与传统科研院所的最大区别在于:

一是这些新型研发组织是按照一定章程和理事会治理模式发起成立的,它们不同于行政设立机构,是去行政化的。

二是研究机构的定位有着明确的使命导向和超越意识,计划体制下的院所多是比照国外同行,目标也是追上它们;但新型研发组织是准备做国外还来不及开展的研发。

三是利用灵活的机制组织配置各方资源,以联合共赢方式争取各方支持,朝着既定方针实现快速成长。

四是以科学的评价形成正向激励来选人用人。无论是定位于基础研究,还是定位于技术前沿探索和应用,这些新型研发组织都以发展需求为出发点,形成了符合科技发展规律的运行机制。例如,在成果考核时,定位于基础研究的研发组织设立了一整套有利于自由探索的考核机制,以推动科学研究的实际贡献来评价研究成果;定位于应用开发的研发组织则强调市场导向,以满足产业需求为目标,以对产业发展的贡献来考核研究成果。这些举措都使它们的研发效率和科技服务社会的能力大大提高。

笔者曾经调研走访过深圳清华大学研究院,这是一家在探索和改革中走向成功的新型科研组织。在短短15年间资产达到20多亿元的规模,更为可喜的是孵化出了600多家高科技企业。该研究院的管理者冯冠平教授曾经用"四不像"理论①来形容这个新型研究院的发展之路。"四不像"模式本质上是要求新型研发机构的机制要配得上创新的要求。灵活的发展模式使新型研发机构能够快速实现资源组合。正如"四不像"模式所总结的，很多新型研发机构都是集企业、科研院所、教育机构及金融组织的功能于一体的，或者本身就是带有一定平台功能的组织，与不同类型机构建立了紧密的联系。

这种"四不像"的特征使它们在面临市场机遇时更加主动，能够迅速调动和整合各方面资源将看准的业务做大做强。这非常适合以创新为目标的组织，使它们能够面向新目标实现知识和技术的发展。以深圳华大基因研究院为例。基因测序是其核心业务内容，围绕这项业务内容其积累了大量的前沿知识，也获得了良好的市场回报。相对于传统的科研院所，这个目标只能是一个边缘目标。传统科研院所的发展模式决定了它们不能抛弃原有架构和组织，不会将资源完全倾注在一个新兴、发展前景尚不明朗的方向上。

9.3 新型研发组织是实现创新驱动的新生力量

我国要想在 2020 年实现进入创新型国家行列的目标，就必须大幅提高自主创新能力、科技对经济社会发展的支撑引领能力。新型研发组织是实现创新驱动的新生力量。

当前涌现出的绝大部分新型研发组织其实都是现实需求的产物。例如，中国科学院北京生命科学研究院、深圳华大基因研究院诞生于抢占科技发展制高点的需求，重庆科学技术研究院诞生于当地经济社会转型发展的需求，还有大量以成果产业化为目标

---
① 所谓"四不像"是指，如深圳清华大学研究院既是大学，又不完全是大学，因为文化不同；既是研究机构，又不完全是科研院所，因为内容不同；既是企业，又不完全是企业，因为目标不同；既是事业单位，又不完全是事业单位，因为机制不同。

的产业技术研究院诞生于社会对公共技术服务活动的需求。需求导向性使它们能够据此设计出合理的组织结构，明确功能定位和研发任务，使研发效率大大提高。

正如因为有了民营企业，我国国有企业的改革变得更为顺利。科研院所改革也是如此。新型研发组织立足市场需求、创新体制机制，为科研院所改革和现代院所制度建立提供了有益探索。这些组织越多，科研院所改革就会越顺利。

传统院所实际上与这些新型研发组织面临着同样的机遇和挑战，如很多风险投资也上门寻找项目、寻求合作，但它们就是没有学新型研发组织那样采取基金的模式把这些金融资源变为自己发展的后盾。新型研发组织给传统院所的一个重要启示就是面向市场的创新要尽可能"去行政化"。传统院所在发展中受制于行政编制难以施展手脚。总是有多大级别就想多大事，有什么资源就干什么事，靠增量盘活存量。殊不知，内部越是充满矛盾，越是需要借助外力推进改革。

在分析跨领域或融合创新方面，大家总是把美国麻省理工学院的多媒体实验室作为标杆。由于它展现出令人惊叹的创新效率和活力，被称为新经济的风向标，也成为创新理论和管理界竞相研究的对象。在笔者看来，美国麻省理工学院的多媒体实验室代表高校创新的一个重要模式——跨学科研究及参与式创新。近年来发达国家在高校涌现出一批优秀的研发组织，如比利时的IMEC中心、创意于美国风行于欧洲的Living Lab等。这些研发机构大都设置在大学内部，也有的是多个大学的内部组织构成的研发网络。但它们的创新效能远高于高校中传统的研发机构，其中的原因在于大学赋予了它们很大的自由度，可以根据需要有效调配资源、搭建平台，使它们在面向新技术、新市场时具有非凡的灵活性和创造性。

总之，上述一切对于我们的现代院所制度建设很有启发。目前我们正处于现代院所制度建设的中间阶段，大量新兴院所涌现，传统院所也在探索新的发展道路。对于这些变革，我们要以开放的心态面对，赋予它们发展的自主性和灵活性。在新型研发机构发展方面，对于它们的最初组织形式、最终结构我们都可以不加限制，让它们在实践中根据需求自己选择、自由发展。

有人担心，"四不像"的特点是否会让新型研发机构跑偏，它们是否会在利益的诱惑下抛弃创新的初衷而走上其他发展道路。这种担忧没有必要。我们应该坚信，一个创新型组织的本性是由其"基因"决定的，从长远看，是知识决定资金的走向。无论新型研发组织未来如何发展，必然按照这条规律。有了创新的基因，知识就有了活水源头。

> 一个创新型组织的本性是由其"基因"决定的，从长远看，是知识决定资金的走向。

第十章 高技术及其产业化趋势①

10.1 高技术及其产品发展的趋势、特点

可以预见，在不太长的时期里，新技术或高技术及其产品（高技术要物化于高技术产品之中，如航天器体现航天技术）的发展将表现出以下特点：

（1）技术细微化、产品小型化。技术向精细化方向发展，实现精细加工、制作，可以使仪器或产品以很高的精度保持良好的性能，可使产品越来越小，产品小型化、细微化带来的经济效果是节材、节能、节省占用的空间，这就意味着产品成本的降低但功能不变或增强，还可导致大批量的规模化生产。

（2）技术复杂化、产品复合化。主要是指由高技术组装的产品、仪器或工具越来越复杂，包含的部件、元器件、系统设备越来越多，含有越来越复杂的结构层次和技术分支。像航天器有上万个零部件，计算机也有上百个元器件，数控机床包含多种技术分支系统，它们都可看作高技术巨系统，现在研究的神经计算机更是如此。这也使得现代生产技术的标准体系复杂化。高技术及其产品的系统化扩张趋势就是子系统将周围环境中一些直接相关的部分包容进入一个新的系统，如我们现在看到的多媒体系统可以表现为以计算机（技术）为核心，对通信、电视、音响系统的包容。

（3）技术极限化、产品敏捷化。这一特点是指利用各种手段和方法，使高技术或产品的性能接近物理指标的极限，或使之在

---

① 本文是为徐冠华院士主编的《通往未来之路》撰写的文章，针对世纪之交的场景，编辑时略做修改。

极限条件下工作。例如，很多产品是在超高（气、电、机械）压、超高温、超高速、超常真空、极纯度、无重力、无电阻、无干扰或强干扰、无辐射或强辐射等条件下得以实现或进行工作。这其中的技术分为两个方面：一是创造这种条件的高技术；二是在这种条件下如何工作的高技术。高速、高效是技术进步的综合体现，如何使技术和产品在高速运转时还能保持稳定的性能，始终是技术发展的重要课题。加快高技术及其产品的运转速度，使之变得更为迅速、敏捷也是下一步各领域技术发展的主要趋势，特别是在运输工具、通信传输、数据处理和计算、加工制造、包括化学反应和生物过程的催化等。技术极限化、产品敏捷化，带来的是时间的减少，从而意味着效率提高。

> 高速、高效是技术进步的综合体现。

（4）技术集成化、产品融合化。由于高新技术或产品系统集成度的提高，使技术、方法、过程得到了集成、浓缩，使原有不同领域的技术按整体的要求形成一个统一的系统，如数控机床就是机（械技术）电（气、电子）技术的一体化，光纤通信技术是光电一体的技术，而生物工程则集成了机械、物理、化学等技术。

（5）技术宽带化、产品广谱化。这种发展趋势主要涉及高技术及其产品功能方面：一是指技术发展使技术指标或产品性能覆盖一定的功能空间，如各种波长的激光器相继得到开发应用；二是兼容，指一个更大的系统能够容纳多种功能的子系统协调运行，如信息高速公路、宽带网、多媒体系统等；三是一机多能，如一个数控机床可以从事多种加工。

（6）技术虚拟化、产品可视化。随着现代科学技术的发展，人们在同越来越多难以直接触摸的对象打交道，将这些对象和其性能用现代高技术（如数字技术、光电技术、CAD技术、智能工程等），把对象或其性能等值、逼真地再现出来，以便人们更好地认识和控制。

（7）技术智能化、产品便捷化。从上述的介绍中，我们不难看出多个领域的高技术都向智能化发展，如智能计算机、智能机器人、智能材料、智能控制、智能工程等，其方式就是软件硬

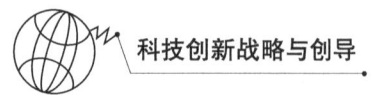

件结合，使产品获得一定智能处理的功能。过去技术或产品与人沟通的界面常常就是产品本身，但在高技术时代，人们也想将难以捉摸的高技术实现像传统机械产品那样简便控制的界面，如我们现在常看到的键盘、遥控器、系统操作菜单、"傻瓜"式按钮，简便化的用户界面是高技术产品赢得用户并得以普及的关键。

（8）技术专门化、产品个性化。技术没有个性化的表现，高技术也是如此。但是集成高技术的产品就有它的个性化表现形式，或者说越是高技术含量高的产品，它的用途越是专门化，而这种专有的性质、带有智能的专门化，可能成为高技术产品的个性。例如，大家熟知的"深蓝"，下棋是高手，而且只会下国际象棋。所以就短期内的技术发展而言，我们不要指望家用机器人能够干许多家务，因为首先出场的这类机器人可能是非常专门化的、有个性的。

> 越是高技术含量高的产品，它的用途越是专门化，而这种专有的性质、带有智能的专门化，可能成为高技术产品的个性。

10.2 高技术产业化的新特征

现在，我们的话题要转到高技术产业化或产业发展方面。首先，我们应理解这样一个观念，即无论从经济角度看，还是从科技本身角度看，衡量高技术有两个很重要的尺度：一是以其未来可形成产业的潜力来表现；二是以其与当代科技前沿的距离来定义。另外，由于各国经济和科技发展水平不同，不同的国家对高技术有着不同的界定，但不管怎么界定，高技术一定处于本国科技发展的前沿水平，代表本国科技力量中较为先进的部分。高技术与产业、与经济结合的密切程度则与本国的经济竞争力有着很大的关系。到21世纪初，高技术产业化或高技术产业的发展将呈现以下特点：

> 不管怎么界定，高技术一定处于本国科技发展的前沿水平，代表本国科技力量中较为先进的部分。

（1）竞争超常激烈。因为在高技术产业领域，市场的优势取决于技术优势，所以企业和国家都会加强在高技术领域的研发投入，加快创新，以争得必要的技术优势。

（2）跨国扩散加速。这是因为高技术产业发展的特点是创新频繁，技术或产品更新加快。新技术如不能向全球范围内快速扩散，就很容易在经济全球化方面丧失机遇，并且也会对实现研发巨额投资的回报带来困难。所以，技术研发方所能采取的策略就是快速开发、快速扩散。

（3）不同规模企业各呈优势。大小企业在研究开发、商品化、产业化方面有着一定的分工，作用各异。由于高技术开发需要大量投入，技术多来源于大学和研究所，所以大企业在大型高技术系统开发方面有着很大的优势，而小企业则在技术成果转化、商品化、产业化方面具有优势。相应地，各国根据这样一些特点，制定了不同的政策予以支持。

（4）合作开发高技术将成为一种重要的模式。由于高技术开发投资大、风险大，所以大公司之间合作开发，共同分担投资和风险已成为越来越重要的发展策略和模式。

10.3 高新技术企业的成长模式

纵观国内外高新技术企业发展，可大致将其成长壮大归结为以下 5 种模式。

（1）政府主导型的大科学、高技术模式，多集中于军事、航空航天、核能领域。

（2）大型高技术企业发展：即使从 20 世纪六七十年代算起第一代高技术小企业也已走过二三十年的历程，它们当中已成长为巨型企业的目前仍是高技术群体中的中坚力量，如 IBM、惠普、德州仪器等。

（3）传统产业向高新技术转移型，多是进入技术成熟、规模经济要求较高的领域，如西门子、索尼从电气进入电子，再到微电子等。

（4）高新技术小企业自我成长型，领域不限，多集中于新技术、新产品方面，如材料、生物技术等。

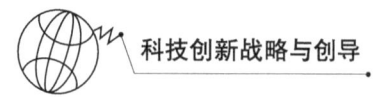

（5）综合型，多是高新技术或其产品与传统的产业生产和服务设施的结合，如CAD技术用于传统造型设计、机器人技术用于传统的加工和生产、网上购物的实现等。

这5种模式概括了高新技术企业的成长道路，且几种模式之间还有更多的中间形态或组合形式，相互之间又是可以兼容的，如军事类高新技术企业等。

这5种模式中，尤为值得一提的是高新技术企业从小到大、滚动发展的模式。许多世界知名的高新技术跨国公司，如惠普、英特尔、苹果、微软及中国的方正、联想等，走的都是这条道路。在我国，自我发展的模式是民营高新技术企业成长的主要方式，也是目前我国高新技术企业群体中的主流模式，这在未来我国高新技术产业发展中也将占据极其重要的地位。这类自我发展型的企业，主要是能根据市场需求和变化，依靠自有核心技术不断创新，从小型风险企业起步，历经成果孵化、市场开拓等几个风险阶段，逐渐扎根生存并发展壮大起来。因此，对市场和环境有相当强的适应能力，具有极强的生命力、竞争力和抗风险能力。

由于技术突破和市场机遇往往是不可预测的，也是难以预见和规划的，故在高新技术走向市场的发展道路中，往往有如人们常说的"有心栽花花不开，无心插柳柳成荫"的情形。所以让市场对高新技术进行选择，对企业进行淘汰，是市场积极作用的一种体现。放眼300年市场经济发展历程中，这样的事例俯拾即是。可以认为，在市场经济条件下，技术创新主导型企业总要经历"从小到大、滚动发展"的过程，这是一种常规现象。人们应对此有充分的理性认识和感性认识，因为这关系到企业的成败、产业的起落，甚至国家经济和社会发展的兴衰。

10.4 高新技术产业化政策环境

我们抛开大科学、大企业的成长模式不谈，因为它是在特定国际国内条件下的产物。我们主要是看在社会主义市场经济条件下，高新技术企业主要历经从小到大、滚动发展、逐步强大的发展模式。它要求企业要有灵活的经营机制、技术创新的能力、开拓市场的本领、现代经营意识和管理水平、高素质的人才队伍等要素。而外部因素的关键是：国家有完善的市场体制和机制，能提供成果快速孵化、商品化、产业化的有利环境，社会有一个以创新求发展的氛围。高新技术小企业一般都采用风险企业的创业组织形式，将创业者的智力资本与投资者的风险资金进行有机结合，这种做法符合高新技术产业的内在发展规律，特别适用于高新技术企业的快速成长，从而成为世界范围内的通例。因此，在我国要加快高新技术产业发展，且要避免不必要的风险，就必须考虑从政策和体制方面鼓励创办风险投资，按市场经济要求规定其属性、规范其行为，这是发展高新技术大企业的基本前提。

> 高新技术小企业一般都采用风险企业的创业组织形式，将创业者的智力资本与投资者的风险资金进行有机结合，这种做法符合高新技术产业的内在发展规律，特别适用于高新技术企业的快速成长。

高新技术产业具有风险大、产品生命周期短的特点。所以高新技术企业大多从事极端复杂的创新活动，竞争方式和竞争手段日益复杂，要求充分发挥其中每个个体的积极性和创造性。这就需要领导者搭建好共同工作的平台，加强各部分的信息交流、协调和合作。高新技术企业组织创新、管理创新为当代企业管理的现代化开拓了新的方向，积累了新的成功经验。主要包括：一是纵向垂直结构逐步让位于横向扁平结构、多维复合结构，集权式管理为网络分权式管理所取代；二是以功能定位，组织方式多样性和灵活性，如创新小组、营销网络等。这些做法便于技术创新和管理制度创新衔接，使高新技术企业的战略管理能力、快速反应能力得到增强，灵活的经营机制为企业带来勃勃生机。

> 高新技术企业组织创新、管理创新为当代企业管理的现代化开拓了新的方向，积累了新的成功经验。

高新技术产业在多数情况下以技术驱动和引导市场发展，因此，高新技术企业应从两个方面考虑创新问题：①持续创新能力；②开放式的技术开发和创新体系。高新技术企业应善于集成国内外市场上"性能—价格"比最优的各种技术，这样开发出的产品才有竞争力。

> 高技术本身的特点决定了应大胆启用有创新能力的青年人才。

高技术本身的特点决定了应大胆启用有创新能力的青年人才。这是因为21世纪后50年是科学技术飞速发展的阶段,各种学科知识、技术专业出现了交叉、融合,在高新技术的商品化、产业化和国际化过程中,还需要自然科学、社会科学、人文科学、工程技术、工艺知识、管理知识的综合,常常需要人们摒弃传统、迎接挑战。青年人富有朝气、创造力强、掌握知识能力强、敢于拼搏,适合高新技术及其产业发展的需要。从这个意义上说,高新技术产业是青年人的事业。

只要有一个良好的环境,企业有一个好的机制和创新能力,再加上敢于拼搏的人才队伍,造就高技术产业之大业是非常有希望的。

第十一章 科技创新模式与战略性新兴产业[①]

新兴产业源自科技向现实生产力转化。战略性新兴产业则源自内生性的、能把握产业主导权的自主创新。战略性新兴产业的崛起和壮大是长期、持续自主创新的结果。促进战略性新兴产业发展的核心问题是摆正科技创新的定位，做好科技创新战略管理的核心问题是认清科技创新的本质、过程和模式。

11.1 科技创新模式

对于大多数科技创新模式，可通过图 11-1 中创新指向、创新源泉、创新驱动方式和创新过程 4 个方面的内容组合进而表达出来。

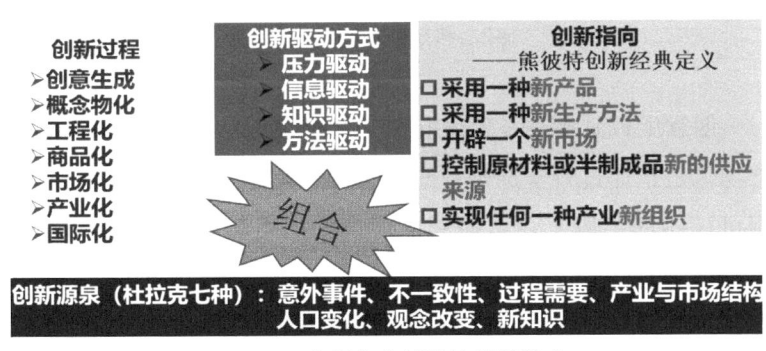

图 11-1 多视角分析科技创新模式

熊彼特关于创新的经典定义是描述了企业创新的 5 个基本指向，即采用一种新产品、采用一种新生产方法、开辟一个新市

---

① 本文源自 2010 年前后论坛或培训中相关主题 PPT 的文字整理稿，部分内容刊发在《中国安防》2011 年第 6 期。

场、控制原材料或半制成品新的供应来源、实现任何一种产业新组织。杜拉克（德鲁克）在其书《创（革）新与企业家精神》中解释了创新有7个源泉，包括意外事件、产品与用户需求不一致、生产过程完善、产业及市场结构变化、人口结构变化、生产及消费观念改变，以及新知识的应用等。两位大师都是着眼于企业的行为和成效进而来描述创新的。

从创新过程的视角来看，创新是从创意生成到概念物化，再到工程化、商品化、市场化、产业化，直至国际化的实践过程（图11-2）。

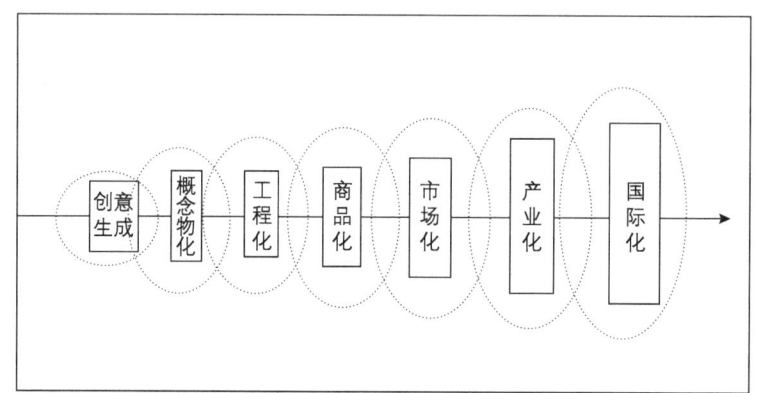

图11-2 科技创新过程的主要环节

创意生成是指在一定文化氛围里新概念、新知识的涌现；概念物化是指通过科学原理或想方设法在物理上实现；工程化是指用可控制的手段，在可控制的环境中以可控制的指标把它重复实现；商品化是指能从市场采购基本材料、零部件制成创新产品后，再从市场上把产品卖出去；市场化是指多规格、多类型地满足市场多样化的需求；产业化就是随着产品市场的扩大、规模化，把整个产业链或产业配套体系、产业集群做起来；国际化就是把创新产品卖到全球市场，以及利用国际资源做这个产业。传统的研发活动主要目标多被设定在概念物化和工程化阶段，基本在固定场所进行，被称为"屋子里的研究开发（R&D）"。曾几何时，创新的过程从创意生成到产业化也被认为是一个前后接续的

"屋子里的研究开发（R&D）"。

第十一章 科技创新模式与战略性新兴产业

线性过程，要经历一个较长的周期。现在，从创意浮现到国际化的过程被大为压缩，多数过程借助信息化手段及新的管理机制实现了并行化运作。苹果手机、平板电脑的开发并迅速面世向我们展示了新的创新模式和效率。

从创新动力方面来看，创新常常来自市场竞争压力驱动（压力驱动）、产品价格或贸易信息驱动（信息驱动）、新科学知识应用驱动（知识驱动）及新技术方法应用驱动（设计驱动）4类。我们现在大部分企业还处在压力驱动、信息驱动模式。别人生产什么，我们的企业就生产什么，大家都彼此"山寨"，看谁能坚持到最后。例如，企业从海关有关信息中看什么进口比较多，然后就生产什么，准备进口替代。这也是信息驱动的创新。知识驱动的创新，是指把科学知识原理转化为技术原理，再转变为产品的创新。设计驱动的创新就是通过既有技术原理的融合运用，设计出新的产品功能、新的生产方法或加工程序。转变发展方式，我们特别需要加快实现依靠知识驱动和设计驱动的创新[①]。

> 我们特别需要加快实现依靠知识驱动和设计驱动的创新。

明确创新模式或创新类型的意义在于：创新类型决定了创新战略，而创新战略则决定了资源配置方式。2006年，我国政府启动制定科技发展中长期规划的工作。当时动员很多专家，最后确定了以自主创新为主要方针的战略。这一新战略决定了将来我们国家主导的科技资源配置就是要按照这个战略选择操作。

> 创新类型决定了创新战略，而创新战略则决定了资源配置方式。

对于创新的类型学，目前关于这方面的研究主要是由西方学者进行的。这种分类有时不太适合中国的实际情况。如果按照西方学者分类时提出的管理手段、政策工具进行分析，有时与中国面临的问题无法对应。例如，利用他们的理论分析"草根"企业"山寨"创新模式的时候，就会得到一些似是而非的看法：好像能解释一些，又似乎什么也解释不了。因此，开展多视角、多层面的研究分析是提高政府创新管理水平和制定有效政策所必需的。

> 开展多视角、多层面的研究分析是提高政府创新管理水平和制定有效政策所必需的。

---

① 关于这两类创新方式的解释，可进一步参见本书第二十一章的21.3节。

创新的最高境界就是不受模式所限制或约束。研究科学哲学的人都知道费耶阿本德有一本非常出名的论著——《反对方法》（*Against Methods*），其中有种著名的主张很有启发意义。这一主张就是：面向科学进步怎么都行（Anything goes!）；科学中的创新发现到发明最后都是摆脱了所谓（致使前人成功的）方法的约束。更何况创新是超越学术研究的，更多的是面向市场、面向战略需求、面向未来的，就更应该不被现行科研、生产及营销等理念、方法、模式所约束。

11.2 破坏性创新与逆向创新

11.2.1 产品或技术融合创新

未来是一个创新越来越多样、形式和内容不断翻新的时代。特别是后工业化时代，生产和科技创新在要素方面高度集成，在分工范围和结构方面又高度细化，这将不断激发新的生产模式和创新模式。现在人们可以总结分析过去若干年出现过的创新模式，但对于未来全球范围内可能出现的创新模式，恐怕目前我们的想象力还不行。对于多数产业你只能想象到半年或一年内会有什么变化，但再远一点会出现什么变化，对于许多人来说还真想不到。像苹果、谷歌这样的公司，下一个颠覆现行市场的新产品是什么、什么时候以什么方式出现，尚无定论。

特别是在当代，技术的融合发展带来了更多技术—产业间学习、传递、组合的方式，图 11-3 就是产品或技术融合创新的典型，图中只列举了一部分。这表明手机已经成为技术与商业模式创新的综合平台，如果电子身份证、电子钱包能够实现的话，派出所、银行卖手机的日子就不远了；如果健康检测功能能够实现的话，医院也可以卖手机了，那个时候你说它是手机运营商还是医院？像这样的事例已经在很多产品平台上都发生了。

第十一章 科技创新模式与战略性新兴产业

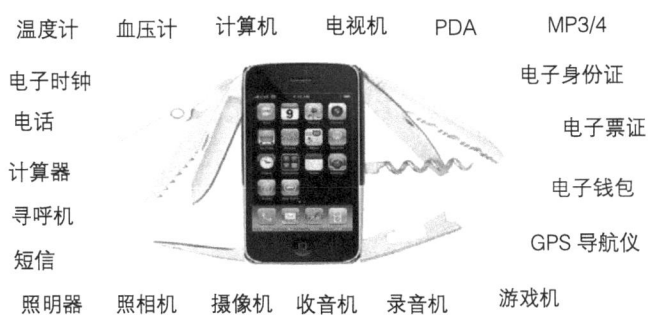

图 11-3　产品或技术的融合创新

11.2.2　破坏（颠覆）性创新

最近，产业界盛传破坏性创新和逆向创新两个概念，特别是 2010 年笔者到上海参加了一个关于破坏性创新的学术研讨会，大家对这个议题的探讨越来越深入，这将对中国的产业创新产生深远影响。破坏性创新一般指两类创新的结果：一类是突破性技术创新带来的市场结构大规模更迭；另一类是克里斯坦森所指的破坏性创新。破坏性创新是指不被主流市场用户所看重和主动把握的技术创新。例如，现在的主流市场，几个大厂商主打几个产品，但对于边缘产品的创新往往容易忽略。因为非主流市场产品对于它们来讲，属于利润不高的板块，它们只好选择放弃，将资源集中于所谓的高端市场。但是对于很多中小企业而言，它们会通过不对称的成本优势从边缘、外围市场切入，站稳脚跟后再慢慢挤入主流市场。绝大多数在竞争市场上成功的企业都有通过破坏性创新逐渐"上位"的经历。从事破坏性创新的企业往往会把新的特色和价值带给用户和消费者。像苹果手机，它凭借推出崭新的服务，开拓新的路线，这个新的路线可以开拓出一大批用户，维持其进一步的发展。破坏性创新的企业还可能以更大的便利性、更低的价格占领当下低端市场。这是很多民营企业走过来的模式，它们没法和大企业拼主流市场，但是总会在边边角角找到它们的位置，它们始终不忘要往主流市场进取。

> 从事破坏性创新的企业往往会把新的特色和价值带给用户和消费者。

11.2.3 逆向创新

逆向创新有多种解读方式,这里主要分析3类逆向创新。

首先,逆向创新是指跟主流模式对着干的方式,一种特立独行的套路。想当初,个人电脑市场处于混战之中,大多数厂商不知道怎么办好。这时有人指出:市场主要的电脑是方的,我们就设计圆的;别人的电脑是透明的,我们就设计不透明的;别人的电脑是黑色的,我们就设计白色的。这样,新电脑一下子就吸引了大部分人的眼球,并一发不可收拾,这也成为苹果公司电脑产品主导市场的主要方式。这是着眼于市场牵引、创造用户的创新。

其次,逆向创新是指大公司现在开始主张并关注低端的创新。过去 GE 主要做高端市场的医药设备,先在我国乡级、县级医院推出低端医疗设备,再利用国内配套体系降低价格,之后利用其强大的技术、金融、市场渠道和服务平台推销。这是从低端再到高端的逆向创新。过去大企业是从高端市场向低端市场慢慢向下延伸的,但是现在要上下"通吃"。

最后,逆向创新是指先整体后局部,再到模块或零部件的创新。过去的企业做产品开发,都是先易后难、先部件再产品、先局部再整体。如今国内有的企业研发生产汽车的路数是:先开发生产整车,再研发生产局部模块和零部件。这类逆向创新不同于掌握主流市场的跨国企业的创新方式。民营企业在售卖整车的同时,往往会从边缘模块或零部件开发做起,最后形成对核心技术模块的包围,就像中国革命走农村包围城市之路一样。这个套路对中国企业家来讲,较容易无师自通。

> 3类逆向创新:
>
> 一是指跟主流模式对着干的方式;
>
> 二是大公司现在开始主张并关注从低端到高端的创新;
>
> 三是指先整体后局部,再到模块或零部件的创新。

11.3 新时期战略性新兴产业前瞻

全球主要产业正进入较大规模、长周期、以破坏性创新为主要模式的发展阶段。一是现代经济处在高分工、高集成、强竞争、快发展的总体环境之下,科技研发和创新正规模化、长期化地实施,

第十一章 科技创新模式与战略性新兴产业

来自竞争压力、市场信息、新知识、新方法的驱动正迫使企业快速寻求超越前人的创新模式。二是日益泛化的后现代思想要让自己这一代与其上一代划清界限，新一代人更情愿干出全新的东西并展现出来。三是破坏性创新的理论、战略和管理模式不断推陈出新，管理界、咨询界大力研讨并传播，企业界深受影响并相互借鉴。四是不断深化的技术融合带来了更多破坏性创新的机会。另外，破坏性创新往往是破坏性的技术和商业模式融合在一起的。破坏性创新策略或模式一旦形成，就会在不同厂商中间产生不对称动机，形成不对称的优势。过去是小企业、非主流企业做破坏性创新比较多，目前不管是大小企业都在"玩"这个模式，像苹果、谷歌、IBM、微软等都在做。所以，无论是传统产业还是新兴产业，都必须正视产业技术创新的这种新态势、新趋势。

我国近期提出了关于加快培育和发展战略性新兴产业的战略决策。战略性新兴产业由此被带入当前经济社会发展的主流议题。我们相信，"十二五"期间各地方在战略性新兴产业方面都会有较大的提升和发展，为调结构、转方式起到应有的促进作用。经济结构的有序调整，就是新兴产业同传统产业在竞争、替代中形成一个协调发展关系的过程。不断加快的科技创新，每个发展阶段都在催生着大大小小的新兴产业。在传统产业林立的环境里，一个新兴产业如何生成，如何崛起，如何迅速成长壮大为一个战略性产业、主导产业或支柱产业，新兴产业同传统产业如何协同发展，这是考验政府宏观管理能力的重要课题。

当前，我国的发展仍处于重要的战略机遇期内。人们应以更宽泛、更意想不到、更不确定的意识来看待战略性新兴产业的范围。《中华人民共和国国民经济和社会发展第十二个五年规划纲要》

> 经济结构的有序调整，就是新兴产业同传统产业在竞争、替代中形成一个协调发展关系的过程。

> 人们应以更宽泛、更意想不到、更不确定的意识来看待战略性新兴产业的范围。

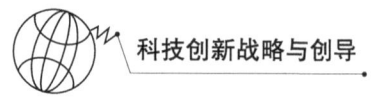

提出了若干个战略[1]，各行业、各地方对战略性新兴产业的解读也是多样性的。不远的将来我们注定要面临一个多种发展战略重叠的局面。战略性新兴产业将不仅是7个领域的事情，我们还要以融合、跨界的思维视角来看待新兴市场、新的业态。无论怎样，科技创新在新兴产业发展中总是先发的、动力性的。在新的历史阶段，面向新的市场和战略目标，新兴产业必须超越压力驱动和信息驱动的创新模式，要尽快过渡到以知识、方法为主要驱动力的轨道上来。

科技创新特别是破坏性创新，其结果会使市场结构更加复杂，竞争异常激烈，加快技术更迭和产业结构变动，引发不确定的要素流动和资源迁移。有时候会对一个国家、一个地区的经济安全造成重要影响。往往一个大企业的危机就会导致整个国家或区域的危机。在我国很多地方经济发展也面临类似的情形。新的创新发展态势要求一个创新战略（包括国家的和企业的，特别是企业的），不仅要有积极防御的部分，更要有破旧立新进取的部分。

11.4　政府推动科技创新的责任

对于政府来讲，支持企业创新应采取多元化的模式，支持企业去实现它的创新目标。特别是企业若采取破坏性创新管理，会给传统意义上的科研管理带来很多挑战和困难。例如，当初格兰仕做微波炉的时候，它首先做出来的是小功率、小容积的微波炉，同跨国企业品牌产品相比，几乎所有的指标都拿不上台面。这类技术不先进、市场前景不确定的项目，如何通过有先进性偏好的专家组的评审并获得政府支持？将来在战略性新兴产业领域

---

[1] 规划文本中包括区域发展总体战略、主体功能区战略、科教兴国战略、人才强国战略、推进农业结构战略性调整、7类战略性新兴产业、公交优先发展战略、海洋发展战略、实施海洋发展战略、国家适应气候变化总体战略、知识产权战略、就业优先战略、"走出去"战略、自由贸易区战略等，这些战略的实施都需要若干强大的产业与科技支撑。

第十一章 科技创新模式与战略性新兴产业

还会遇到很多这样的事例，一些好的创新概念、创新项目当老百姓不理解、产业界不配合、专家通不过时，政府该怎么办？很多问题有待专家学者共同研究，以及产业界及社会各界共同推动。从科技创新角度着眼，战略性新兴产业要实现以知识、方法为内生驱动力的发展壮大，政府部门应该从以下方面做好相应的工作。

一是倡导新的科技观、创新观。倡导以人为本、原创优先、应用导向的科技观、创新观，倡导积极培育新兴市场、惠及民众的使命观、价值观，倡导科研机构、企业与用户共建、共赢的市场观、成长观。

二是引导政府、企业、中介组织进行创新管理变革。主要是从过去的计划集中式管理向资源集成式管理转变，从基于资源的管理向基于能力的管理转变，从面向目标的管理向面向机遇的管理转变，从依赖指令运作的管理向依靠服务引导的管理转变。

三是要对创新进行分类和策略化管理。应按照研发和创新模式的规律对管理体制机制进行必要的调整，对不同形式的研发活动、不同的创新模式给予分类指导和有针对性的支持；支持大小企业持续改进创新，尝试破坏性创新，特别是面向新兴产业、新兴市场、新技术与传统产业融合的领域鼓励企业实施蓝海战略，以积极的政策引导各类创新主体主动尝试新的创新策略或模式。

四是为新技术、新组织的创新融合提供一个自由的空间。没有自由就没有任何新的模式。科技战略及创新模式一般讲求3个要点，即科技创新的方向、速度，以及所造成的不对称优势。评价创新模式也有3个方面的要求：是否有利于创新资源的整合、是否有利于创新流程的建构、是否有利于创新价值的重塑。我们要给企业或其他创新组织在制度创新方面以更大的自由度、更多的自主权，让创新要素自由流动、自由组合。不同的组合就会产生不同的模式。

五是鼓励权变型管理。要学会改变由计划体制规定出来的创新组织架构和流程，引导创新主体构建应变型的组织流程，面向迅速变化的技术创新步伐实现战略调整最小的切换成本，不断推

> 从过去的计划集中式管理向资源集成式管理转变，从基于资源的管理向基于能力的管理转变，从面向目标的管理向面向机遇的管理转变，从依赖指令运作的管理向依靠服务引导的管理转变。

进学习型、研发型、创新型的组织建设，开发出多种管理模式协调运作的能力，注重技术创新战略管理工具的应用。

六是做一个对创新负责任的政府。在短期责任方面，促进企业及全社会增加科技投入、强化技术积累和技术融合，鼓励企业从事技术和商业模式创新；在长期责任方面，引导企业形成多模式创新的发展流程，主动开拓新兴市场，鼓励各类组织参与开发可持续发展的新事业；在持续责任方面，树立正确的价值导向，引导企业和个体发现创新的方位，同时不断对环境变量、内生变量开展多频谱的分析评价，并进行适当的干预、调适。

一个个新产业的崛起，往往是众多企业群体性超越的结果。无论是我们的政府还是企业，创新的意愿在释放，创新的举措在实施，创新的能力在提升，创新的成效在挥发。不远的将来，在一批战略性新兴产业领域，可预见的群体超越结果一定会出现。

第十二章　破解科技成果转化之难[①]

——关键在于工程化水平和产品/服务架构能力

科技成果转化之难来自内外两个方面：外部是科技—经济环境的问题，或被描述成创新生态的问题；内部则是来自科技成果转化过程内在主体或组织的能力方面。实际上，对科技创新而言，环境问题与能力问题常常交织在一起。

> 对科技创新而言，环境问题与能力问题常常交织在一起。

简而言之，科技成果转化就是将科技研发中的智力成果转化为现实生产力的过程，这一过程也就是科技创新的过程。若将此过程以环节来分解，如前一章所提到的，科技创新可划分为从创意生成到概念物化，再到工程化、商品化、市场化、产业化，直至国际化几个典型的环节。这一系列过程对科技创新整体而言都是不可或缺的。有的环节是集中表现了科技创新特有的从无到有的突破性进程，有的环节则是体现创新事物从小到大、从量变到质变的过程。创新开始时大家在意的是创意呈现、发明的奇异性以及物理实现的突破性、解决方案的系统性；可越是往后的环节，大家越发关注创新价值的实现。越是在创新过程前端，越是科学家、工程师、科技创业者在起主导作用；越是向创新过程后端发展，参与的经济因素、政策因素、社会因素等都会越来越多。如果只是在局部地方（领域、部门）实现了商品化，这只是小创新；能在全球范围内推进商品化、产业化，才是大创新。企业、大学、科研机构和政府共同的使命就是将小创新做成大创新。

[①] 本文以"工程化水平和产品架构能力制约成果转化"为题，刊发在《科技日报》2011年10月24日第1版，并在《发明与创新（综合科技）》2011年11期、《安庆科技》2011年第4期转载。

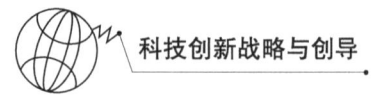

人们曾认为,创新过程从创意生成到产业化、国际化可以被认为是一个线性化过程。但现在,从创意生成到最后的国际化过程被大大压缩,多数过程借助信息化手段及新的管理机制实现了并行化运作。一个创新产品/服务的工程化、商品化、市场化、产业化、国际化都可以在一个较短的周期里并行实现,苹果公司开发和销售其杀手级产品手机、手表已向我们充分展示了这一点。新一代敏捷开发管理的本质就是实现超越对手的研发效率。

12.1 工程化是科技成果转化的关键环节

> 在这一系列创新环节中,一个创新主体或社会的工程化能力较为关键。

在这一系列创新环节中,一个创新主体或社会的工程化能力较为关键。因为在这一环节中,知识获得应用性的编码,价值链各环节被有效衔接;创意实现了向产品的转变,知识实现了向价值的转变。如上述所言,狭义的工程化能力即重复再现物化创意结果的能力,要紧的是对新产品/服务能知其然更知其所以然,对新产品实现尽在把握。而广义的工程化能力范围很大,除包括一定水准的技术物化能力(对相关新材料、新工艺、新技术的开发应用能力)外,还包括产业情报获得能力、(全球)采购或供应链管理能力、安全级高可靠的技术或产品评测能力、技术和产品标准化能力、知识产权运作能力等。所有这些能力和工作集成在一起,就是一个有针对性的工程化研发体系,不论谁有了这样的体系,都能深化其研究能力,并能较好且迅速地将原理或工程样机向规模化生产方向推进。科技成果转化的成本多半是花在创意物化及工程化阶段。工程化能力不足常常让人感到研发或创新的投入就是一个"无底洞",好的创意总是实现不了或实现效果差强人意;不仅走不完产业化的"最后一公里",甚至走不出产业化前面的一公里。而较强的工程化能力则是确保创新效率效果的真正基础。

> 较强的工程化能力是确保创新效率效果的真正基础。

正如很多专家、企业家所共识的那样,工程化能力偏弱一直是我国科技成果向现实生产力转化的短板,也是我国自主创新能力的瓶颈,尤其是在新兴产业方面。我国的工程化能力在个别领

第十二章 破解科技成果转化之难——关键在于工程化水平和产品/服务架构能力

域还可以，但总体水平偏弱，且没有长期积累增进的机制。之所以偏弱，由多种原因导致。从企业方面看，我国大企业的产业垂直整合能力长期不足，很多大企业在规模上已进入全球500强，但是还没有形成完备的工程化能力，核心或关键技术受制于人，无法较对手将新技术率先工程化。广大中小企业在技术上往往是"一招鲜"或"几招鲜"，还没有形成整体性的工程化能力。从科研院所和大学方面看，除个别领域（如冶金、铁路、电力等）有较长期稳定的工程能力积累之外，大多数科研院所和大学的工程研究机构只具备狭义的工程化能力，远不具备全面的工程化水平。若涉及产业情报、供应链管理、技术或产品测试评价、技术和产品标准化、知识产权运作等市场最为关注的问题，纯学术偏好的研究机构其工程性开发总是乏善可陈。特别是现代科技常常面临着复杂技术或产品系统的开发，其工程化能力则要求多学科、多专业、多研发环节知识技术的结合融合。新技术或新产品的工程化开发不可避免地把软件硬件开发、资源平台开发、组织流程开发等复杂问题带进来，我国众多企业、科研院所、大学的研发机构在工程化能力积累方面尚不适应时代科技进步的要求，不适应产业创新模式复杂多变的要求。另外，我们的科研评价机制不适合工程化知识积累和相应的人才队伍建设，研发服务业发展落后也影响到科研水平和潜力的发挥。因此，解决工程化能力的短板问题需要从科技创新全局给予系统考量。

> 现代科技常常面临着复杂技术或产品系统的开发，其工程化能力则要求多学科、多专业、多研发环节知识技术的结合融合。

> 新技术或新产品的工程化开发不可避免地把软件硬件开发、资源平台开发、组织流程开发等复杂问题带进来。

12.2 提升架构能力和模块化水平

解决工程化问题应以市场机制要求和企业的创新活动为主线。我国企业除在工程化能力积累方面尚显不足外，还有一项重要能力有待积累和发挥，就是企业关于产品/服务的架构能力。现代市场竞争常常面临复杂产品/服务的竞争。我们可从"架构"与"模块"两个维度分析和界定一个复杂的产品/服务。"架构"与"模块"是一对共轭的产业技术范畴。架构是基于模块上的架

> 我们可从"架构"与"模块"两个维度分析和界定一个复杂的产品/服务。

构；模块是融入架构中的模块。架构能力近似于我们常说的顶层设计。相形于模块创新，产品的架构创新更具有根本性和创造性的破坏力，对产业结构演进的作用更大。但这种创新也更难实现，因为它需要企业强大的架构整合能力，通过架构主导产品升级进而主导市场，引领其他企业。

眼下我们众多企业还不具备相应的产品架构能力。为什么没有架构能力？因为它们不曾将全创新链（特别是设计）和全产业链协同思考过、不曾将硬件和软件协同思考过、不曾将技术创新和商业模式创新协同思考过。另外，我们大部分企业尚没有明确的自主创新战略。没有战略，就不会有清楚的架构及其演进路径，自然谈不上如何整合资源。这就是我们常常看到的，很多企业在模块方面的开发和制造几近极致，却只能做代工（OEM）以换取订单。

对下一代产品架构能力的缺失，造成了在众多新兴产业发展方面企业得不到相应的主导权和话语权，难以使政府推动的产业技术研发尽快进入良性的产业化轨道。新兴市场发育发展异常缓慢。中国市场上有很多产品/服务概念的提出并不晚，但总是让广大企业看不清产业的方向和政府的决心。架构不明确，企业或产业的战略也就不明确，进而也就无法对科技资源进行有效的配置。当然，在这方面越来越多的中国企业已经意识到了这个问题，认识到只靠垄断和借船出海都不会形成自主的架构能力，开始互相结盟，开发和建立新一代产品的架构体系。

解决这两大能力问题，有什么偏方吗？答案是没有！两大能力没有什么先天禀赋可言，是成长及发展过程中能力进化阶梯性的问题，必须与时俱进地学习和积累，才能持续迈上新的高度。一个企业、一个社会的工程化能力和产品/服务架构能力，基本取决于其自主研发和创新活动的数量与规模。政府所要做的就是选好能力积累的组织载体，打造能力增进的资源平台，激励能力先行的创新标杆，构建能力释放的良好环境。

第十三章 探索适应创新发展需求的评价机制和模式[①]

最近围绕规划编制、技术预测、技术前瞻等方面的研究提出了未来一个时期国内外正在研究及准备研发的很多热点。其中很多研究方向、成果形式是和创新视角关联的，也间接涉及创新的内涵、应该具备的要素、可产生的影响等。现在技术预测越来越难做，不仅同科学范围的扩大、技术快速的进步相关，也同"创新"所包含的复杂内容、复杂过程相关。

13.1 联系地看科技、研发、创新的同与不同

在当今的政策话语体系或者是与科技创新相关的活动中，有3个高度相关的词语始终交织在一起，这3个词语联系密切，交集比较大，而且从一定角度观察还是一体化的，但细分下去又有很大的不同。这3个词语就是科技、研发和创新。"科技"首当其冲，但其中的科学和技术细分起来，内容与范围又不一样；其次，企业或产业界常用"研发"这一词，体现了市场目标导向；第三个是现在有些泛化运用的"创新"一词。

公共政策领域使用"科技"一词时，同大学与学会等系统使用这个词语的方式还不一样。在大学与学会系统内，讲究按学科分类；但公共政策更多是按领域、行业部门或公共议题来进行政策或管理研究的。讲到创新，其要素和运行机制更为复杂，而

> 3个高度相关又始终交织在一起的词汇：科技、研发和创新。

[①] 本文是2015年11月3日在深圳市举办的首届科协发展理论研讨会上交流发言的文字整理稿。

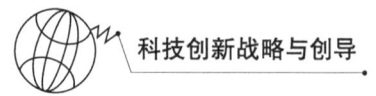

且还具有多主体相关性,已经把原来的学科、领域等边界都扩大了。所以谈到创新时,人们很难找到边界。放到企业或产业的话语体系中,他们讲研发时,强调的是以市场目标为导向,以产品开发为核心,而不是突出学术领域的学科与前沿意识。研发作为创新的核心,它以产品或服务为载体、以将来产生的增值价值为尺度来构建相应的研发体系或创新过程架构。人们从中可看到,研发或创新一开始就是跨学科、跨领域、跨行业的。开发一个新产品,如开发电池,需要什么领域的知识或学科知识,就去研究、寻找或做相应的积累,需要开发新材料那就找新材料的专家来,需要高效制造那就咨询制造方面的专家。所以,面向市场的研发创新评估活动理应不需要有学科、领域的框框。现在中国的R&D投入早已过万亿元,而且还在持续上升,其中约76%是企业的研发支出,企业的研发活动正成为我国科技创新的主体活动。现在广大科研人员、科协会员都在不同的层面参与企业研发或产学研合作的创新。这就要求有一个观念上的转变,才能开展相应的评估、参与产学研合作。

关于创新的定义,大家会溯源熊彼特的原始说法,共识于《奥斯陆手册:创新数据的采集和解释指南》[1],这个手册指导国家层面的机构进行创新活动的调查、统计及监测等事宜。该手册指出,创新是指"出现新的或重大改进的产品或工艺,或者新的营销方式,或者在商业实践、工作场所组织或外部关系中出现的新组织方式"[2]。它主要讲述了创新有产品创新、工艺创新、营销创新或组织创新4个基本型,有对企业是新的、对国家是新的、对全球是新的3个层次。从其定义中可看出,创新是企业的主体行为。科技人员参与企业研发和创新的时候,需要学习,最好能具备企业家思维,围绕未来的产品或服务载体来分析和谋划创新。

---

[1] 经济合作与发展组织. 奥斯陆手册:创新数据的采集和解释指南 [M]. 3版. 高昌林,译. 北京:科学技术文献出版社,2011.

[2] 经合组织(OECD)关于科学技术活动中创新数据采集和解释的知识手册,目前已更新至第3版。

13.2 着眼于创新的过程与模式来理解创新的本质

从创新全过程来看，它有若干特征化的环节，如图 13-1 所示，此为图 11-2 的升级版。

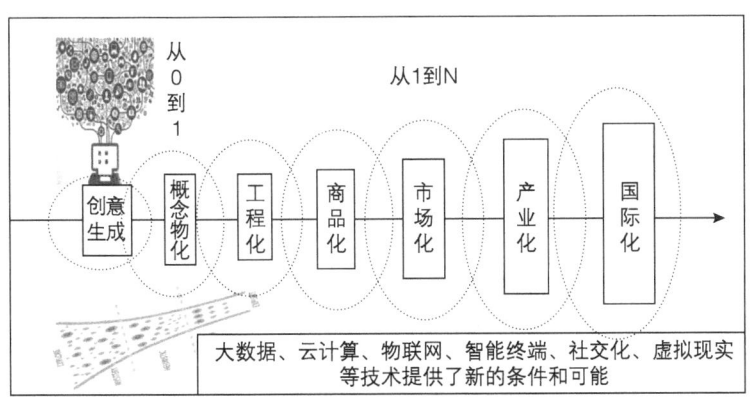

图 13-1　创新过程与信息化科技新应用

创新链包括从创意生成到概念物化，再到工程化、商品化、市场化、产业化、国际化等 7 个关键环节。概念物化是指创意的物理实现，再用可控的指标在可控条件下实现则叫作工程化。我们常说的"中试"就是概念物化到工程化的阶段。工程化之后便是商品化阶段，这个阶段的要点是要发生交易，哪怕只有一个付费的用户也叫作商品化。自己变花样自娱自乐不是《奥斯陆手册：创新数据的采集和解释指南》中所指的创新。创新价值的实现要发生市场交易、价值交换行为。市场是创新主体安身立命之所在。商品化持续扩大就是市场化，更多用户进来，市场规模化、批量生产和流通的需求就出现了。在上游端需要原材料、加工、设计等方面参与，下游端需要把配送、物流、服务全包括进来。所以，市场化必须有产业化体系做支撑，创新产品的影响才能持续扩大。产业化的业务在一个地方集聚、发展起来就是我们常说的产业集群。把这个过程做到国际上去或者在别的国家做起来就是创新的国际化。每个环节都会有不同样式、不同内容的创新。例如，企业原来只在国内销售，如果顺着"一带一路"走出去开

> 创新价值的实现要发生市场交易、价值交换行为。市场是创新主体安身立命之所在。

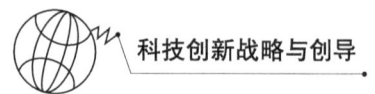

拓市场，国际化的创新就开始了。因为你在外国遇到的需求或问题与在本国遇到的需求或问题是不一样的，需要有针对性地再开发及新的企业组织架构去执行。

现在信息通信技术的最新发展，使大数据、云计算等技术手段在上述各个环节都有嵌入的可能，带来了丰富的生长点和创新机会。这种变化又导致了整个创新的复杂性、高度的不确定性，它远高于我们在研发领域或科研领域范围里所遇到的一些问题。在创新过程中，技术的不确定性与市场的不确定性交织在一起，带来了丰富多彩的创新创业模式。

我们过去讲"科研"的概念，更多的是在谈及从概念物化到工程化的阶段，这是传统的R&D，基本不涉及科研系统外的因素。这样的活动在相对封闭的边界内进行预测和评估也较为容易。当代研发管理把创意生成阶段称为"模糊前端"（fuzzy front end，FFE）。现在我们同跨国公司间的竞争从创意生成阶段就开始了。有实力的跨国企业早已在全球范围内以各种手段争夺创意，在互联网空间玩头脑风暴。过去的研发流程多数是从前往后推，但当前很多创新型企业的研发模式是从后端开始谋划。以往研发创新过程这7个环节要进行很长一个周期，但当今有的行业这个过程会被压缩到很短。例如，苹果公司决定开发通信产品或移动终端时从决策到后端全球同步发售用了两三年的时间。这就是领先的创新效率标杆。但在有的行业，工程化和商品化要经历一个较长的刚性周期，如医药开发，其临床实验必须要完成若干个固定的周期。但现在一些医药企业也在通过并行化流程设计，将其研发效率较原来有新的提高。

这里存在的问题是，这样的创新速度、创新效率对我们各方面专家，不管是科研方面的专家、智库方面的专家，还是投资方面的专家、法律方面的专家等，都提出了很高要求。我们必须适应企业或产业界这种包括并行化、平台化运作的发展趋势。如果每个过程都要像过去那样细细地进行评估和论证，能保证有效的创新吗？目前这种创新行为，这种面向并行开发、配套、制造

第十三章 探索适应创新发展需求的评价机制和模式

的新研发到生产的模式，已经在众多科研和产业领域展开了，有的企业已经成为创新效率的标杆。例如，小米公司在学习苹果公司的研发模式，好多国内企业也开始学习或移植这样的模式。所以，关于科技创新的评估机制、评价的标准规范需要随着不同的创新模式而转变。

我们再看看颠覆性创新给研发、组织与评价问题带来的新挑战。颠覆性创新分为两大类：一类是由产品技术的重大革新所引发的新兴市场，导致产品大规模地更迭或替代。例如，我们都熟知的激光照排对于活字印刷技术的全面替代，也有人把它们称为突破性技术创新。但是竞争性市场往往还会发生另一类颠覆性创新，就是原来的中小企业从大企业不愿意积极去做的细分市场、边缘市场、新兴市场开始发力切入，利用不对称动机和成本优势，一步一步地走向主流市场，最后兼并原有大企业或将其撵下市场领袖位置。只要市场存在竞争，只要竞争公平发生，颠覆性创新总会演绎其相应的故事。过去是中小企业趁着大企业不经意的时候使用如此策略，现在大企业也开始实施这类套路，如苹果公司进入通信产品市场，就把诺基亚、摩托罗拉等原有在位者掀掉了。对于颠覆性创新，我们做评估时很难用原有的模式去衡量，如格兰仕在微波炉产品上的创新。早年当格兰仕提出自己最初版本的微波炉设计时，跟市场主流产品有相当大的技术落差。企业从事这类产品创新，用专家视角、技术指标去衡量、评测，难以获得令人满意的效果。技术指标不是最先进的，市场空间有没有还不得而知，生产与服务环节还会遇到很多问题，用此类评价肯定是通不过的。当年正在做和准备做微波炉的企业很多，但格兰仕走到了最后，而且还带动了周边产业集群的发展。

科技工作要真正地服务经济社会、服务企业，要讲究企业家思维、经营管理思维。企业创新什么，企业家包括创业者在内的创新者，很多时候他们对市场的嗅觉或预期会引领这个市场往前发展。当这个细分市场出现时，"春江水暖鸭先知"，创新的东西只有沉浸在市场的水里才能较早地感知。现在有很多类型和指向的创新

> 对于颠覆性创新，很难用原有的模式去衡量。

模式，它们通过渠道化、平台化的力量正聚焦于4个主题词——跨界、融合、共享和颠覆（图13-2）。例如，苹果公司从原来做电脑过渡到做手机、电信产品或者是通信产品，再做消费电子产品，这是跨界。面向跨界、融合、共享、颠覆这4类主题化的创新趋势要求，我们可提供的评价或咨询服务同我们原来做的事情在很大程度上是完全不同的。如果不知道创新往哪儿走，你怎么去评价它？这是笔者近年来同企业家、创业者、创新者接触交流后产生的思考。我们要能很好地理解这些发展趋势，同时也能以市场、创业的思维换位考量，这样你做的咨询和交流才能找到共同点，所提供的服务、平台、资源等，才真正能做到雪中送炭、帮上忙。

> 如果不知道创新往哪儿走，你怎么去评价它？

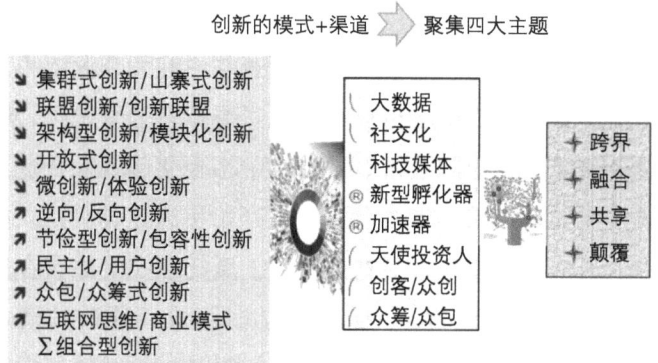

图 13-2　创新的模式、渠道与创新目标的关系

13.3　科技评价活动有序开展既要有分类更要有互动

长期以来，在学术创新方面、在企业或产业创新方面、在公共科技方面，人们形成了三大类型的科学技术活动，每个系统内部都有较完整的科研链条和系统化的评估工作，都有自己的行为规范。谈及创新评价，一般大企业有很多评价机制、内部化激励政策、知识产权管理、相应科研资源和服务平台。当企业强调创新效率和创新速度时，它们并不采取每个环节都进行规范评估的模式，主要是为了抢占市场机会。很多制造业企业都在学习和实

第十三章 探索适应创新发展需求的评价机制和模式

施集成产品开发（IPD）管理[①]，这一模型是传统研发关口管理系统（stage gate system，SGS，也有人称其为门径管理）模式的升级版，特别强调重要的概念验证、项目计划、协同开发、成果验证等4个关键环节，对应着4个决策控制点（decision control point，DCP）。每个关键点都需要联络不同的专家，针对创新过程不同阶段的问题进行有针对性的评价、审核。这样的有效模式，将来政府的科研计划有可能也需要学习和借鉴，便于政府监督治理职能的实现。还有创投机构常常根据企业成长阶段进行创业创新方面的投资评价。企业投融资大致分为A、B、C、D 4个阶段，A轮是天使投资，基本是靠投资人对市场和技术的感觉，甚至会帮助创业企业去寻找相应的CEO、财务总监、市场总监，其目的就是一定要把这个事情做成。投资人的这种思维不在乎别人怎么评价，会自主提出评价框架和标准。越往后的投融资阶段，会有越来越多标准化评价方式开始介入；到了后期阶段，基本上要在很大范围形成投资的共识了，按照共识的尺度去评价。越到创新创业后期，越少的是科技评价，越多的是金融、财务和管理评价。

在大型科研组织中（包括政府也包括企业），其科研创新的管理是讲究整体的5P层次的管理，即Plan（战略规划）层、Program（行动计划）层、Portfolio（项目群组）层、Platform（资源平台）层，以及Project（具体项目）层。每个层次对应着不同的内容主题、组织方式、决策模式和管理机制，也需要不同类型的评价模式。提高研发效率和质量，我们不仅要加强项目执行管理，还要强化研发战略管理、执行计划管理、项目群管理等。例如，京津冀进行空气环境或者治理雾霾的协同创新项目，实质上采用的就是一个项目群管理模式。此模式也是目前我们特别需要加强的短板。

随着政府职能的转变、行政体制机制改革的深入，大量的评价评估活动将越来越多地由社会机构承担起来。笔者认为，科技评价活动有序开展，既要有分类更要有互动，应把握好以下几点：

---

① 有关IPD的图示可参见第五章5.6的内容和示意图。

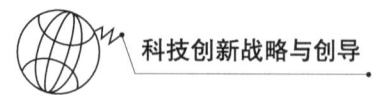

第一,对于科技创新活动要分类评估、独立评价。政府职能更多的是监督,评价则要发挥方方面面的作用。要把常规性和专题性评价分开,建构性与诊疗性评价等也要分开。

第二,要让学术、公共科技与市场化创新3类活动的评估相互借鉴、相互促进,在互动中共同提高水平、完善机制。

第三,应鼓励多类型科研及创新评价评估自律进行。因为这类活动是群体性的,只有在自律中才能形成规范性的行为准则,在约定俗成中不断升级相应的制度,最终水到渠成地形成整体的价值标准。

第四,积极借鉴工程类的评价机制。我们说科研评价不能跟工程评价一样,但不是说科研评价不能借鉴工程评价有益的经验。例如,工程管理和评价中常用到的WBS(任务分解结构)、成本控制、风险管理、知识管理等完全都能嫁接到科研管理和评价中来。科研评价需要特别重视并主动分享自下而上的创新所形成的评价规范。

第五,评估机构要做好基础工作。这方面我们目前的能力水平还比较差。笔者现在到了中信所,感觉做好数据积累、平台积累非常重要。最近同汤森路透交流,他们在基于事实评价方面做得很好,关键在于有很强的情报积累,这里的情报相当于有针对性的信息。评价活动是比拼数据实力、数据智慧。

第六,要引导科技工作者共同营造良好的评价活动氛围。参与者的自觉自律是任何社会化活动的重要基石,要鼓励那些有责任心、有担当意识的创新者去推动他们做该做的事情。笔者曾经与美国的NIH管理专家进行过交流,他们讲,NIH在组织专家做项目评价时,也会出现"几乎都是好的"("almost good")这种情况。这表明有些共性问题不是出现在评价机制层面,而是在原初的理念导向上就有问题。科技创新评估评价的确需要在反思中纠正、在反思中前行、在改革中完善并提高,为提高科研创新质量、实施好创新驱动发展战略贡献力量、保驾护航。

要把常规性和专题性评价分开,建构性与诊疗性评价等也要分开。

应鼓励多类型科研及创新评价评估自律进行。

科研评价需要特别重视并主动分享自下而上的创新所形成的评价规范。

评价活动是比拼数据实力、数据智慧。

第十四章 技术路线图:决胜创新之道和创导未来的新方法①

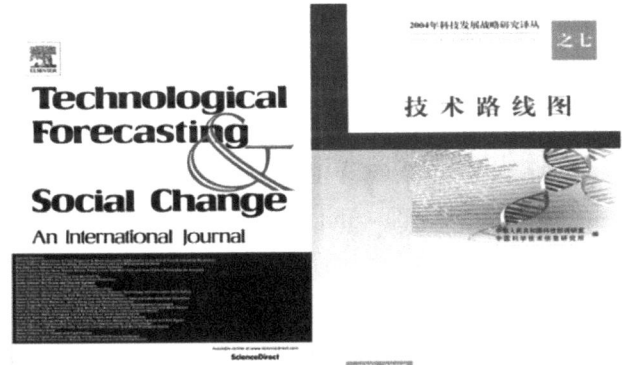

图 14-1 《技术前瞻与社会变迁》杂志及技术路线图译文报告封面

面对不确定的、日益加快的技术创新,技术预测变得异常艰难。但是人们对技术预测(或技术前瞻、技术预见)还是乐而为之。犹如人们早已知晓老子所说的"道可道,非常道",可现实中的人们总是"非常道,还得道"。预测不是为了应付或把握不确定性,而是为了展示可能性。作为技术路线图(technology roadmapping,TRM)的早期倡导者之一、摩托罗拉公司前首席执行官罗伯特·高尔文(Robert Galvin)认为技术路线图可表达"一个特定领域的诸多可能性",完全可成为实践主体策划创新、创导

技术路线图可表达"一个特定领域的诸多可能性",完全可成为实践主体策划创新、创导未来的新方法。

---

① 本章由作者为 2004 年科技发展战略研究译丛之七《技术路线图》的译文报告所做的跋,以及在几次专题会上的发言稿合并而成。译文报告源自《技术前瞻与社会变迁》杂志组织的一期"技术路线图"专刊,Technological Forecastingand Social Change Volume71, Issues1-2, January-February 2004,期刊及译文报告封面如图 14-1 所示。

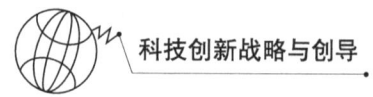

未来的新方法。鉴于此,《技术前瞻与社会变迁》杂志组织有关专家撰写了一期"技术路线图"专刊①,探讨了这一方法的意义及在当前实践起来所要面临的问题。

14.1 技术路线图本身就是一种创新

技术路线图是从 20 世纪 70 年代中期在摩托罗拉运用起来的(图 14-2),其用途很广。不仅科学家和工程师群体开展交流时用,而且经理层与投资人沟通时也用。这一方法不断地得到更新和完善,成为越来越多的企业和政府组织进行技术预测的表达工具。该专刊有关数据显示,受调查的 2000 家英国企业中,有 200 多家都使用过技术路线图方法,其中 80% 的公司还不止一次运用。加拿大产业部(Industry Canada)的报告 *Technology Roadmapping: A Guide for Government Employees* 中说,自 1996 年起,有 400 余家伙伴参与、200 余家企业制定并发布了技术路线图。已有若干创新管理中介公司开展了该项咨询业务。美国普渡大学还成立了技术路线图研究中心,一些商学院也已将有关内容纳入 MBA/EMBA 课程当中。通过 Google 浏览器搜索 Technology Road-mapping 词项,已有 28 500 多条目。我们有理由相信随着技术路线图的完善和规范,开展相关研究、咨询和培训的活动会更多。现在技术路线图的应用已跨出科技和相关产业化的范围,如 20 世纪 90 年代中东和平"路线图"计划,体现了政治议程务实操作的新理念。科技部科技型中小企业技术创新基金管理中心与其他部门和一些金融机构共同推出了我国"科技型中小企业成长路线图计划",这不是一个简单的资源集成,而是按照市场和科技型企业成长的共同规律为我国产业界培育持续发展力量的战略布局。

> "科技型中小企业成长路线图计划"是按照市场和科技型企业成长的共同规律为我国产业界培育持续发展力量的战略布局。

---

① Technological Forecasting and Social Change. Special Issue: Roadmapping: From Sustainable to Disruptive Technologies,January/February 2004.

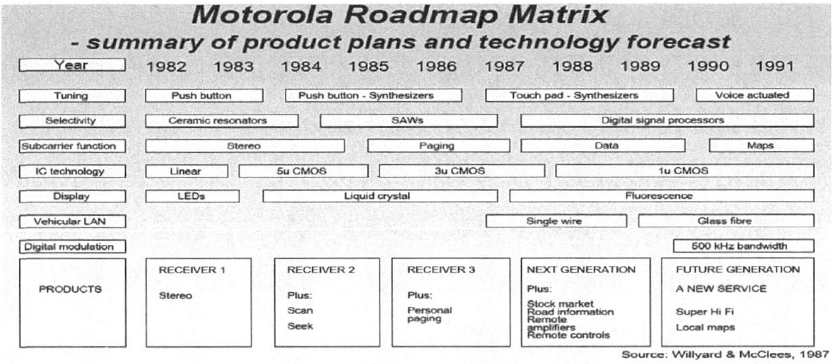

第十四章 技术路线图：决胜创新之道和创导未来的新方法

图 14-2 摩托罗拉技术路线矩阵

技术路线图具有跨层面性，在战略和业务操作等各层面都可以用，由此人们根据所处背景因素可做狭义的和广义的多种理解。就狭义而言，技术路线图是给工程师、经营者和投资人看的可目视化的技术目标、市场前景等内容（图 14-3）。但是该专刊的众多撰稿人实际上是在企业或政府产业的战略层面来研讨这一主题的。笔者认为，技术路线图可作为一种关于技术和市场关联的战略情景规划模式。它引入了一些新的理念，并集成了过去诸如技术情报、预测、评价、战略分析和设计、德尔菲法、反演法、情景规划、技术标杆等系列方法。技术路线图告诉我们以下道理和价值。

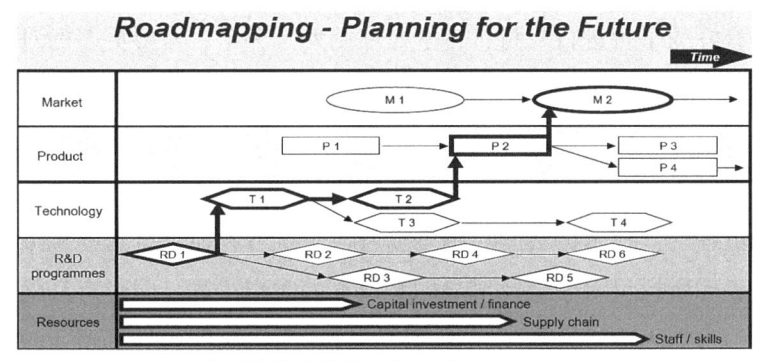

图 14-3 典型技术路线图一般图式（by David Robert，选自剑桥大学技术管理中心课件）

（1）既要扩大视野，还要注意收敛。技术路线图具有多视角、广谱化、收敛性等新特征。它需要多方面的人士看得到、说得出、能理解。

得出、能理解，强调市场的定向作用，全景展现市场机会到技术研发及产业化的重要环节，提示非技术因素的影响和作用，警示破坏性创新的风险。由于技术路线图是以市场和产品为出发点，常常要论及或覆盖多个技术领域和解决方案，因而不是单项的技术前瞻，因此，它具有多领域、多专业的特点。过去的技术预测总是发散性的，而技术路线图要收敛于市场需求。只有这样的工具才可成为搜索未来的"雷达"。

（2）必须量身定制。前人曾指出，100个观众就会有100个哈姆雷特；那么，上千家企业就会有上千个技术路线图。技术路线图没有什么普适性，即使政府组织研究制定也只能针对具体领域的产业，受资源、技术能力、战略环境等前提条件制约，不同产业领域的路线图肯定也不同。

流程决定平台。

（3）流程决定平台。随着信息化的深入，很多成功企业的再造过程都在印证这个道理。那种模仿他人先建平台，然后把平台联成流程，谁这样进行管理改革都注定要失败。现在人们讲快鱼吃慢鱼，核心是快在流程上，并不取决于你有多么好的平台。技术路线图的实践也在昭示这一道理。技术路线图的流程主要有5个阶段，即技术机会识别、技术选择、技术获取、产业化和知识产权保护。一个好的技术创新管理，首先要理顺这一流程，然后要有好的平台进行支持，特别是在前两个环节，需要更多的对市场在行的专家支持。

（4）目标和规划可视化、图示化。用图来表达，实际上就是尝试用常识对创新思维展示，用特殊的语言和符号来物化人们的价值理念。技术路线图用图来整合或集成各种研究方法的结果，来表现所探讨对象之间明显的和潜在的时空关联。图形有其优越性，犹如人们常说的："一图胜千言。"图形或图表具有超强的信息表达意象，是"用高度合成与浓缩的形式提供信息"。因为语言是线性的，图形是多维的。图中的很多内容留给人们巨大的想象空间，而想象力又是创新思想的直接来源。

（5）通过引导力体现约束力。过去人们常常为强化规划的约

第十四章 技术路线图：决胜创新之道和创导未来的新方法

束力担忧。一些规划刚开始还可以，越往后越不行，于是推倒重来。技术路线图采用了另一种策略，即通过引导力来提升其约束力。专刊中学者们指出，技术路线图的约束力是"它有助于人们就目标或任务是否值得做、是否能够做得到达成一致意见"。按照"一致意见"会逐渐也是自动地生成一个大多数，这样大家的认同就自然而然地规定了事物的方向。当然多数人的意见也可能是错的，所以认真听取各方意见，保留甚至鼓励一些企业和组织制定自己的技术路线图是非常重要的。

（6）技术路线图本身就是一种创新。它体现了创新主体对未来的主导性设计，会以较快的速度直接进入创新组织或机构的政治议程。无论是博弈理论还是成功的创新实践都告诉我们，越是要把握创新、保持领先，越是要主动出击。现在对于我国而言，很多大企业、技术驱动型高新技术企业，以及有责任心的行业协会、政府组织应尽快学会和运用这一方法。

> 无论是博弈理论还是成功的创新实践都告诉我们，越是要把握创新、保持领先，越是要主动出击。

14.2 面向创新战略管理需要

技术路线图的制定及运用应以市场为出发点，必须面向创新战略管理的需要。我们常讲的创新的目的和形式、战略的目的和形式、管理的目的和形式必须相互融合，但也不能是"两张皮"。技术路线图是体现上述目的和形式是否统一的有效方式之一，所以自然而然就上升为创新战略管理的重要工具。技术路线图可以胜任有关战略目标描述、内容交流、实现计划与协调等任务，并且在一定程度上引导组织内成员自发地、有根据地进行技术预测和选择。技术路线图本身是一种约定式的结果，可以传达各创新主体的种种想法，吸引企业和政府的资源，促进研发并监控进展。

管理大师告诫我们，战略策划固然重要，但战略是执行出来的，也是管理出来的。若是没有好的战略组织模式或执行体系，什么战略都将虎头蛇尾。过去计划模式只是强调单向的命令，这已不适应当前历史阶段创新和市场发展的需要。面向市场、面向

> 技术路线图本身是一种约定式的结果，可以传达各创新主体的种种想法，吸引企业和政府的资源，促进研发并监控进展。

> 战略策划固然重要，但战略是执行出来的，也是管理出来的。

创新、面向不确定性,增强创新各主体、各环节在战略层面、规范(体制机制)层面、执行层面、运作层面的互动很有必要。技术路线图就是引导这种互动的框架型工具。因为互动的目的就是要各参与方一致行动。

14.3 技术路线图只是一种工具

这里提出几点思考,希望大家在研讨技术路线图时予以注意。

(1)技术路线图只是一种工具,其操作性胜过其启发性。路线图的功能重在引导共识、适时启动并运营。那么,认为一旦拿到路线图就可按图行驶,就会顺利到达彼岸,这种看法不可取。作为工具,技术路线图也需要升级和更新,否则到了新的科技发展阶段和新的创新环境下,不管谁用也会无所适从。

> 作为工具,技术路线图也需要升级和更新。

(2)技术路线图不是确定的轨道或渠道、不是在技术的可能与不可能之间画线。不要想当然地以为技术路线图上有很多"路",或直觉地认为"条条大路通罗马"。路线图有很多关于科技发展的路标(图14-4);市场也会选择标杆型公司。它不是用来判别哪些技术将来是可能或不可能、可实现或不可实现的,只是有根据地指出哪些技术将来可用,以及人可能用得多的技术方案。

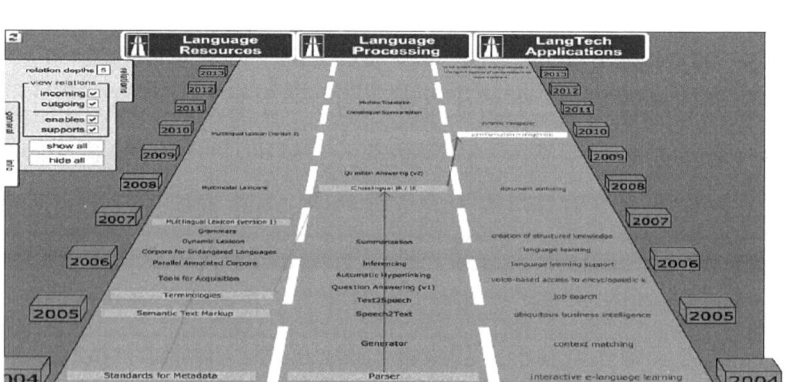

图14-4 技术路线图用于技术前瞻[①]

---

① 选自 Predicting the Future:Technology Roadmapping 报告(https://www.dfki.de/fileadmin/user_upload/import/1271_busemann-uszkoreit-04.pdf.)。

第十四章　技术路线图：决胜创新之道和创导未来的新方法

（3）技术路线图开始使用时会很艰难，也会有挫折，要反复不断地使用。同使用任何新方法和新工具一样，都需要有一个边干边学、熟能生巧的演变，关键在于运用。

（4）技术路线图始自市场需要，而不是解决方案。技术路线图不是传统技术预测方法模式更进一步的外推，而是一种方法论范式上的大调整。从市场出发并收敛于市场，而不是先有技术或解决方案再去找市场。那么，技术路线图是不是对技术推动型的创新公司起不到作用？完全不是这样。一项有前途的技术其命运是不可阻挡的。以英特尔为例，一般技术推动型公司其领先技术往往是公司核心竞争力的主体部分。这种技术定型以后也会出现经验规律，如芯片业的摩尔定律，所以其路线图更好制定。不过这样的公司更要通过路线图关注破坏性创新的出现。

> 技术路线图从市场出发并收敛于市场，而不是先有技术或解决方案再去找市场。

（5）技术路线图功能是有限的，不能被放大或神化，也有可能出现不当的情况。现在我们知道，技术路线图源自摩托罗拉公司30余年前的率先运用。"铱星计划"也有摩托罗拉公司的参与。如一些专家所说，"铱星计划"的失败来自市场因素，那么，其技术路线图的不当也在于没有处置好技术和市场的关系。再者比较美国的数字电视开发和日本的模拟电视开发，我们可以肯定两者的技术路线图都很清楚，但日本模拟技术最后不受市场宠爱，失去了主流技术的地位。

14.4　路线图带来更多的新问题与思考

对于技术创新而言，提出技术路线图仅仅是开始，更多、更复杂、更关键性的问题会接踵而至。

（1）大事与细节。很多人想大事做大事，很多公司及相当一些政府机构和非政府组织也在谋划和准备干大事。按常规，大事作为里程碑事件一般都会被标在路线图上，可那么多关键的细节又如何去把握？只列大事，不列（关键）细节的路线图可能很蹩脚，非常不好用。如专家所言："随着系统规模和复杂性的增加，人类犯错的可能性呈指数增长。"实践告诉人们：往往越是复杂的系统，越是有更多的细节能成为决定成败的关键。而且一旦列入议程，人们对"大事"的心理预期往往不易接受"大事"干不成的结果和风险；"大事"成功的回报如果只是略高于人们的心理预期，那么"大事"成功时常常会面临后续动力不足的困扰。

（2）集结与冲突。在技术路线图上人们或许看不到资源的位置和流向。可在"大事"和关键因素、关键环节的周围往往会形成众多主体、资源的超常规集结（借用军事术语）。有集结就容易产生冲突。那么，路线图是不是预示着冲突的不可避免性？由于技术创新有着"胜者全得"的特点，接下来众多创新主体还要纷纷抢占制高点，还要面临更大的冲突。在企业内部可以迅速找到避免冲突的方法，但在产业及宏观层面如何协调，这是一个普遍问题。避免或减缓冲突，亦即配置好资源，需要好的制度设计和有勇气的制度创新。

（3）市场主导还是专家主导，谁来领航、谁当旗舰。一旦路线图确定下来，最直接的疑问是需不需要领航员？谁来当比较合适，是企业家还是科学家？另外，执行起来，需不需要领头羊或旗舰？这个问题技术路线图本身回答不了。能不能当领航员是人或组织整体素质的问题，因为这个角色要求既要了解技术，更要了解市场。谁来当领航员或旗舰还要取决于市场结构类型、各创新主体能力水平及它们之间的关系。

（4）博弈与战略欺骗。按照纳什均衡定理：给定对手的策略，我就会有最佳的策略；反过来一样，我们如何使用技术路线图也取决于对手如何运用它。据说微软公司成功地利用了IBM、Makintosh、Netscape等公司的路线图，快速而适当地集成，从而成就了软件霸主的地位。有一则故事：一位较富裕的老农为了死后让自己好吃懒做的儿子勤奋起来，立遗嘱说自己有一大笔财宝藏于自家地里，希望儿子找到它。于是其子在老人去世后真的翻地三尺寻求财宝，可一无所获。正赶上春种，深翻的地正好派上用场，因而秋天喜获丰收。其子这才恍然大悟老人家的用意。

第十四章 技术路线图：决胜创新之道和创导未来的新方法

被骗"翻地"不足畏，也不足惜，就怕不"种地"。实际上一个技术路线图的发布已经给出"翻地"和"种地"的机会，关键是当事人如何自我定位。我们需要从战略上反思一下跨国公司给我国冠以"世界工厂"的战略意图是什么。另外，我们有若干个产业从过去的几个亿元翻到几百亿元、几千亿元，很快要达到上万亿元，若干年的"翻地"为什么还种不上自己的技术果实？

（5）真正的主题是警示和应对破坏性创新。应对破坏性创新是产业界的全球性话题之一。《技术前瞻与社会变迁》这期技术路线图专刊有一个编者的前言，其标题就是"从持续性技术到破坏性技术"。破坏性创新是从熊彼特的"创造性破坏"延伸过来的。目前，众多公司都在通过各种方式去努力发现"创造性破坏"的因素，不仅新创公司用破坏性创新策略，而且原来在位的大公司也在直接或间接地运用这一策略。《创新者的窘境》和《创新者的解答》的作者克里斯坦森指出，过去一些技术型公司的失败不是因为忘掉了创新之根本，而是由于太注重并忙碌于一般性的持续创新，进而忽略了破坏性创新的出现，事到临头又因技术锁定而不能自拔。现在众多公司运用技术路线图的首要目标就是不要错过下一个破坏性创新的机会，不要等到机会到来时而没有作为。人们关注破坏性创新的另外一个重要原因是破坏性新技术会打断原有技术的发展轨迹，可能出现代际跳跃现象（跨越式发展）。"失败的产品通常能促进开发者反思并谋求新的路径，从而促进下一代产品的巨大成功。"从中我们不难看出，先发者和后发者都看重破坏性创新，这不单是技术和产品的问题，随之而来的是市场或产业重新洗牌的契机。目前许多国家的众多企业对于生命科技、纳米、微机电等技术路线图的热衷就是大家对新的破坏性机会的过度反应。这种过度反应可能会催生新的技术革命。前文指出过，制定技术路线图往往是技术领先者主动进攻的表现，预警新的破坏性创新，技术先锋理应首当其冲。

> 众多公司都在通过各种方式去努力发现"创造性破坏"的因素。

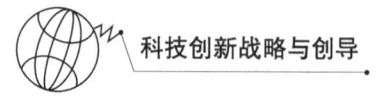

14.5 对我国宏观科技发展规划的启示

现在有观点认为,由于技术创新的不确定性太大,应放弃制定科技规划及通过规划实施管理的任何想法。这种观点是自信心不足的表现。按照自己对目标的判断进行追逐,是任何生命体的本能,也是生命体得以存活并发展的根本方式。动物尚且如此,人类在技术发达的今天,完全有能力更好地规划自己的未来。

目前政府部门正在制定科学和技术发展中长期规划。按照技术路线图专家的观点,中长期规划就是路线图的一个关键性框架。国外过去多是在企业层面就个别领域的技术路线图进行策划和制定;最近受美国半导体产业联盟技术路线图案例和日本、韩国在部分产业成功追赶的影响,发达国家政府正越来越多地组织技术路线图的研究和制定。目前英国正在准备制定新一轮科技发展规划,《技术前瞻与社会变迁》杂志组织这期技术路线图专刊可以说是一个理论上的准备。关于科学的路线图有人正在研究,因为科学发现、发明的偶然性受科学家个人因素影响更大。但对于技术路线图的一致意见应是以产业、以市场为核心。笔者的看法是科学技术的中长期规划纲要就是宽带阐释的技术路线图。而科学的路线图应有其不同于技术的一面,促进科学繁荣更多的是搭平台、创环境、发现和培育人才。技术路线图的成功关键在于市场因素、企业力量的发挥。我们的难点在于,我们是在众多国内企业还没有自己路线图的条件下制定整个技术路线图。

技术路线图是企业的事情,政府该做吗?对此加拿大产业部的《技术路线图——决胜之战略》(*Technology Roadmapping: A Strategy for Success*)小册子中回答说:"我们加拿大产业部,非常相信技术路线图对于政府和产业界都是有价值的工具。"还有像联合国工业发展组织(UNIDO)专门组织过技术路线图的研究、开设相关主页和资料库,专门为发展中国家政府服务。在这方面政府特别是地方政府结合境内的特色产业集群制定技术路线图大

第十四章 技术路线图：决胜创新之道和创导未来的新方法

有可为。

作为一个面向未来的工具，技术路线图首要回答的问题是当前是什么、未来是什么；作为一个战略管理工具，技术路线图首要回答最有价值的战略方向是什么。根据社会建构派的观点，当前是社会各主体共同建构的一个结果，是一系列可能结果中的一个；未来还是人们与现实互动的一系列结果。未来是延续当前、强化当前，还是拆解（解构）当前，这是不同的历史方向。方向也具备社会建构性，方向是大家选择的结果，正如鲁迅所说："地上本无路，人走多了便成了路。"鲁迅那个时代甚至以后相当长的一个时期，我们的窘境常常是别无选择的。今天，我们完全可以根据科学的发展观和以人为本的理念，运用好的工具，做一次自主的、肯定也会创导未来的选择。

> 当前是社会各主体共同建构的一个结果，是一系列可能结果中的一个；未来还是人们与现实互动的一系列结果。未来是延续当前、强化当前，还是拆解（解构）当前，这是不同的历史方向。

14.6 地方如何开展技术路线图研究

目前，《国家中长期科学和技术发展规划纲要（2006—2020年）》发布在即，一些地方的中长期规划、与"十一五"计划有关的研究也相继启动。但是，从事科技宏观管理的同志们感到存在如下一些问题：对于地方来讲，国家中长期规划侧重战略和方向性研究，启发性高于操作性，而地方真正关心的新兴产业机会、高技术制高点、科技投入着力点，从中一时得不到明确答案；而诸多地方开展的前期研究和编制的规划草案，其方法没有跳出传统方法的窠臼，其结果可想而知。

过去我国计划体制下科技规划制定的模式在今天常常遭遇3个方面的问题：一是以政府行政目标为中心的规划理念往往难以为广大科技人员和社会各界所及时理解和认同，以行政指令为纽带的管理在市场经济条件下难以像过去那样动员各方面的力量。二是目前规划的制定和操作的方式方法难以应对市场经济及高新技术产业发展多主体、多变量、创新快、不确定性大的新局面。常常是规划制定之日，即为进档入库之时，几乎得不到进一步的

> 目前规划的制定和操作的方式方法难以应对市场经济及高新技术产业发展多主体、多变量、创新快、不确定性大的新局面。

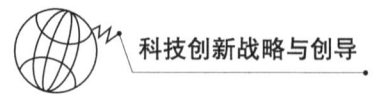

修订升级，很难被执行到底。三是研究力量主要依靠大学和科研院所，问题的提出、目标的设定偏重于学术导向，产业界的视角和诉求很难体现。这样下来，产业界对规划成果很少过问。有实力的企业其技术开发只好另辟蹊径、自我积累。此类规划的负面结果往往又成了某些学术圈子瓜分势力范围的依据，因为在科技发展的个别前沿或细分领域，常常是"解铃人就是系铃人"，有些问题就是自己提给自己的。

为此，政府利用新计划和规划制订之机，要加大行政改革的力度，能针对本地区的重点产业和重要发展议题，积极组织开展产业技术路线图研究，尤其是一些新兴产业及志在必得的重要产业，更要抢抓机遇。

（1）完成这样的研究，本身就具有创新意义。技术路线图是以未来市场需求为前提的，其制定的方式方法综合了目前技术前瞻领域许多好的方面，且在国外已有30余年的成功实践。它最开始在企业项目层面上应用（IT界企业最多），后来在众多发达国家和新兴工业化国家由政府组织研究制定。但在我国无论是在国家层面还是在地方层面尚没有制定过较为完备的产业发展技术路线图（可能在某些项目层次上制定过）。国家科技中长期规划的有关研究专家就指出：我们在战略研究方面投入的精力很大，但在具体技术前瞻和技术路线图方面的研究还不是很透。

（2）以新的形象体现政府在发展和创新工作中的职能和定位。政府可以借制定路线图之机，一改过去研究制定规划之模式，以产业方面的技术专家（或较充分了解产业发展的专家）为主干，官产学研通力合作，制定出有实在指导意义、企业界欢迎的技术发展规划，通过这样的路线图，来引导企业未来的研发、投融资、合作、联盟、购并、人才队伍建设、知识产权和技术标准策略等。这是政府可以起到也应该起到的职能作用。

（3）为改善科技宏观管理、提高政府和企业创新管理能力提供纽带。市场化的改革转型、激烈的竞争、快速的创新向政府的科技管理、企业的创新管理提出了前所未有的挑战；建设全面

第十四章 技术路线图：决胜创新之道和创导未来的新方法

小康、构建和谐社会、推动增长方式转变、实施"八八战略"等又向科技创新提出了许多新的要求。过去，规划和计划制定好以后，常常以任务分解方式执行，项目实施当中难免出现"小而散"、"低水平重复"、突出部门或本位利益等现象。技术路线图常常把关键技术和技术难点标示成"里程碑"，每个"里程碑"都是推动技术迈向下一个创新目标的阶段性平台，可以帮助创新主体实现优化创新流程和较好的资源集成配置。

当然理由远不止这些。可是，如果启动这样的研究，面临的问题也不少。2004年，我们通过国家软科学研究计划支持宁波科技局组织宁波海天集团等研究力量，就我国注塑机产业发展技术路线图进行了初步研究[①]。项目组召集有关行业专家讨论并研究提出了一个短周期的路线图（图14-5）。在接触和研究的进程中，人们发现两大突出问题：一是缺少技术路线图研究制定的经验和有关专家，目的和程序不清，在开始时难免有些仓促；二是企业对规划性研究的软科学项目积极性不高，企业专家抽不出时间来专门讨论。但随着研究的深入，专家们投入的积极性日渐高涨。最后当技术路线图形成共识、跃然纸上时，企业技术负责人感慨道：过去企业决策者们更多地关注市场规模和增量，专家们提到的先进技术多是些有距离或难以落实的词汇；技术路线图终于给企业的战略投资提供了目标；未来5~6年的技术发展从未如此清楚地展现在眼前，可设想的突变也在预计当中。

地方政府部门若是组织开展产业技术路线图的研究和制定工作，一是需要政府出面组织推动，加强研究力量集成，重要的是调动产业界高层次研究人员的参与，甚至国家层面资深专家的参与。二是要借鉴国外已有的研究成果，我们可边学边进行本土开

---

① 宁波注塑机产业是在国内乃至全球有着重要影响力的装备产业集群，早在2002年年底，宁波市政府有关部门就明确提出了打造世界级注塑机产业基地的目标。根据中国塑料机械工业协会统计，目前宁波开发区及其周边地区已成为中国大陆最大的注塑机生产基地，整机产量占大陆总产量的60%以上。由头部企业牵头研究制定产业技术路线图，在技术水准和技术前瞻方面都具有行业代表性。

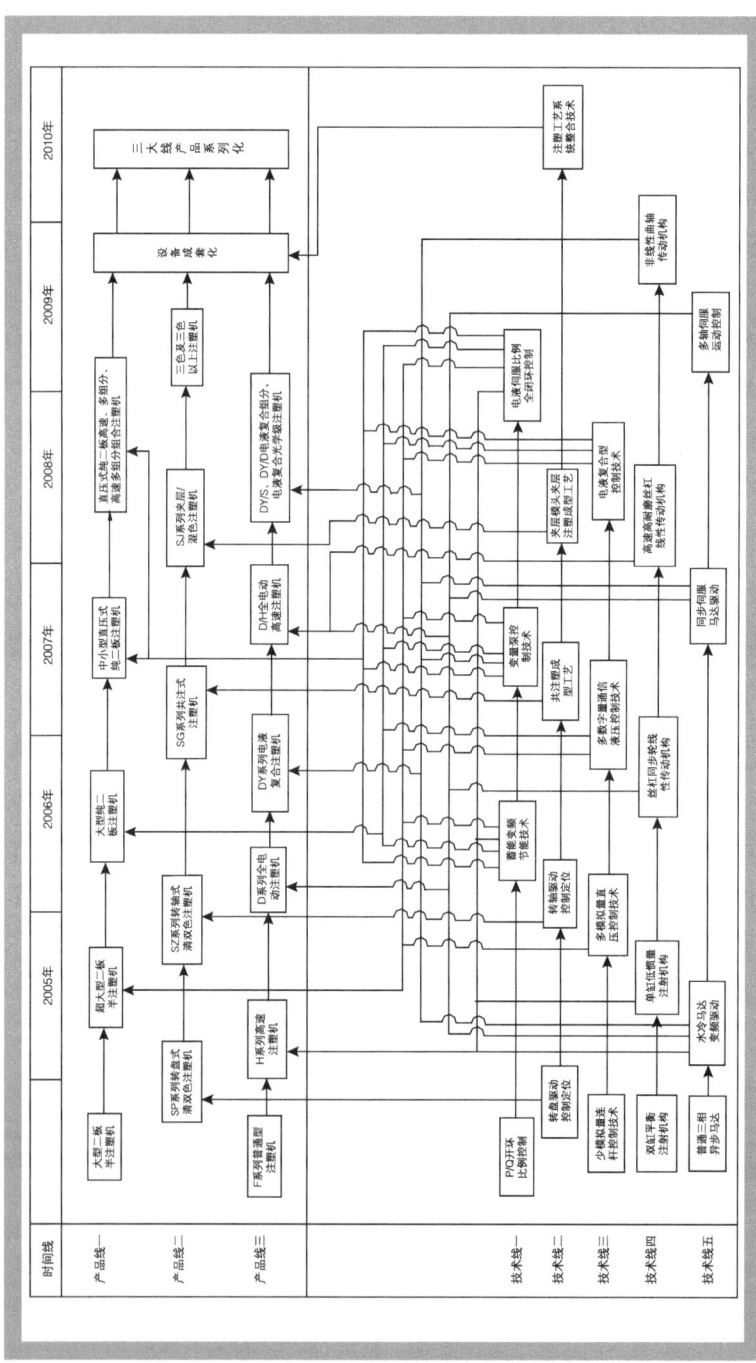

图 14-5 我国注塑机产业技术路线（2005—2010 年）

发，也可借鉴发达国家已有技术路线图的相关研究。三是要突出重点，只选择我们要做的产业或重大高新技术产品，以及新兴产业。四是要有限目标，注意不断更新升级，想一次性制定好技术路线图很难，国际经验表明路线图每年的更新和升级也很重要。五是要重视应用并加强后期管理，可通过政府和中介向产业界推广研究成果，吸引产业界、投融资界关注，主动将技术路线图作为政府科技计划和项目管理的核心依据，通过技术路线图的应用引导企业加快提高科技方面的自主创新能力及战略管理水平。

14.7 技术路线图在我国的发展与相关思考

技术路线图是一个规划工具，在美国已有二三十年的应用历史；现在主要发达国家的科技和产业部门、科技创新能力强的跨国企业都在反复使用这一工具。从路线图时间跨度上看，一般是5~10年，有的较短，如电子信息、电脑游戏等产业，可短至1~3年，在传统产业还有时段更长的技术路线图。

技术路线图是以图示化文本表达对未来一个时期科技资源与研发目标多重多样的关系，旨在向人们展示未来的技术走向和成功的机会。

从应用于实践的效果来看，技术路线图广泛用于现阶段有关科技创新的战略管理，越来越具有战略管理价值，它介于规划纲要和具体行动计划之间。在技术路线图的制定过程中，路线图提供了一个决策者、组织者和执行主体、技术提供方、需求方都可参与、对话、深入交流的文本平台。所以，制定技术路线图的过程本身就非常重要。现在路线图的概念已跨出科技领域，广泛用于其他包括政治在内的各种议题中，如中东和平路线图、巴厘岛应对气候变化路线图等。

2003—2005年，我国政府组织各方研究制定《国家中长期科学和技术发展规划纲要（2006—2020年）》，专家们已开始注意并着手研究技术路线图这个工具。从2006年开始，我国一些政府部

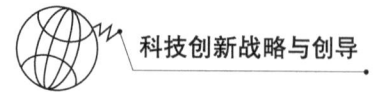

门、科研机构开始学习、研究技术路线图。例如，863计划有关课题组重点研究了LED技术路线图，并研究有关的方法论和制定程序；中国科学院围绕科技领域的一些重点专题来制定科学和技术路线图，时间跨度最大到2050年，大多属于科学领域或基础技术领域的路线图。广东、上海、北京等地也在开展产业技术路线图的制定工作。广东走得快一点，目前做得也多一些。据了解，中国工程院、政府部门（包括发展改革委、工业和信息化部）、行业协会等很多地方都在考虑把制定技术路线图的工作当作实现和改善宏观管理的一项新课题。笔者也在组织和指导区域重点产业、产业振兴和升级、新兴产业等方面技术路线图相关的研究及制定工作。这类题目属于特定的软科学研究类型项目，在投入、团队、信息资源保障方面都有一定的要求。

从近期各方所做的技术路线图制定工作上看：现在的难点主要有：一是对一项新工具的理念、价值、基本方法的认识和掌握都不到位；二是普遍缺少经验，包括专家和组织者在内，都是干中学、用中学，特别是对其中一些不确定性问题的处理缺少经验；三是思维取向上要么过于乐观，要么过于保守；四是过多反映需求方和专家的意见，导致不容易找到重点和关键，凝练不出重大项目和课题；五是管理的主导模式还没有改过来，技术路线图的应用前景不明。

笔者曾在科技部调研室工作，直接接触战略决策支持和管理的业务，也在地方负责过科技计划和项目管理工作，笔者的感受是：不仅我们的科技管理特别是加强战略管理的地方，迫切需要借鉴和使用这样的工具，而且我们很多工作包括落实科学发展观方面的事业都需要这种工具。我们面临的情况是：多元主体和利益相关者、多目标、多变量、跨领域、跨部门、高集成、高风险、快切换等众多过去没有的新形势。技术路线图能够很柔性地涵纳、处置这些因素。

科技部有关组织方已考虑在"十二五"规划的战略研究和编制工作中加入领域技术路线图和产业技术路线图2项内容，并将

第十四章 技术路线图：决胜创新之道和创导未来的新方法

其作为规划文本的重要内容一并发布，还将其作为筛选项目的一个重要参考依据。但是否以国家名义发布，这还需要进一步研究。重大专项的管理和实施也在启动制定专项领域内的技术路线图工作。这项工作除将来对实践具有的重要价值外，它本身在战略管理变革上也具有标志性意义。这样高水平信息化的工程或工作要想组织好、落实好，并得到卓有成效的结果，需重点考量以下几点。

（1）要把这项工作定位于在战略管理方面不亚于"两弹一星"或"航天工程"来对待。如果从全周期来看，一个部门、一个行业未来整个领域的信息化建设要投成千上万亿元的话，我们路线图的研究制定将直接影响甚至决定这笔投资的绩效。所以为路线图研究和制定这件事情花多大代价都是值得的。因为有了这个路线图，最起码可以在一定程度上避免相当一部分重复建设和投入，还会大大压缩一些目标实现的时间。

"图超所值"。

（2）要把握住战略需求。即未来信息化条件下竞争力、领导力生成模式、作用模式、持续模式所要求的技术关键点，同时兼顾未来可能的技术突破、技术颠覆所带来的机会。过去做规划或预案时，我们采纳专家技术性意见建议过多，在制定技术路线图过程中要紧的是应积极引导相关专家从需求出发，综合相关科技领域的意见，凝练技术方向、关键节点、关键性能指标。

要紧的是应积极引导相关专家从需求出发，综合相关科技领域的意见，凝练技术方向、关键节点、关键性能指标。

（3）要着眼于未来运用来制定。纵观历史，管理工作模式的改革都同新工具的应用密切相关，如 CAD 用于设计、计算机用于办公、网络用于交互。真的希望我们能凭借技术路线图的制定尤其是未来的使用，能极大地改变、改善我们的科技管理和信息化管理。换句话说，这也是管理改革的一个契机，可以解决以前想解决却一时还难以解决的问题。未来随着大量新科技知识、技术手段的渗透和运用，我们还要学会与之相应的更多的管理工具。我们可以从技术路线图获得相应的启示和经验。所以，管理部门的人一定要参与技术路线图的制定并提出意见。

未来随着大量新科技知识、技术手段的渗透和运用，我们还要学会与之相应的更多的管理工具。

另外，工具本身就需要量身定做，才合手，才好用，好用才会有效。工具还要保持和体现优势和特色。管理部门的领导和专家们都有责任为之付出努力。

（4）要充分估计管理部门这项工作的难度和复杂程度，要高起点策划好、部署好、组织好这项工作。信息化这件事很复杂，发达国家如美国的信息化建设还在升级中，美国总统奥巴马就承诺要搞美国信息化建设新一轮高潮。信息化的技术领域面也很宽，肯定会涉及材料、通信技术、制备技术，还有软硬件、平台与服务，还要有制度政策保障。因此，信息化的技术路线图肯定不止一个，要制定一系列的技术路线图。这就需要在上层设计好，还要有意识地选择重点领域。

虽然时间紧迫但还是要在策划上多花些时间，建议最好有个总体部门来专门做这件事，同时还要为推进整个路线图的制定工作做好一些基础性工作，如起草指导手册、组织培训和综合的会议等。适当时机结合适当主题，可以把技术路线图作为信息条件下进行战略博弈的工具，组织开放型的信息化决策实验室等。

产业集群和企业科技创新篇

第十五章 产业簇群现象研究及其政策意义[①]

在新经济的生态版图上，其构成单元是（产业）簇群[②]（clusters）。未来的全球村经济就是由若干个产业簇群构成的。国家经济、区域经济、都市或城镇经济，要么包含若干个簇群，要么就是一个簇群或簇群中的一部分。工业化社会的细胞是提供产品及服务的企业或公司。而由一大群特定领域的企业与企业间、政府与企业间、社区机构间的各种组织所形成的较大的产业群落，就是簇群的外部形象。工业化或后工业化的社会进程可以表现为簇群一个接一个地崛起，其群体竞争优势决定了该簇群在全球化经济中的位置。

15.1 关于产业簇群的描述

簇群首先是社会经济历史进程中的一种现象，从外部表现来看，人们一般这样来描述："簇群是指在某一特定领域内相互关

[①] 本文是1999—2002年持续研究、参加研讨及总结撰写的结果。最初的一个简要版刊载于《中外科技信息》2000年第4期；之后修改版分上下两篇刊载于科技部内部交流刊物《科技决策参考》2000年第56和第57期；再之后扩展版收录于2002年中国软科学研究会宁波《产业簇群专题研讨会文集》第239~第246页，以及再次修订后的内容收录于《第四届中国软科学学术年会论文集》，第248~259页。

[②] Cluster(s)这一术语刚进入我国研究领域时，最初多翻译成"簇群"，后来大家共识于"集群"。所以，读者会看到，笔者的若干文章，前后也使用了不同的术语，但是指同一概念。

系的、在地理位置上集中的公司和机构的集合[①]。"若深入地透视，我们会发现，簇群是基于地缘关系、产业技术链、同行间交往等关系，在竞争和合作中共同获得竞争优势的特定领域的产业群体。地理上的群落是外在现象，内在的关系、交流、竞争与合作才是簇群的本质。这种本质赋予簇群以动态的、复杂的、自律的结构；这种结构综合了市场、政府的功能。于是，簇群在整合力、竞争力、吸引力、影响力等方面又超乎于市场和政府之上，显示出强大的功能。

这里的地缘关系是一种概括。因为我们看到一个个簇群大都表现为地理上的集中，有跨省、跨州、跨郡、跨县的，几乎很少有跨国的。对于一些相邻的、领土辖域小的国家，某些类似的产业也可构成一个较大的簇群。簇群的影响力、吸引力几乎不受政治或社区边界的限定。从地理规模上说，城镇级的地方一般集中发展一个簇群。在大城市或特大城市的规模上，一般集中了为数不多的几个簇群，主要以金融业、旅游业、媒体宣传业，直接消费品的制造业和服务业等为主。如果国家规模足够大，可以按地域不同形成一批有不同特色的产业簇群分布。

簇群的主要特征包括：地理位置相对集中、产业领域集中、终端产品市场容量大、企业数量足够多（一般认为，企业数量要超过一定的临界值）；其产品、技术、设计等成为区域、国家、大洲及全球市场的引导性或主流力量。簇群内竞争度高、分工协作性强、专业人才密集、交流广泛而频繁等。由于地理上的集中和经济发展的聚集效应，整体产业就不易（像单个或少数几个公司那样）流动。虽然在一个成熟的簇群内，其生产、人力、交易等成本可能比较高，但在一个位居世界产业前沿的簇群内，创新机会、产业化效率、品牌确立、国际化开拓等方面的工作相对于簇群外可能性会更大，而且也更快捷。因此，簇群对专注该领域

---

① PORTER E M. Clusters and new economics of competition[J]. Harvard business review, 1998 (11-12): 77-90; 汉译版：簇群与新竞争经济学[J]. 经济社会体制比较, 2000 (2): 21-31.

的专业人才、资本、资源，仍具有相当大的吸引力，如现在的硅谷。硅谷可谓一个专业化的强竞争力平台，在硅谷获得成功的成本和风险相当高，可一旦成功，就可以最快的速度从国际市场获得回报。

> 因此，簇群对专注该领域的专业人才、资本、资源，仍具有相当大的吸引力。

簇群形式多样，遍及各个领域。人们常常以这个城、那个都或什么谷、什么港谓之别号，还有诸如"一条街""行业圈""园区""广场"等。从手工业到大机器生产，再到现在的信息时代，都产生过大量的簇群，如中国景德镇的瓷器业、苏杭的丝绸业，法国波尔多的葡萄酒业，瑞士的钟表业等。到了大机器生产时代，产生了以大企业为核心的产业簇群，如底特律的汽车制造业、好莱坞的电影业和文化娱乐业等。实际上，有些小产品簇群的涌现也会引人注意。在意大利北部，有一个叫萨苏奥洛的县，这里有大小瓷砖企业180多家。1998年，世界瓷砖产量的30%、欧洲瓷砖产量的54%、意大利瓷砖产量的80%都来自这个小山谷，这是一个有现代意义的典型的小产品簇群。中国改革开放以来也出现过一些小产品簇群，如纽扣城（温州）、灯具城（石狮）、家用电器和电子器件（广州周边城镇）等。

硅谷出现之后，高新技术，特别是IT产业和正在兴起的生物工程产业正成为新簇群产生的领域特色。由于全球IT产业的规模相当大，领域也比较宽，所以IT产业的簇群在全球分布着若干个，硅谷是领头羊，像中关村、广（州）深（圳）周边地区、我国台湾新竹、印度班加罗尔等。从20世纪70年代初开始，不少国家以硅谷的主要特征为蓝本，建设了一些智力密集的发展区或新城区，人们称为技术城或科技综合体（techpolise），如苏联西伯利亚科学城、日本筑波、韩国大德科技城等，这些技术城绝大多数出现在发达国家和新兴工业化国家。技术城是簇群在新技术革命条件下一个新的发展或变种。密集的科技开发和产业化创新，以及大量的创业、人才需求带来许多新的问题，所以只有那些在制度创新方面有所突破的地方，其技术城建设和发展的实践才有可能走向成功。

15.2 产业簇群的产生和演化

簇群的产生有它特定的历史渊源和过程。传统产业、重工业或资源依赖型产业方面的簇群常常与地方的经济资源、特产有较大关联，其竞争力的支点是产品特色，或波特所说的差异化战略。而讲求规模效益的汽车、家电、化工这类产业簇群，往往是大量产业资本、劳动力流入并集中发展的结果，其竞争力的支点是产品成本和品质。对于硅谷这类新技术产业簇群而言，其竞争力的支点是人力资源、创新机会和速度，以及创新与风险资本的协同作用。而有些簇群一开始就是依附性的，如密集分布在大都市的广告业等。有的行业就注定要分散分布，成不了簇群，如医疗、邮电业等，但它需要特定的网络。

簇群有生成性的也有建构性的，有自发的也有诱发的。有生命力的簇群本质是生成性的。生成性意指簇群的成长是系统与环境互动的结果；环境不断变化，簇群也会通过各种反馈机制与内在机制的共同作用，来调整自身的发展策略和方式。建构性则指簇群的发展目的、模式、数量规模像建筑工程似的，一开始都已被设定和规划好了。许多成功的簇群既有生成性，也带有建构性。在初始期，簇群多半是自发的、生成性的。目前，众多小产品簇群大多是生成性的。一旦簇群成为国家的战略产业，国家就会对此进行规划和扶持，像硅谷后期发展、日本的家电业都得到了国家的大力支持，这种簇群就带有建构性。后发国家和地区在模仿硅谷开发新技术城时，总是先有了规划和扶持，可往往由于内部活力不足，对全球的技术创新和市场变化适应能力不够，所以，很难像硅谷那样产生并提供一个高水平的竞争力平台。另外，笔者需要指出的是，硅谷不能在逻辑上说是资本主义体制的产物。资本的本性是追逐利润，不是追逐风险。例如，熊彼特等学者早已说明的在后期资本主义垄断和寡占的市场环境里，带有高风险的创新非常容易遭到封杀。硅谷是在资本主义体制的边缘部分，在当时的非市场竞争中心、非主流产品领域，由非主流的

第十五章 产业簇群现象研究及其政策意义

社会角色通过不断努力、不断改良现有制度而生成的。它的出现客观上是因为市场经济要为自发性的创新天然地留有发展的空间,是很多小企业从小到大闯出来的。硅谷有它不可建构、不可拷贝的一面。

建构一个技术城,可以在一定时期内活跃科技开发活动,加快创新和科技产业化的速度。但建构性永远取代不了生成性。因为环境变量、创新变量、市场变量都有其不可知的一面。所以,按硅谷模式建构一个个技术城,这没有什么可疑义的,但是不可能实现硅谷的全部功能。这类簇群成功的关键在于如何激活簇群的自组织力、自生成力。否则,再好的技术、再热门的领域、再好的规划都替代不了生成性的活力,都容易走向退化。古人云:生生不息,就是指一个社会系统的生成性活力其作用自主地挥扬。

簇群有其谱系和支干。簇群所专注的领域一般包括至少一条产业链,其开发的深度、分工的广度、创新的速度决定了这条产业链的规模。围绕这条产业链所形成的各种机构、组织、部门就构成了簇群的产业谱系,它们也是带有功能性的环节。一个簇群内除了谱系和支干外,一般通过竞争和合作还会生成一些主干企业或公司。

簇群的演化与众多生物类或社会类系统一样,一般有升级和退化两个方向。簇群的升级是指其结构走向高级化、合理化,其功能越来越强,影响覆盖面越来越大,最后是国际化。例如,现在的好莱坞、硅谷等簇群,已进化到在世界范围内执本领域牛耳的地位。簇群的退化是指产业优势的丧失。又如,一些大城市都曾作为本地工业化的先驱,后来成为加工业的主产地。但随着本地其他产业簇群的崛起和原有优势的转移,加工业就不再成为优势簇群之一。香港的玩具业曾是一个优势簇群,而现在已不再是。簇群的升级或退化是区域经济生态演化的一项主要内容和风景。

总而言之,决定簇群成功的要素包括世界或全国的市场容量、竞争成本优势、技术和资本的有效结合、体制创新活力、

场容量、竞争成本优势、技术和资本的有效结合、体制创新活力、重要角色引导、区位优势、文化价值等。

重要角色引导、区位优势、文化价值等。衡量一个簇群的成功与否，主要看其所形成的区域竞争优势，人才、技术和资本的密集度，在市场容量中的份额等。一个簇群获得成功、持续成功的时间可长可短，这取决于专业领域、市场进展和区位优势等。由于各国、各地方在上述因素方面的差异，所以它们所获得的成功簇群也有所不同。

15.3 产业簇群的作用和意义

聚集效应；
共生效应；
协同效应；
区位效应；
结构效应。

簇群一旦形成，便会带来很多经济、政治、社会、文化的作用和影响。例如，聚集效应，它会富集大量的经济资源；共生效应，簇群可以是单一的领域，但不是单一的产业，围绕专门的技术或产品，一些互补的产业产生了共生效应，这可以使簇群内企业获得规模的经济性和范围的经济性；协同效应，或者说是激光束效应，由于簇群内既有竞争又有合作，既有分工又有整合，使大量的同类企业几乎在同一时期、以同一标准、向世界市场推出同样的产品，这是激光的协同放大原理在产业领域的再现，日本家电产业就是一个典型例子；区位效应，一个崛起的簇群会向人们展示一种影响力，会提升区域的竞争优势和战略地位；结构效应，簇群内的结构有自组织、自适应、自增强的能力，既能使簇群对市场和周边环境的适应，保证簇群的升级，又能使簇群整体的功能可与其他簇群进行互补、互动。上述几个作用的组合，又可使簇群产生诸多的衍生效果，如共生效应与区位效应的组合，就可产生所谓"名楼（区域）+名士（企业）+名诗（产品）+名句（技术）"的组合效应。

簇群内大中小（特别是中小规模的）企业高度密集，造成一种高度竞争又高度合作的局面。例如，硅谷中企业既彼此争夺市场，又要主动考虑技术和产品的兼容性、替代性等问题。大量企业密集分布在同一区域内，使经济要素和资源可以实现快速的低成本配置，提高配置效率，使共享的经济资源的效益极大化；高度合作使簇群在技术和产品方面出现了集体协调或自增强的发展机制。例如，win tel 联盟，既是技术的联盟，也是市场的联盟，又是一种超垄断的联盟。

簇群集中了大批专有人才、专用知识和信息，这使得不论是人才还是企业，可在簇群内部能够更快速地得到反馈信息，并进行自我评价和自动调整，给自己在世界市场上、在簇群内尽快定好位。由于人才、信息有较大程度的相同性，这使得人才、信息沟通的成本得到降低，合作机会增大。特别是专业信息的交流和传播，一些专业信息在业内人士看来透明度相对很高，这使得簇群内的发展机会、创新机会、赢利机会变得更可见、可操作、可把握。

> 特别是专业信息的交流和传播，一些专业信息在业内人士看来透明度相对很高，这使得簇群内的发展机会、创新机会、赢利机会变得更可见、可操作、可把握。

对于政府和社会来讲，簇群的一大好处就是它要比单一项目、单一的企业更能实现持久的经济繁荣。一些早期的资源矿产业的簇群，在一个区域不可能容纳过多中小企业，所以只能由一个或少数几个大企业支撑局面。一旦资源枯竭，产业群的生命也就到了极点。可对像硅谷这样的产业簇群来讲，历经50余年，正往前继续发展，正成为新经济的源头。好莱坞历经百年，风华依旧。这是政府最想要的结果。

15.4 产业簇群给理论研究带来的新挑战：新竞争模式

簇群的出现，给人们的观念，给传统的经济、社会发展理论，给旧的产业、科技、人才的政策带来很多冲击。

（1）挑战传统市场竞争理论。上百家大大小小的同类企业密集分布在同一区域，这样簇群内有着与传统产业差异很大的市场结构、部门结构。竞争的充分程度是比较理想的，但结果导致了充分合作。对于这些，传统经济学远没有给出确定的说法。目前大家经常谈论的是双赢，对于簇群而言，是多赢。可惜还没有足够的理论来解释和支撑有关的策略。簇群内的高密度带来高渗透性，进而带来高复杂性，所以簇群内的产业有着与传统产业非常不同的要素结

> 簇群内的产业有着与传统产业非常不同的要素结构、组织形式、管理模式、激励机制及最终的产业形态。

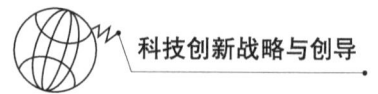

构、组织形式、管理模式、激励机制及最终的产业形态。就像人们在硅谷看到的，这里的工作者并不储蓄，也不执着一个领域或职位，无视常规管理，许多传统产业中被认为是美德的价值观在这里几乎荡然无存。

（2）挑战传统的分工理论。人们总在疑虑，为什么簇群没有被一个大型的专门化公司所替代，成百上千家同行企业扎堆在一起，兼并、购并没有制度上的阻碍，可企业数量规模不减？人们诉诸的解释就是创新因素和市场变化，大公司的垂直管理体系无法适应快速创新、快速发展的需要。簇群中有垄断，如微软的操作系统，但它实现垄断的做法与传统产业不同的是依赖技术联盟和技术路径锁定。创造性破坏随时会颠覆这种结构。所以在簇群中没有出现像在汽车、石油等领域内的寡占局面。

（3）挑战公私分立假说。传统理论一般要假定私人或私人企业不应投资公益性事业，不应投资外溢效果非常大的项目，因为这是由企业必须以盈利为目的和利润极大化等原则所限定的。可在一些较有影响力的簇群内，企业在投资一些公益事业或非主营业务方面并未显得缩手缩脚，如有的高技术公司建设娱乐、休闲设施，为雇员照顾亲属，投资创新开发项目，建立培训机构、信息库，让政府或社区使用企业有形的更多是无形的资产等。企业借助外部的渠道，使企业一些必需的活动，如培训、市场开拓的成本得以降低。在簇群中，多数新兴企业采用OEM（外包制造）模式进行运营，企业与外部的界限趋向模糊。

（4）挑战地理或区位作用降低论。随着能源、交通、通信事业的发展和现代化水平的提高，以及超大规模生产的出现，能源、交通、通信的成本可分摊成很小的部分，人们开始萌生这样一些认识，即企业特别是对于加工型企业而言的区位因素不再那么重要了。簇群现象的出现，向我们表明，区位因素有其特定的价值。而且对于一个决胜世界范围内市场的企业而言，区位可能是企业必须首要考虑的问题。

（5）挑战传统的技术或产业迁移观念。过去，技术或产业迁移理论一直试图让我们相信，技术产业必将向要素成本低的区域转移，事实上我们也看到传统粗放型的一些产业就是这样转移的。可当近20年来人才、资金流向硅谷时，人们至少短期内不会指望硅谷的产业会转移出来，那里的成本确实太高了。20世纪早期，福特主义经营观盛行，通过大规模生产，造成了经营管理和市场产品结构的平面化（大规模地生产单一类型的产品）。而簇群的高成本实际上导致了该地区高门槛、共同竞争平台和普遍搭乘研究开发或创新之车的一系列后果。首先造成了簇群内市场产品结构的局部立体化，经营收益向高端市场上移。通过不断创新，最后形成高端产品不断出现，低端产品逐渐向外迁移，然后更新的产品，被替代的产品再迁移出去，但产业发展的重心在簇群内。簇群的发展和升级不是否定成本比较优势，但簇群内企业会将成本的比较优势和环境比较优势结合起来进行总体的平衡。

> 簇群的高成本实际上导致了该地区高门槛、共同竞争平台和普遍搭乘研究开发或创新之车的一系列后果。

（6）挑战传统的市场和创新博弈规则。在一个簇群内，专业化信息汇集，并表现出相当高的单调性和同态性（大家几乎以同样方式产生的同类信息），部分地消除了在传统产业市场中无处不在的信息差异和不对称性。于是，在一个簇群内主体感受专业信息或目标的认知过程相当关键。在一个簇群内，共同的认知经历将决定竞争或合作各方如何定义及使用博弈规则。这与传统经济理论根据市场主体在信息对称或不对称的前提下来安排和使用博弈规则是有些不同的。例如，英特尔和微软的结盟，市场因素是次要的，重要的是双方对信息技术的创新有着类似的认知过程。

> 在一个簇群内，共同的认知经历将决定竞争或合作各方如何定义及使用博弈规则。

（7）挑战发展的建构主义。这里的建构主义是指一种技术决定论的特殊表现。旧的理性主义曾相信：给我物质，我就能造出宇宙来。技术决定将这种观念滥觞为：只要给定了设计和材料，就可以完成任何工程。可人们并不承担赋予该工程以永续活力的责任。于是，一旦前人有了成功的例子，我们要做的只是重复成功或拷贝原有的程式。簇群的出现、升级和退化向我们表明，簇群的生成性高于其建构性，簇群的生命力最终取决于簇群与环境的互动，取决于簇群的自我调整。人为地建构可以给簇群赋予一定的功能、目的和价值。但给簇群预想一个确定的结构毫无意义，预想一个动态的结构又是不可能的。成功的簇群只能是生成的，簇群的竞争力就是其活力。另外，有形的可以拷贝，但无形的我们就不知所云、不知所措。簇群最终的成功是无形胜有形。

15.5　对中国当前建设与发展的启示

（1）新兴产业和高新技术产业的发展方面：未来中国的新兴产业和高新技术产业，要在相当一部分领域形成一批在国内外有影响力的簇群，如电子器件、信息产品、光电产品、生物工程与制品、生物医药、新材料诸领域，当然在第三产业领域亦不例外，旅游、休闲、文化产业、服务业、金融业等。部分地区现已出现苗头，但还需要长期的维护和创新。为什么要采取簇群的发展模式，这是由于既竞争又合作的需要。可以这样看，大企业的国际化程度、中小企业的密集度、新技术及新概念的产业化速度、簇群内竞争和合作的程度是簇群产业竞争力的重要标识。而这几个度均要依赖于簇群的出现、升级和成长。

（2）结构调整和产业布局方面：如果未来中国涌现出一批有竞争力、有自组织活力的簇群，那么，国家的经济结构调整和产业布局就会在政府引导、市场推动之外，出现第三股力量——簇群的吸引力和自组织力。例如，目前我国许多农副产品深加工企业纷纷投向黑龙江、新疆、海南等祖国边陲地区，实际上国家和当地政府引导有限，区域市场也欠发达，而真正的吸引力就是人们预期在那里可能会出现这类领域的产业簇群。

（3）对大城市升级方面：大城市的发展目标是几个簇群的综合体，特别是偏重于第三产业领域的簇群会增多。从大城市现状来看，"一条街""行业圈"的现象将会更加普遍，这也是城市经济的生态特色。越是国际化的大都市，其内部的簇群在国际上越是有影响力。随着科技进步的加快及人们需求的定向化，第

二、第三产业内部也要分化和细化,如巴黎是以时装而不是以服装为定位的。可以预见,未来在大城市会出现许多新的、细化的服务、娱乐、休闲、媒体、开发、设计等领域的簇群。我国过去城市的产业布局是按农、轻、重的产业结构定型的,改革开放以来又按一二三产业的结构转型。大城市已不再是第一产业的主产地,第二产业的簇群将主要向中小城市迁移,那么新兴产业,特别是高新技术产业的开发部门、管理部门,以及多数第三产业将是大城市间争夺的焦点。例如,至少有3个大城市想成为"中国的好莱坞",也有一些中小城市也想凭借拍影视的机会,成为正在崛起的影视基地。我们从世界现有大城市的发展情况来看,城市再大,它所形成的簇群数量也是有限的。可惜,我们不少城市的发展中存在两大误区:一是重复农轻重的平衡,刻意追求一二三产业的平衡或类似别国的比例;二是在选择支柱型产业时,在制造性产业群中就选择了三四个主导产业,有的甚至更多。但实际上,城市首脑们只需要考虑两个简单的问题:从国家战略和本地实际上看,本城市在世界范围内较有影响力的产业是什么?这样的产业可能有几个?城市若较早定向和定位的话,其发展方向和途径就会尽早明确,尽快形成城市特色。

(4)中小城镇建设方面:建设一大批现代化的中小城镇是在以更高的水平促进经济发展,是彻底改变中国欠发达社会形象的根本性措施。但中小城镇的发展必须建立在自我发展的基础上,这就需要中小城镇必须有自己的支柱型产业。从以上分析中,我们不难得出这样的共识,中小城镇的产业簇群不能过多,最多1~2个,除非这个城市想办一个各种产业的博物馆。在目前我国产业结构调整之机,中小城镇的建设,应吸取我国先期大城市发展的教训,抓住机遇,迅速择定第二产业(有条件的地方也可考虑第三产业),突出重点,强化发展和优势积累,使之尽快成长为在全国乃至世界范围内有影响力的产业群体。这是在国际化条件下中小城镇实现可持续发展的一条捷径。还没有哪个中小城镇经过若干次折腾才选对支柱性的产业簇群。因为对于中小城镇而

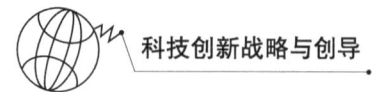

言，若短期内还没有建立自我发展的机制，那么它的命运只能是退化或消亡，要么是城镇的消亡，要么成为别的簇群的附庸。

（5）进一步开放（簇群的辐射作用）方面：未来的中国将进一步走向国际化。可在一个市场化、商品化的世界里，手里要有可卖出去、可交换、可替代的商品才有发言权，才有讨价还价的资格。市场需要竞争，社会化生产又需要合作。两者的结合点就是簇群。国家拥有世界水平的或在世界专业领域开发、设计、生产过程中有影响力的簇群，是在未来国际化对局当中能够得分的将牌甚至是王牌。没有这样的簇群，就只能等待被影响、被吸引、被技术转移、被国际化，只能等待各种异国拜物教的兴起，率土之人膜拜别国的圣地、顶礼异邦的明星。

（6）西部开发方面：上述几个方面的分析和结论同样适用于西部开发。西部开发应吸取单纯计划经济发展的教训，西部开发的成功，不是简单地看引了多少资金，建了多少公司，西部的成功最终体现在能否出现若干个有世界影响力的簇群。西部在抓紧建设基础设施的同时，人们应该有意识地设想，西部该有什么样的产业簇群，要把市场配置、政府调控、簇群吸引等各方面的作用发挥出来。

（7）竞争力和吸引力的维持方面：未来中国最需要的是（产业的）竞争力和（人才或各种要素的）吸引力。簇群是产业竞争力和发展吸引力的母体。造就母体最难，但也是最根本、最有意义的。

（8）可持续发展方面：簇群的生命力很难估算，有的簇群有几百年的历史，如我国景德镇依然是瓷器业中的明珠。簇群也有退化或转型很快的，如香港玩具业辉煌了十几年。但可以肯定地说，只要形成了簇群，区域的竞争与合作会超常活跃。这说明区域经济和社会发展处于良性循环之中。如果在产业结构调整中，原有的簇群退化，新簇群很快就会接替上来，区域经济将继续前进。簇群是区域社会实现自我发展、可持续发展的力量所在。

国家拥有世界水平的或在世界专业领域开发、设计、生产过程中有影响力的簇群，是在未来国际化对局当中能够得分的将牌甚至是王牌。

簇群是区域社会实现自我发展、可持续发展的力量所在。

15.6 我国区域产业簇群的发展

我国已有一些小产品或传统产业低档产品类的簇群,如在低档服装加工、制鞋、传统手工制品、小五金、小家电、少数高端家电、电子或电信产品等领域,我国在国际上还占有相当重要的位置。可是随着经济全球化的发展,参与高端产品和核心产品竞争的需要,促成一些高新技术主流产业簇群的生成、升级和发展,是未来中国参加经济全球化并在竞争中占有利位置的战略方向。我们要发展这样一批簇群,首先就要研究簇群的特点和一般规律。但这方面的研究刚开始,有关问题也刚引起注意,如最近几个城市关于构建中国"光谷"的讨论和建议。关于如何发展簇群,笔者认为,由于专业领域、市场环境、民族国别、文化氛围的不同,簇群的发展没有固化的模式,一切因时、因地、因人、因体制、因资源而异。我们只能从簇群的共性特点上寻找认识的视角和发展的切入点。

> 簇群的发展没有固化的模式,一切因时、因地、因人、因体制、因资源而异。

(1)簇群的定向和定位。如果是自发性的簇群、依赖地区资源的簇群,可能不存在这个问题。但对于政府要建构的产业,对于新兴技术产业,就会存在这个问题。簇群的定向和定位不是拍脑袋拍出来的,要符合产业发展的大趋势,要考虑技术创新的潜力、区域聚集资源的能力和市场机制的配置力等。重要的是要考虑到簇群的最终领域或方向是在动态中形成的,所以簇群发展在导向上也应宽进严出,可以先瞄准一个大致方向,在实施中逐渐确定目标和产业定位。

(2)技术或产品的诱发种子。对于企业来讲,市场和政府的作用都是外部环境,簇群的领域特色来自其内因。技术或产品是簇群内因的重要支点,也可以是簇群开始的切入点。对技术或产品的评价、选择,要看市场;但不能只看市场,因为市场的细化或分割,其着眼点还是需求和创新机会两者的相互比照。关键是要学会从技术或产品角度对市场因素进行分割、解构和整合的能力。例如,我国台湾新竹产业簇群的兴起,当初只是看准了IT行业，后来利用了中国大陆和东南亚的加工业优势，从计算机的外部设备切入，最后形成了今天的局面。

（3）簇群的升级。簇群的发展如逆水行舟，非进即退；可以说，没有升级，就没有簇群。过去的进化论说"适者生存"；对于簇群而言，是"进（化）者"，或"升级者"生存。因此，没有设想好簇群如何升级，就不要做发展国际化水准簇群的打算。簇群的升级首先取决于簇群的自组织和自增强能力。如果在升级阶段还需要政府或外界力量的介入，那么，这个产业群只能是附庸性质，也注定长不大和影响力有限。政府能够提供的就是一些有力的支点，使簇群借势完成升级。例如，美国政府为流入硅谷的高级人才提供进口，就是为硅谷的再升级服务。

另外，我们应避免简单地用"（产业）基地""扎堆""抱团"等概念来刻画簇群。它们只是簇群的初期表现，或者是一个可能的核心或雏形。我们的产业基地建设几乎尚未摆脱计划模式的影响。一谈要建基地，大都是规划、建制、区位、人员、资金、短期目标等都已给定了。而基地的核心竞争力、对同类资源的吸引力、自我升级和持续发展能力，则很难得到长期有效的保障。在一些城市新近出现的一些同类产业组织"扎堆""抱团"现象，应该说有簇群雏形的影子，也是众多参与者有意识的行为。可是由于我国总体上市场规范执行力不够、信誉资源开发不够，无形资产界定模糊、评价无序，这就是我们过去扎了不少堆，可就是不能升级成为有影响力、可自我发展的簇群的原因了。

（4）区位选择。这是一个既复杂又敏感性的话题。应该指出，什么地方发展什么样的簇群，这不是只靠产业布局理论、区域评价所能解决的。对于中国而言，在一个工业化正深入发展的阶段、在市场经济深入发展和产业结构不断调整的进程中，簇群的区位选择，实际上决定了城市经济或省级区域经济的兴衰。一些地方在考虑和选择产业时，就很先见之明地提出过"人无我有、人有我优、人优我强"的口号。这已经很进步了，但只有这种观念是不够的。一些簇群注定要崛起，一些产业群注定要退

第十五章 产业簇群现象研究及其政策意义

化，移至有优势的地方；一些地方注定要成为附属性的产业地带，这也是大势所趋。这又回到簇群的定向和定位问题上了。簇群内有竞争与合作，簇群间也有竞争与合作。目前所需要的是国家要有一个引导性的分类、分级发展簇群的指导思想或原则。这种原则不是由国家来主导地方的经济发展，而是通过竞争和合作的原则，富集资源，尽快生成一个对地方、对国家都有利的簇群。

（5）增大开放度。簇群可以有地理的范围、行业特色、环保要求，除此之外，不应再有限定性的东西。系统越是进化，其开放度也就越大。簇群是开放运行的，扩大参与集是簇群自增强的重要前提。我们许多地方的开放政策不断更新，一个版本接一个版本，这样下去，优势簇群的产生只能等到最后一个版本。簇群的开放性决定了它自身会在与世界市场的互动中定好位。可关键是世界性的信息、要素进入本地若遇到过多的障碍，那么，簇群的发育和升级不仅不可能，还将导致反向作用力，促使资源流出。另外，有一个普遍现象不仅在中国，在世界各地也同样如此（硅谷可能是个例外），即同源文化的人或企业容易扎堆，对异乡、异领域的人进入自己的行业、自己的领域往往有所排斥。很多簇群迅速崛起，而到了一定程度则长不大，这就是同源文化在发挥作用。簇群是大开放、大发展。其关键是簇群内要有良好的体制和机制，可以实现全球范围内的整合和协调。

（6）协同机制。协同机制对于簇群，犹如谐振腔对于激光。激发制度创新活力，增加交流，取消任何歧视性因素，是簇群内各企业和机构了解竞争、扩大合作的基本途径。另外，大家在分析硅谷的成功经验时，都不约而同地强调"非正式（渠道）的交流"的重要作用，如咖啡馆、运动或休闲等场所的交流。这里有一个认识视角的问题。实际上，硅谷是由受校园文化影响很大的一类人共同创建的。在一个校园里，你无法说在宿舍、在餐厅、体育馆中的交流是学校中非正常或非主流的活动。学校就是一种通过交流形成共识的场所，师生之间如此，学生之间也是如此。所

> 一些簇群注定要崛起，一些产业群注定要退化，移至有优势的地方；一些地方注定要成为附属性的产业地带，这也是大势所趋。

> 簇群是开放运行的，扩大参与集是簇群自增强的重要前提。

> 大家在分析硅谷的成功经验时，都不约而同地强调"非正式（渠道）的交流"的重要作用。

以，一个有生命力的学校，一个有创新传统的学校，它不会按照某种给定的意见形成共识。协同机制不是强迫性的，有成文的，多半又是不成文的。构建协同的机制，应该让企业自己去选择和达成。

（7）政府介入。簇群的育成和升级都离不开政府有关方面的作用。笔者只是赞同政府要认识并尊重簇群是生成性的这一本质特点。政府的能力不能替代簇群资源的吸引力、市场的竞争力和可持续发展的活力。政府的介入也要"有理（按规办事、知道补缺）有节（知道适度、知道退出）"。政府的作用在于制定（经济）要素本位的政策，主要是为本地富集经济资源提供环境，投入诱发性的力量，通过示范引导人们投入断档的、风险高的领域或产业部门、环节，适时调整政策，引导簇群升级。关于地方保护主义，应该说政府在一定程度上有利于簇群初期能力的形成，如美国犹他州新兴产业的崛起，就有州政府强烈的导向作用。可政府解决不了在世界性的、开放的市场环境下簇群的升级和可持续发展的问题。所以，政府现在放弃地方保护，又通过别的手段来支持本地企业国际化发展。

（8）发展特色的簇群文化。每个产业簇群有其各自的器物方面的特征，如专门的仪器、设备，有着类似的专业知识、行业行为规范，除此之外，就是交流模式和新价值观的确立。刚才说过，硅谷把学校的交流模式带进研发、设计甚至生产活动中，这在传统产业里是不可想象的，也是不受鼓励的。硅谷靠创新发展，所以大家既认同成功的企业，也理解失败的企业或人，但人们并不非难失败者，还鼓励人们继续尝试。所以政府引导让位给通过创新体现出来的文化动力是簇群实现长期繁荣的重要特征。

抛开产业群落这一外在表象，笔者更愿意把簇群定义为一种引导专门领域的产业自组织、自增强的机制与环境的互动模式，既不等同于政府作用，也非等同于市场机制，它是鼎立起一个现代化、社会化、国际化大产业的第三足。因为簇群要求企业超越单纯的竞争，学会协同与合作；要求企业超越政府的手段和目

第十五章 产业簇群现象研究及其政策意义

标，超越国界的限制，走技术、产品、品牌国际化发展之路，并在产业的自组织、自增强中成长自己，与众多同行一道，成为引领国际化专业潮流的发展之源或母体。

簇群的生成性对于其生命力是第一位的。那么，人们更需要关注软硬件环境与产业经济要素、行业主体之间的互动。能够调控这种互动，就能主导簇群的生成与升级。在中国当前发展一批有优势的产业簇群，是我国经济建设和社会发展的重要战略方向，这对于我国的科技进步、可持续发展、中小城镇建设、大城市的发展和升级、培育有竞争力的优势产业都有着深刻的影响。

通往簇群的道路不是唯一的。因为市场、政府、人才、资金等要素组合起来，定然有很多种模式。每个国家、每个地区、每个城市、每个村镇都有其生命力和智慧。只要国家有战略胆识，地区、城市、村镇有积极性，人们不仅有意愿去想象，更有动力去发现和创新，很多人闯过去了，就会留下簇群繁荣的康庄之路。

> 簇群的生成性对于其生命力是第一位的。

第十六章 产业集群与区域创新体系[①]

16.1 问题的提出

不论是阅读经济史书籍还是观赏现在的电视画面，我们常常为一些工业化的成就而感慨。面对这些成就，有时我们不仅会问：为什么资源欠缺之地可以崛起新兴产业？为什么这一新兴产业常常伴随着集群现象？这个现象不仅伴随第一次、第二次工业革命显现于发达国家的某个地区，也出现在日本、韩国、新加坡这样的新兴追赶型工业化国家，而且在发展中国家的某些地区也会奇迹般地涌现，如印度班加罗尔的软件业。在我国如台湾电脑OEM产品，广东的电子制造业、配件业、纺织业、玩具业等，浙江的纺织、小五金、机械配件、家用生活器具等行业；在内地也有，如河北清河的羊绒、辛集的皮革加工，河南许昌的假发饰品加工、新疆的彩棉生产加工等，这些产业都是在当地资源几乎是空白的情形下崛起的。有人还会追问，为什么有些产业集群能够可持续发展？产业集群的历史有多长，印度班加罗尔的软件业有十几年的历史，硅谷有50多年的历史，好莱坞100多年的历史，瑞士钟表业有的说有400多年，也有的说500多年历史。我国的景德镇作为千年"瓷都"丰采依旧。千年基业不正是很多人营营以求的目标吗！最后一个问题，站在不同角度的人会有不同的问法，从政府层面来说，如果集群是一个较为普遍的模式，政府若把它作为政策手段，政府能为集群做些什么？本文从个人研究的角度谈些体会，并尝试回答上述问题。

[①] 该文刊发在《中国科技产业》2003年第5期。

16.2 产业集群现象存在的根据

笔者曾将产业集群界定为"基于地缘、产业技术链、同行间交往等关系,在竞争和合作中共同获得竞争优势的特定领域的产业群体"。简单地说,就是同类企业"扎堆"的现象,但产业集群的概念,不单纯是定义这种现象或趋势,本质上是指代这群企业中复杂的、有行业特质性的交往关系和活动。现在发展到信息时代,虚拟手段如此发达,地缘关系是否还成为集群的必要条件,理论界尚在探讨。我们完全可以通过网络手段、虚拟空间创造新的集群。例如,科技部高新司通过信息化手段将分布在全国不同地方与金属镁相关的生产、开发、营销、产品应用等企业、研究机构连接起来,形成一个虚拟的产业组织群体,共同分享资源和技术优势。这就是网络对地缘关系的一种超越。

> 产业集群的概念,不单纯是定义这种现象或趋势,本质上是指代这群企业中复杂的、有行业特质性的交往关系和活动。

从世界范围来看,集群化已是一个普遍现象,而且越是崛起中的新兴产业,越是高度集群化。迈克尔·波特考察了美国、日本、德国、瑞典等具有国际竞争优势的产业,得出的共同点就是,一个国家在国际上有竞争力的产业大多是集群模式。我国三大创汇省份的主流产品加工生产大多也是集群模式的,据不完全统计:在世界和全国卓有影响力的产业集群中,浙江小产品生产基地有300多家,广东专业镇有150多家,江苏轻加工业聚集地也有数十家。住在城市中的人们也会感受到,其所在城市中,不论是新兴高科技产业还是传统的商贸服务业等产业,部分产业也会呈现集群化特征,也就是我们常看看到的"某某商品一条街"现象。改革开放以来,在迎接新技术革命的挑战中,我国成长起一批新兴高新技术产业,其中信息产业成长最快、规模也最大,还有生物工程产业、新材料、新能源、环保产品等,这些新兴产业主要位于国家高新技术产业开发区内。因为高新区可以为这些技术或资本密集型的产业提供一个资源相对集中、环境较为优化的条件。

> 集群化已是一个普遍现象,而且越是崛起中的新兴产业,越是高度集群化。

工业化的历史进程中既有产业就地崛起之事实,也有大量产业迁移的现象,一些产业总是要选择在某个区域生根发芽。那

> 工业化的历史进程中既有产业就地崛起之

事实，也有大量产业迁移的现象，一些产业总是要选择在某个区域生根发芽。

么，一些产业之所以能够落地生根或者说区域化发展，可以从区域经济学那里找到理论上的因由——即生产要素的不完全流动性、生产要素的不完全可分性以及产品与服务的不完全流动性①。由于不完全流动性及不完全可分性，一些产业的发展与一些区域特有的因素、可提供的服务（包括资源、生产要素、人力资本，甚至区域特色文化或人的习性）具有密切联系。由此可知，一些产业在特定区域里崛起必定有很多内源性因素在起作用。这些内源性因素往往又是难以学到或复制的。这也昭示我们，招商引资固然重要，但为特定的产业提供内在性的服务，创造要素汇聚、融合的条件更重要。

在信息、网络和组织管理技术高度发展的今天，人们或许还要问，一个区域的产业集群为什么不能为某个大企业所替代？大企业靠什么？靠计划和管理，还是靠垄断和竞争优势？坦白地说，如果靠管理和垄断尚可维持一时的规模；但如果靠计划和竞争，大企业无法替代众多中小企业的作用。笔者想在此陈述几个大企业难以或无法依靠计划替代集群存在的理由。

其一是诺贝尔经济学奖获得者哈耶克给出的理由：任何（企业）计划的计算能力和精确水平都应付不了市场的复杂性和技术的变革。这个计算能力取决于制度性的计算方法和计算工具。事实表明，过去那种按线性来订制计划的方法与非线性的竞争市场是不相符的。信息技术的进步可以使企业或其他机构能够制订出比过去更庞大的计划，但是当今的市场更加全球化，变量更多，可以说市场复杂化的程度并不低于信息进步的速度。即使再好的信息技术在信息的准确性、恰当性、针对性方面都显得无能为力。有分析指出，现在一个行业平均所涉及的技术种类达200多种，有的行业会更多。当前技术变革如此迅速而又不确定，因此，一个企业想在所在行业内做到彻底知情，信息对称，都难乎其难。

其二是诺贝尔化学奖得主普利高津给出的理由：任何开放的

---

① 埃德加·M·胡佛.区域经济学[M].王翼龙，译.北京：商务出版社，1990：8.

复杂系统（市场）的未来结果（风险/回报）是不可预知的。因为系统的演化会分叉，系统选择的演化路径还受偶然因素的影响。复杂的产业技术体系、市场贸易体系，其风险与不确定性带有固有的特征。

其三是诺贝尔物理学奖得主海森堡的测不准原理或不确定性原理给出的理由：任何干涉行为都会造成客体（市场/用户）的不确定性，换句话说，企业想通过自己的产品干涉市场，又想驾驭一个确定的市场，这本身就是一个悖论。一个行业性市场的复杂程度、产品多样性程度、技术进步或需求的变化程度、管理的灵活程度往往是一个大企业甚至几个大企业难以承受的，这样就给众多限定于少数产品的中小企业以巨大的发展空间。

笔者并不否认在市场上还有一些大型、特大型的企业，其中大企业都有其发展历史和存在原因。一方面大企业与中小企业有着复杂和千丝万缕的联系。绝大多数的大企业大都是从中小企业发展过来的，在成长壮大过程中并购了大批中小企业聚合而成。这些大的企业与它们所在市场特性和结构有着对应的关系，这些市场很容易形成垄断。另外，大企业既是很多投资人的集中代表，也是众多中小企业的代言人，世界范围内由一个大企业与众多配件中小企业构成的集群并不少见。

产业集群之所以产生还因为集群这种模式在知识或技术的产业化脉络中占有特殊位置，是其中的一个重要阶段。现在知识从生产到产业化呈现以下趋势：在知识生产阶段是学科的群组化，知识的生产很少再有单个领域的一马当先，常常伴随群体性突破。在开发阶段是技术的融合，为实现共同的技术性能和指标，常常是信息、材料、能源、光机电一起上，融为一体，如普通的家电产品、高端的生物芯片都是技术融合之表现。另外，在产品或市场阶段是应用的系列化，在生产经营阶段是生产的专业化，在产业规模化发展阶段是企业集群化，在产业链整合阶段是各类产业的整体生态化。从经济全局来看，又是市场和分工的全球一体化。企业聚集起来，共同做世界市场，已成为新经济的一个显著特征。

产业集群产生的前提主要有以下几个方面：第一，市场容量足够大，既包括数量规模，也包括品种规模；第二，技术门槛已非主要障碍，大多数企业可获得基本的知识和技术，以及必要的共性技术服务；第三，良好的产业分工与协作；第四，产业公共资源较为丰富；第五，专业偏好人才和资本较为充足；第六，非正式商业交往异常活跃等。

产业集群的动力由以下几种力量合力而成：一是市场总量牵引，市场是吸引投资和发展力量汇集的根本动力。二是竞争张力分工，竞争要充分，驱动众多厂商采取差异化策略，一方面扩大市场的品种容量；另一方面导致特色和分工之间互补互动。三是产业精英角色的推动，产业精英常常对某个领域的技术、产品、市场有着独特的、引导性的知识感受力和传播力。这是知识和经验的积累，更是产业发展的宝贵财富。四是创新推进升级，一般的产业集群在成长过程中，都有一个从追随市场和前沿技术向通过技术创新引导市场的转型阶段，过了这个阶段，多数企业如果不养成创新的习性，就必须站住给新兴的企业。五是文化认同激励，由于产业交往主题的约束、产业精英的范导效应、群体认同效应，总是使特定的区域、特定的产业和特定的文化产生一种较为密切的关联，这种文化认同激励一些在别的地方看来是特异的理念、行为和组织模式，于是认同这样的文化就有可能成为融入这种文化的准前提条件。

16.3 产业集群对现阶段国家和区域发展的意义

推进产业集群在中国的发展，有着很重要的现实意义和长远的历史意义。

（1）支撑中国市场，迎接世界工厂。中国有一个巨大、不断分化的市场，而且这个市场正成为世界市场的一个重要组成部分。国外一些产业界的人士曾指出，单是中国国内市场的规模就足以独立制定一些标准。满足国内市场不仅要靠一些大企业,更需要一大批中小企业。中小企业若分散开来,就形不成行业优势、规模优势和竞争优势。浙江、广东的小产品集群告诉我们,发展有竞争力的产业集群,完全可以支撑国内市场和部分甚至大部分的国际市场。造就这样一大批有竞争力的产业集群,是我们扩大开放、进一步推进改革发展的重要方向。

(2)走新型工业化道路。"坚持以信息化带动工业化,以工业化促进信息化,走出一条科技含量高、经济效益好、资源消耗低、环境污染少、人力资源优势得到充分发挥的新型工业化路子。"这是党的十六大报告给出的新型工业化发展的方向。产业集群的发展可以为解决效益问题、信息化建设问题,以及资源和环境等问题提供很好的产业基础和动力基础。因为集群可以放大企业或产业社区在信息化建设、资源利用、环境保护方面的整体需要,会激励政府、企业、科研机构及其他中介组织集中解决这些问题。过去,我们以计划经济分散布局、中央与地方产业同构等模式完成了旧的工业化。今天,在社会主义市场经济的背景下,同类企业走向聚集、共享资源、共创优势不可避免,而且总体上可以实现讲求科技、讲求竞争、讲求效益等要求。

(3)产业结构优化和升级。如何在市场经济条件下实现产业结构的优化和升级是我国经济发展面临的一个时代性课题。从根本上讲,产业结构优化和升级的表现就是新产品不断涌现、新兴产业不断崛起、传统产业及产品得到持续更新,这些结果必须依靠面向市场的技术创新才能实现。产业集群的发展表明,集群中的企业由于长期处于竞争、合作和相互学习之中,大多数企业具有较好的市场反应能力,在技术创新方面也有很强的积极性和跟进能力,因此,产业集群往往是新产品层出不穷之所在,也是激发和培育新兴产业,特别是高新技术产业最好的平台。

(4)大都市升级和城镇化发展。有些经济分析文章指出,目前中国的大城市对国家和区域经济的拉动力还不够,一些带动性、辐射力等指标低于发达国家大城市对当地和国家经济发展的

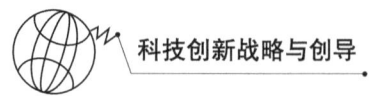

贡献率。这说明，目前我国一些大都市还有很大的发展空间，那么，现有的城市功能和产业都要面临战略升级的需要。不论是从发达国家大城市的发展经验还是我国主要大城市近年来的发展历程上看，城市中的产业集群或行业圈是较为普遍的现象，或者说是传统型产业集群发展的主要模式。那么，针对市场发展和大都市的功能目标，中国需要一批新的城区产业集群。我国现代化建设面临的另一个重要任务就是城镇化或者说中小城市的发展，以解决"三农"问题所带来的压力。我国东南沿海一带的产业集群多是随着过去一段时间内国际产业的大迁移及产业分工而崛起来的。工业化发展史也告诉人们，有些产业集群注定就是迁移型的，也有人称其为候鸟型。一般来说，这类产业集群在当地有 20~40 年的存在历程。如何利用产业在当地发展的黄金时期，与我们的城镇化结合，通过产业集群与城镇化的互动解决"三农"问题，其对于中国的发展具有十分重要的意义。

> 中国需要一批新的城区产业集群。

（5）拉动相关的新兴产业。没有一个产业是孤零零的。一个产业的兴起总会带动其他相关的产业，这就是新兴产业的结构效应。贸易型的产业集群会带动加工型、制造型集群的发展，制造型的产业集群会带动贸易型的产业集群升级，以及消费型、知识型、智能型服务业或专业性产业集群的发展。我国第三产业发展前景巨大，但发展也面临着很多障碍，其中也包含缺乏制造业崛起和突破的因素。

（6）解决竞争力和就业。在 50 多年工业化发展历程中，我国曾用计划经济解决了从无到有的问题，用"双轨制"及"体制转型"解决了从少到多的问题，现在需要用社会主义市场经济体制解决从小到大和从弱到强的问题，实质上"大"和"强"带有很密切的相关性，核心问题就是竞争力。产业集群内的结构最有利于解决企业个体竞争力和产业整体竞争力的问题。未来我国经济的发展将采取就业导向，我们必须直面就业压力。大家公认的，中小企业是解决就业问题的主力军，但同时中小企业在成长发展中的风险性也很高。产业集群既可以为中小企业竞争发展提供一个氛

> 产业集群既可以为中小企业竞争发展提供一个氛围，还可以为企业竞争失败后产业要素迅速重组提供一个环境。

围,还可以为企业竞争失败后产业要素迅速重组提供一个环境。因此,发展产业集群对解决竞争力和就业问题的综合效果是很难被其他经济要素或经济政策所能替代的。

> 发展产业集群对解决竞争力和就业问题的综合效果是很难被其他经济要素或经济政策所能替代的。

16.4 目前产业集群发展面临的主要障碍

目前,我国产业集群发展已有一个很好的态势,已出现了一批在国际国内有颇有影响力的小产品集群或个别高新技术产业集群。很多地方也曾把集群模式作为发展的手段运用过,但结果有的成"群"了,有的没有成就。究其原因或分析发展中出现的主要问题,可在以下诸问题中找到对应点:

(1)以"堆"代"群",产业链缺乏整体设计和战略。常常只是把同类企业吸引到一起就完事大吉,对它们之间的竞争与合作不做更细考虑。产业链的设计缺乏国际视野,区域的个性化、特色化战略得不到体现。

(2)专业化聚集度达不到临界点,产业难以起飞。有的小集群聚集了一些企业,但企业数量不够,分工不充分,达不到整体层次实现跃升的转折点,小集群表现为低水平重复。

(3)好"高"重"短",产业定位不当。倾向于发展高科技集群,对传统产业的集群重视不够;注重短期效果,等不及集群的长期积累与发展。

(4)发展方向或力量把握方面有偏重。例如,重视超大型项目和企业、轻视中小企业和项目;高聚集带来高竞争,尤其是价格战异常激烈,但对企业间的技术、市场和经营上的合作重视不够。另外,在技术设备、产品工艺方面重视引进、轻视自己创造,重视模仿他人、轻视自主创新。

(5)技术升级跟进不力。有的产业在起步阶段已形成了一定的规模,但在产品创新、工艺创新、经营方式创新方面,一大批企业整体上只慢了几步,即被他人胜者全得,进而一蹶不振。

(6)中小企业技术需求得不到应有的重视。客观地说,由于政府的科技投入非常有限，很多地方又把很有限的投入用到有显示度的项目上，于是中小企业的技术需求很难摆上政府的议程当中。

（7）专业偏好的投资人少，融资瓶颈成"老大难"。

（8）人力资源开发能力及服务配套能力与集群发展脱节。

（9）社会保障措施发展滞后，影响到产业的持续发展。

还有很多与产业发展非直接相关的因素也影响着产业集群的形成与发展。例如，区域产业发展的重点太多，目标过于分散，这就会影响战略聚焦和力量集中。还有很多地方，政府的跟进和服务没有到位，一些发达国家已开始研究并实施如何对区域性的产业集群提供必要的监测和创新服务的支持，应引起我们的关注。

16.5　以产业集群为指向的区域创新体系建设

创新体系建设，不论是国家的还是区域的，既是科技和经济体制、机制改革的目的，更是进一步发展的手段。创新是产业集群升级的动力，而且没有升级，就没有集群的未来。从目前的主要文献上看，大多数区域创新体系的架构主要围绕诸如大都市综合功能或科技资源密集型地区、战略性投资形成的大企业或项目、产业集群、公共技术服务和特殊问题（如"三农"、环保、可持续发展）等内容展开。创新体系建设主要是为上述内容提供知识或技术供给，为新知识、新技术的传播、应用、产业化提供有效的制度供给。应该指出，产业集群在其中占有很重要的地位，它不仅是重要的政策内容之一，而且以其他内容为中心的体系建设也离不开产业集群。

以产业集群为指向的区域创新体系建设，还可以细分为以下不同的产业领域：传统产业、高新技术产业、战略产业、功能产业、资源型特色产业等。不同的产业，相对应的产业技术体系、产业创新体系也不同。

以产业集群为指向的区域创新体系建设在目标上必须突出以下几个方面：提供特定领域的原始性创新供给，维持和提升特定产业竞争力及区域竞争力，支撑区域内社会需要。

以产业集群为指向的区域创新体系建设所必须遵循的原则包括竞争力最大化原则、集群发展阶段性原则、产业和市场针对性原则、低门槛原则、公共资源共享最多原则，以及企业与政府互动定位原则。

相应的区域创新体系在内容架构上应包括：包含确定产业指导和创新措施的战略定位，共性技术平台建设措施，针对中小企业的技术、信息、管理服务支撑体系，区域所能提供的针对性的产业政策，正向的激励投资、创新、国际化扩张的措施，人力资本开发体系，鼓励非正式交流和非政府机构融入产业发展的氛围，产业集群监控体系等。

联邦德国总理阿登纳有言：人们站在同一地球上，却看到不同的地平线。这句话他是针对不同的国家或民族有着不同的利益来说。但这句话可应用到很多内容上。即使我们站在同一个产业领域或市场中，不同的人看到的就是不同的机会；即使我们站在同一个区域中，我们还可能为不同的产业、不同的内容构建不同的创新体系或政策扶持体系。在构建区域创新体系方面，我们的问题是：我们要在同一个国家创新体系内构筑不同的区域创新体系。我们不怕体系多，就怕体系之间各自独立、不开放；只要存在开放，能生存下去的体系自然会吐故纳新。在产业集群与区域创新体系的关系上，笔者认为，区域创新体系的特色除体现在资源特色外，还体现在最终形成的产业集群特色上。再则，假如一个区域创新体系建设实践了若干年，甚至足够长的时间，此地一个特色产业也没有形成，我们该如何评价创新体系成功与否？

> 即使我们站在同一个产业领域或市场中，不同的人看到的就是不同的机会；即使我们站在同一个区域中，我们还可能为不同的产业、不同的内容构建不同的创新体系或政策扶持体系。

第十七章 产业集群研究综述 ①

2003年9月17—19日,竞争力研究所(The Competitiveness Institute,TCI)在瑞典第二大城市哥德堡举行了第六届"创新集群——一个新挑战"主题国际会议,来自五大洲40多个国家和地区的学术界、咨询界、产业界、行政界的300多名代表参加了本届大会,其中来自亚非两大洲的代表不到20人。会议邀请了哈佛大学的迈克尔·波特教授、区域技术战略公司的总裁斯图亚特·罗森菲尔德博士、香港大学的迈克尔·恩莱特教授、联合国大学新新技术研究所的琳恩·米特尔卡主任等资深专家做专题报告。大会又分出4个单元,就集群中的理论和政策操作的有关问题、集群的功能和战略升级、区域发展典型等分出近40小专题会议进行研讨,每个小专题都有引导性发言,然后大家共同讨论。

17.1 集群问题的热度在继续升温

集群问题是20世纪八九十年代之交由迈克尔·波特在解释国家间和区域间竞争力之差异而提出或借用的一个概念,现在已被越来越多的领域、部门,以及更多的学者、企业家和政府官员所谈及和应用。虽然参会学者居多,但咨询公司也是本次会议的主要支持者和参与者,而且更为活跃。一些工商学院的教授,人们现在很难分清他(她们)是学者还是咨询者。集群的概念正受到政府官员的欢迎。如在专题会议上,一位加拿大学者在引导性

> 集群的概念正在受到政府官员的欢迎。

---

① 本文是作者参加哥德堡"创新集群——一个新挑战"国际会议与宁波"产业集群/簇群和中国区域的创新发展研讨会"两个会议所写的综述合成稿。

发言中指出：政府可以通过适当的政策手段和干预行为打造一个新的产业集群。也有学者申明政府还可以通过适当的政策手段延续或升级一个传统的产业集群。瑞典对其生物产业发展的津津乐道，就归于产业集群概念和相关理论的应用。莫桑比克政府也在思考如何借助跨国公司的力量和本国政府的努力发展一个铝制品集群。因为集群不再是一个解释性工具，正成为一个政策工具和竞争工具。参会的咨询公司很多是在为政府做研究咨询。此次会议上，一些学者和公司还大有瞄准发展中国家推行集群概念的想法。本次会议的主题是"创新集群"，但发展中国家缺失的正是创新资源。

17.2　集群理论探讨还需深化

集群的概念带有相当的综合性、统摄性：它超越了一般意义上的软件与硬件的综合、基础结构与网络的综合，以及企业外部性、社会资本、关联经济、产业链、供应链、产业纵横一体化等系列的概念，但又涵盖上述所有概念。人们在讨论集群问题时，常常不是首先声明该概念的准确意义，而是先明确自身的视角：如是产业发展的立场还是政府管理的立场，是着眼于全球化看区域发展还是以区域的增长极引领更大区域的发展等。在此，视角决定了目的，决定了理论的应用，也决定了观察者所看到的所谓的正式的与非正式的关系。例如，产业的视角更看重企业之间的配套及互补关系；但从政府视角上看，发达的中介组织可以替代这种关系，于是有人会强调中介组织的发达是产业集群发展的必备条件。视角的突出作用也反映在探讨集群问题上，人们正在超越"市场—计划""企业—政府""内部性—外部性"等简单而又老套的经济学范畴来探讨发展和竞争力的问题。

由于视角的主观性增加了大家探讨集群共性问题的复杂性。这也折射出关于集群的理论探讨还需深化。迈克尔·波特声明经济学界已接受集群概念可以成为分析区域增长和竞争力的一个概念工具，但很多专家也承认目前各方面对集群的分析过多地使用了很难量化和考证的概念和语言，如社会资本、外部性、互补性、创新平台等，就集群的最佳规模、集群的结构、集群的生成、集群的投入和效益等许多问题人们目前还只有个轮廓，而无确切的内涵。尽管理论上有难度，像哈佛大学商学院、竞争力研究所，以及瑞典、加拿大、法国等一些学术机构正组织力量深入研究这些问题，并已获得所否定政府的支持，有的机构已开通网站有偿提供有关数据和案例供大家参考。瑞典1个3人小组向本次大会提交了《集群创导绿皮书》报告（图17-1）。该报告拟对产业集群进行综述和评价，在会上引发了热烈的讨论，也得到很多善意的鼓励和建设性意见。该小组向全球509个被认为是集群的地方发出征询邀请，有238个集群回复了调查问卷。该报告对238个产业集群的设施、目标、过程、表现力进行了分析，就集群的形成、集群的演化等方面进行了总结。当然很多结论停留在表象的描述，只能作为政策的参照，不能成为根据。

图17-1 《集群创导绿皮书》报告及译文封面

17.3 政策层面的关注与操作

集群和区域发展是两个拆不散的话题。不乏一些学者尤其一些地方官员把集群当作一个解释性工具,有时像叙述神话一样来描述某个区域发展的奇迹,一个地方如何聚集了成百上千家企业,是什么原因?是因为有了集群吗?迈克尔·波特说,集群没有好坏,它们之间无可比性。但集群有成功或失败,其中的活力和竞争力不仅取决于一些基本的要素,如投资、研发与创新、企业家精神等,也离不开区域政策的制定和实施。从会议代表的讨论及一些咨询机构所带来一些交流材料来看,集群理论向政策层面的应用体现在以下几个方面。

> 集群没有好坏,它们之间无可比性。但集群有成功或失败。

(1)概念层面。面对未来发展,一些国家、区域政府和咨询机构提出一些发展上的带有先导性和未来性的概念模型,如生物科技产业群(瑞典)、宗教乐器(管风琴)产业群(德国)、欧洲集群网络(奥地利)、北海创新区、波罗的海合作框架等。概念模型,一方面可作为发展政策的标杆,整合现有资源;另一方面可突出宣传效果,标新立异,先声夺人。

(2)要素层面。通过比较分析和实际考量,把本地集群发展缺失的要素、活力不足的要素识别出来,然后付诸特定的政策。例如,近年来欧洲在发展高新技术产业群方面对风险投资的强调、对企业家精神和创新文化的推崇、对吸纳外国专业劳动力政策的调整都是在想方设法激活相关的要素,使之在集群发展中发挥关键作用。

(3)结构层面。主要是梳理集群内各类机构的关系。目前,很多集群都面临着向创新驱动的方向转变。实现创新驱动关键是促进各创新主体间的互动,因此,政府如何通过政策法规等手段营造良好的环境,以促进企业之间、产学研之间、政企之间、投资和贸易商之间广泛而深入地交流,如何根据创新的需要发展具有专业化服务能力的中介机构,以及具有多边联络能力的综合性中介组织,这都应成为集群政策的主要目标。

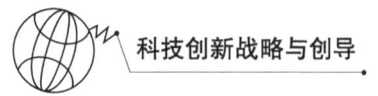

（4）战略层面。通过倾向性政策，实现战略聚焦。集群体现于目标的集中。集中资源于一两个发展目标之上，是区域发展成功的关键。有所集中，相关机构才会有所互补和协同。

（5）评估层面。集群发展到底如何，如何考量区域整体的竞争力、发展活力，这需要理论上对评估指标进行设计。多数评估，包括《集群创导绿皮书》应用的主要还是波特的"钻石模型"

17.4 萦绕各方的几个关系问题

在探讨集群的问题上，有几对关系大家仁智互见。主要有：

（1）强调研究开发（R&D）还是强调技术升级：不论是新兴产业集群还是传统产业集群，都面临一个共同的问题就是依靠创新来获得持续的竞争力。强调研发并不能直接获得技术升级，没有（内部或外部的）研发，仅仅依靠信息化和投资，也谈不上技术升级。一个区域是以自身的力量还是借助外力实现技术升级需要不同的策略和政策，也需要在国家层面有一个统筹安排。

（2）强调高新技术产业集群还是强调传统产业集群：高新技术产业很容易成为经济、政治的兴奋点，但数量有限，而且在基础设施、研究开发、高等教育、风险投资等方面也有条件约束。大量传统产业的技术升级更应受到重视，但往往又无法成为科技和发展的重点。

（3）强调中小企业政策取向还是强调集群政策取向：发展中小企业和发展集群并不矛盾，但两者的政策重心并不重合。中小企业政策是能力导向型，主要激励创新创业；集群政策是活力导向型，主要是激励交流、互动。孵化器是发展中小企业的一个有力工具，但几个、十几个孵化器聚在一起并不等于一个产业集群。孵化器只有促进了中小企业之间的有效交流、资源集合、产品产业链的衔接，才能成为集群发展的平台。

（4）强调政府引导还是强调大企业的集成效应：政府可以发挥作用，但政府的作用并不都是有效的。现在我们只总结了成功的案例，好像政府在集群发展中一直起正面作用；但如果总结集群失败的案例，情形恐怕就不一样了。迈克尔·波特告诫说：政府发展群体问题上应该是一个很好的听众，而不是演说家。有的专家指出可否以大企业主导集群的发展，因为大企业的研发能力、产品的高集成度、融资能力等优势可以胜任这一角色。汽车业、航空业中不乏这样的事例。但也有专家指出：政府与企业是不同的角色，大企业替代不了政府的作用；过早地或不适当地引入大企业有时会妨碍集群的健康发展。

在上述问题的每个方面，都有好的案例，不同的侧重会导致不同的战略和政策选择，定然会出现不同的后果，也存在着尖锐的争论。好在大家都明白：集群之间有不可比性，集群不能靠复制获得。

17.5　中国的高速发展引人注意

香港大学恩莱特教授在本次会议上对集群中企业外部性的作用进行了深入剖析。但他在演讲中谈到中国近年来的整体发展（GDP）在7%以上，而广东省近年来的平均增长率则达到17%，而且也产生了不少小的、传统方面的产业集群。与会者反响很大。这反映了人们急于了解中国，而我们的宣传还不到位。一位来自墨西哥的代表问及波特集群理论对发展中国家的意义时，迈克尔·波特在回答中提到中国近期的快速发展，指出了中国采取了有效的发展战略和政策，但还包括其他一些地域和文化方面的因素，但不为世人所知。

《集群创导绿皮书》调查了32个国家238个产业集群，其中并没有中国的。所以，我们有必要继续加强产业集群方面的战略和政策研究，以及总结和评估，同时还要宣传我国制造能力的优势和各级科技管理部门在相当一些传统型集群技术升级方面的种种努力。

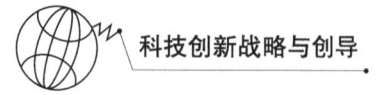

17.6 产业集群与中国区域创新发展

在发展问题上有两个"C"打头的词是全球大热点：一是China（中国）；二是clusters（集群或簇群）。

目前，在发展问题上有两个"C"打头的词是全球大热点：一是China（中国）；二是clusters（集群或簇群）。产业集群/簇群是20世纪90年代初由哈佛大学著名战略管理学者迈克尔·波特通过《国家竞争优势》引发出来的一个论题，主要是指生产同类产品的厂商在地理上的聚集现象，在农业、制造业和高科技产业中比较普遍。互联网上前两年只有不到3万篇的文献，现已达30万篇之多。欧盟已为此召开过专题大会。有关专家指出，中国现在各地冒出的小产品集群越来越多，各地都有，沿海地区更多。

为推动产业集群的理论研究和相关政策问题的探讨，由中国软科学研究会、科技部调研室、宁波市科技局共同主办和组织的"产业集群/簇群和中国区域创新发展研讨会"于2002年11月24—25日在宁波召开。会前征集到64篇文章，会上又得到10余篇补充文章。会议邀请研究会副理事长孔德涌、中国社会科学院李培林研究员、北京大学王济慈教授、广东省科技厅马宪民分别就全球化时代区域创新发展新思路、集群中企业网络、全球产业集群发展及对策研究、广东专业镇技术创新做法和经验做了重点介绍。会议选题、嘉宾报告、会议论文和会议组织受到与会者的一致好评。

党的十六大提出了全面建设小康社会的宏伟目标，要求我国发展、改革和开放都要有新的局面。产业集群既是在工业化进程中经常出现的现象，也是目前在发达国家和发展中国家都较为普遍的区域发展形态。如果考虑到我国已有产业集群的生产力，我国世界领先的产品，远不止钢铁、煤、农作物、电视机、冰箱等统计中仅提到的几项，可细化到上百项、上千项。专家指出，正是近年来我国区域产业集群的活力推动了我国经济的快速、稳健发展。经过会上交流，有关专家和科技管理工作者达成以下共识。

第十七章 产业集群研究综述

产业集群可以体现较高的规模经济性、(经营)范围经济性和创新的速度效益,是一国竞争优势的基础。发达国家都有在世界范围内领先及有竞争优势的产业集群,其经济乃至政治基础正是建立其上。创新是集群发展的关键,因为每个集群都以产品或加工技术为核心,一个集群如何走向未来,从而进化到更高的产业阶段,只有靠创新,包括技术创新和管理创新。

产业集群的产生大多带有自发性,取决于人而非自然资源。不同国度、不同区域的产业集群各有特点。产业集群不可重复和拷贝,但可学习。集群模式与过去的产业政策、计划体制下的产业布局很不一样:集群模式是竞争导向、技术驱动、网络化经营;而过去的产业政策和布局规划常常是尽可能避免同业竞争和产品趋同。从浙江、广东的情况来看,民营机制是集群的活力所在。没有民营机制,集群的竞争优势是不可想象的。广东抓专业镇技术创新的经验告诉我们,政府在促进产业集群升级方面大有作为,在发展高新技术先导型产业集群方面更是责无旁贷,是技术和制度的供应者。欧盟主要国家已开始加强对本地区优势集群的监测;美国、日本都有放任本国一些优势集群的区域政策并提供技术支持。但政府需要定好位,要学会因地制宜、因产业、产品制宜。

相当多的产品领域可形成产业集群是市场和产业逻辑的必然。因为全球化时代超乎寻常的市场竞争要求技术创新速度更快、产品类型多样,同时还要大批量、低价格,大企业垂直分工管理已力所不及,只能诉诸中小企业的群体网络。例如,法国南部有 5000 多家香水瓶的玻璃加工厂,温州有 3000 多家打火机厂家,湖州有 6600 多家童装厂,每年各品类或型号的产品可达上万种,其中也包括大量的新设计、新产品。大企业应付不了这类产品量大面广、竞争激烈和创新迅速的市场需求。

广东专业镇的做法引起了人们的关注和深入讨论。这一做法是科技服务于经济和社会发展大局的一项重要内容,是与区域发展和城镇建设、传统产业改造提升、高新技术产业发展、科技中

> 产业集群可以体现较高的规模经济性、(经营)范围经济性和创新的速度效益,是一国竞争优势的基础。

> 民营机制是集群的活力所在。没有民营机制,集群的竞争优势是不可想象的。

介发展都密切结合的工作,是可以做到"软起飞(低成本、多层面切入)硬着陆(效益显著、实现科技和产业密切结合)"的一项实事,可以使过去科技部门抓项目(点对点)向做平台飞跃(点对面)。浙江、河北、河南、湖南、江西在近几年也做了相应的工作,但没有像广东这样有组织、有体系,也已形成了几种工作模式。

我国产业集群理论研究起步很快,水平与国外差距不太大。由于产业集群发展有很强的地域性及国别性,故与会人员向研究会和调研室提出应加强国内产业集群的研究,加强对国外研究跟踪和国内外研究的交流,拟成立产业集群专业委员会,在中国软科学研究会指导下推进相关研究的开展工作。

同时,还建议尽快组织实施中国优势产业集群/簇群技术能力提升计划(或行动),发挥科技管理部门的集成优势,针对已经形成的产业集群及正在或将要建设的高新技术产业基地、小城镇等议题,强化市场导向的技术导入、技术扩散、技术升级和技术服务。按照省部共建、分级操作、地方为主、分类指导的原则,加快打造一批先导型和战略型的产业集群,以及有国际影响力的产业集群,发挥火炬计划、星火计划已有工作累积的优势,融合在孵化器、生产力促进中心、工程中心、技术市场、信息情报、知识产权方面的工作机制,根据产业集群发展的不同阶段,提供多样化的技术创新创业服务,促进科技与经济的结合更加深入。

第十八章 产业集群在新型工业化进程中的使命与前途[①]

产业集群是一个区域所有经济社会关系的产物。自世界工业化开始以来的经济演变告诉人们：一个地方的发展要么生成一个产业集群，要么产生一个依附于其他地方的产业集群。创造良好的环境，使神州大地生成越来越多具有世界影响力的产业集群，将为我们的现代化建设打造更稳固、更有动力性的基础。中国正处于现代化建设的关键机遇期，因此，我们更有必要关注产业集群在我国现代化建设新阶段的使命与前途。

> 一个地方的发展要么生成一个产业集群，要么产生一个依附于其他地方的产业集群。

18.1 产业集群在当代中国的 3 种解读

我们媒体或文献中常提到的产业集群或簇群，一般可在 3 种理论框架下进行分析。一是学者的框架，是指区域内一种经济社会阶段性形态或一种经济社会行为，可作为研究对象进行测定和系统化探讨，从马歇尔到迈克尔·波特，已有很多理论上的阐述。二是企业的框架，集群对于企业而言是一个市场维度或行业维度的参照系，主要是指特定区域内的产业关系和网络，以及企业自身在产业链或网络中的定位。这框架下也主要有 4 个层面的视角：本土企业和跨国企业，大型企业和中小企业。受地域、企业规模、市场地位、创新能力和竞争力等多因素影响，不同的企业在相同的产业链中对自己有着不同的定位。三是政府的框架。

[①] 本文发表在《中国科技产业》2005 年第 12 期。

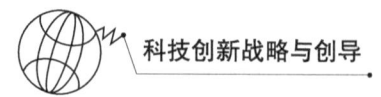

政府的框架带有综合性，在基本认同学术界和企业界关于集群概念界定的前提下，更倾向于把产业集群视为一种可解决发展问题、能带来发展红利的工具。既然是一个工具，产业集群就有了目的性或功能性的理解或界定，可独立成为政府政策的对象、规划的对象。

这3种解读框架都关乎产业集群在中国新阶段、新型工业化进程中的使命和命运。自改革开放以来，我国的现代化建设不断遇到许多新的问题。解决这些问题时，常常就是学术、企业、政府三者之间的互动，如产权、三农、WTO、创新体系、资本市场，以及本文的主题产业集群等。面对这些问题，与知识经济、循环经济等主题的研究状态相反，我们的学术理论研究往往落后于我们的实践。据说国外很多主题方面的研究也是如此，即先有了制度或管理方面的创新，再由社会科学家来评点和研究。因此，与自然科学对当今社会有着越来越重要的影响不同，当今社会活动对绝大多数社会科学问题的研究有着直接的影响。影响产业集群在中国命运的因素更多的是要看企业和政府两个应用者的理解。当然，学术研究有其自律或特立独行的一面，有其自身的发展轨迹。如果没有大批学者们的认真研究、推广，关于产业集群的知识、理论和方法也不会在中国传播得如此之快。但说到底，是"怎么用"更直接影响到一个工具能用多久。

18.2 中国新型工业化阶段产业集群的使命

产业集群的历史使命：

学习传承使命；
从业乐业使命；
创新创业使命；
改革发展使命；
持续繁荣使命。

使命是指主体意志赋予实践行动以一定的职能、目的、价值和意义。我国正处于走新型工业化道路、全面建设小康社会的关键时期。已有的产业集群和未来即将生成的产业集群应承担起以下历史使命。

（1）学习传承使命。对一个社会或一个国度而言，工业化既是一个过程，更是一种积淀中的素质和能力。早在世界工业化开始之前，中国通过当时的手工业集群已使一些产品的规模和产量

第十八章　产业集群在新型工业化进程中的使命与前途

在世界范围内达到了很高的水准,但这不能说我们已具备了工业化能力。从全国范围而言,我们现在仍然处于工业化尚未完成的阶段。我们需要借助集群的力量,通过促进交往、竞争、学习,在广大的中部、西部、东北、西南等地区培植时代所必需的工业化能力,特别是内生的自主发展能力,传承、传播华夏民族在历史上已形成的好的商业理念、市场经验和经营传统,这对我们完成工业化、现代化,迎接城市化、国际化至关重要。

（2）从业乐业使命。现代人是产业依附型的动物。任何一个地域上的人其生存和发展总要与某个或某几个产业高度相关。就业的压力需要我们首先考虑集群发展模式。一提起就业,我们常会根据经济学理论和实际经验提出,诸如促进分工、培育新增长点、发展中小企业、发展服务业等建议。一揽子解决这些问题恰恰是集群的强项。长三角、珠三角众多产业集群就是拉动当地就业、吸纳劳工的主要载体。农业时代,人们是顺天乐天；工业化时代,人们则需要从业乐业。目前是"业"很多,但"乐"从哪里来？广大民工到沿海打工对所从事的工作往往没有归属感；很多所谓的白领也没有归属感。为什么有那么多的人从业而不能乐业？没有乐业,也就没有了一个产业持续发展所必需的人文精神状态,就不会有产业与社群的共同进步,就难以产生自主自在自由的创新发展。集群延续、升级和原产地化会强化人们对当地产业价值的认同,前辈的成功、产品和技术的独特性会引发专业性偏好,激发进取心,焕发成就感。对于这个集群里的人来说,产品不在大小,机会不在大小,玉汝于成、乐见其成是其最高价值。

（3）创新创业使命。一个产业要不断进步,就需要不断有企业、企业家按照市场要求进行创新创业。企业是产业集群的"细胞",是集群综合体的基本组织。没有鲜活的新细胞,集群就不会长久。集群是个平台,是个栖息地。有这样一个环境,可以让大大小小的企业在其中大浪淘沙,滚动发展,自强不息。集群的生成和存在会使在其他地方不受重视的创新创业机会在此受到格外关注,机会得以放大,理念得到物化,使产业链渐入水到渠成的

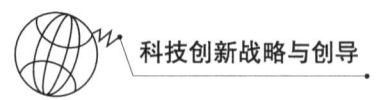

佳境。没有或极少浪费当代人从事创新创业的积极性、创造力应是一个地方、一个民族最值得庆幸的事情了。

（4）改革发展使命。集群中集结着一大批各类组织，它们是现实生产力和生产关系的载体。它们的发展体现着生产力和生产关系的矛盾运动。集群的命运就体现在一个小的空间尺度上如何以改革和发展的眼光处理好这对社会基本关系，为矛盾能量的释放提供有效通道，使之成为社会发展的积极动力。我国现阶段发展的重要目标就是以自主创新为中心环节，促进增长方式转变与结构调整。很多理论成果都在启发我们：集群有助于竞争和创新，这是增长方式转变的前提条件，是结构调整的动力基础。大量集群的涌现和集群的自我升级，将激发一系列的技术创新、组织创新和制度创新，这将塑造我们走新型工业化道路的新形象。

集群有助于竞争和创新，大量集群的涌现和集群的自我升级，将激发一系列的技术创新、组织创新和制度创新，这将塑造我们走新型工业化道路的新形象。

（5）持续繁荣使命。现代化建设需要可持续的发展和繁荣。纵观历史，集群可以帮助一个地方实现这样的目标。有的集群绵延数百、上千年的历史，有的只有几十年的历程。这其中的差距，有产业自身的客观因素，还有就是我们赋予的使命不同，从而导致了不同的结果。如果我们希望只是解决就业、税收等直接而简单的目标，那么，我们只能得到一时的繁荣。若能赋予区域与产业共同成长、长期繁荣的使命，并能同心同德，人业合一，持之以恒，我们就会得到不同的结果。

18.3 关注产业集群前途需处置好以下几个方面的关系

（1）两个趋势——有意识的政府和企业，都要关注本地集群是处于集群化阶段还是处于集群升级阶段；这是集群在不同发展阶段两个典型的发展趋势。集群化阶段是各种资源荟萃的过程，需要便捷地吸纳资源和激活资源的方法手段；集群升级是已形成的集群按照新的市场要求，向更高的产业化、市场化阶段升级发展的过程。这两个发展趋势对应着不同的战略取向，依赖不同的资源，也有着不同的发展规律。集群同企业一样，越是发展到较

第十八章 产业集群在新型工业化进程中的使命与前途

高阶段，越是需要人力资源的开发和好的商业文化。

（2）两个平台——市场和技术平台。集群的发展大可归结为两大平台的推动：或是市场平台，或是技术平台。像浙江的众多产业集群多是由市场推动，或者说是专业性市场成就专业性集群；而硅谷的集群则被专家们视为由技术平台推动的，即新兴产业是与当地的科技资源和活动密不可分的。认真分析起来，实际上两大平台及其作用在集群的发展进程中是交织在一起的。一个专业化市场实际上也存在着大量产品和技术信息交流；一项技术、一项新产品往往会引发新的市场和产业链。理顺技术推动和市场拉动的关系是加速产业集群发展有关政策的关键环节。

> 理顺技术推动和市场拉动的关系是加速产业集群发展有关政策的关键环节。

（3）两种战略指向——一些地方在发展产业集群时常常会遇到定向和定位的困惑，这就使相应的规划、战略、政策遇到了对目标和路径的描述难题。战略和政策指向是确定焦点（主题）还是确定边界，会难住好多人。确定焦点就是以产品或技术为中心打造产业链。其好处是容易使集群专注发展，从而快速形成规模实力和市场竞争力；其缺点是需要嵌入更大的集群链，还会忽视其他创新机会。确定边界就是划定产业范围。其好处是使战略和规划有相当大的弹性，可面对多方面的机会；其缺点是目标有些散。大家知道，范围的经济性的形成要慢于规模的经济性，在创新决胜的时代，人们还要讲求速度的经济性。于是人们常常倾向于焦点而不是划界。确定焦点的事例就是浙江及其他地区的小产业集群，你会发现，越是产品相对集中，这个产品的集群在世界市场的影响就越大，如领带、袜子、小五金、低压电器。大家越是策划大的产业集群，如电子信息、生物医药等，其形成的周期就越长，有的甚至花开无果。所以，好的战略定向非常重要。像华为的快速发展正是得益于其"做全球通信产品供应商"的战略定位，这个战略既界定了范围，又引导专注。制定集群发展战略的关键是如何使政府与企业战略在正确的方向上实现互动。

> 范围的经济性的形成要慢于规模的经济性，在创新决胜的时代，人们还要讲求速度的经济性。

（4）两种归宿——一般而言，产业集群有两个走向：一是落地生根，或者说原产地化、根植化发展；另一个是向更易于未来

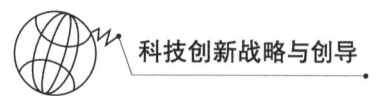

发展的区域迁移。从工业化的进程上看，有些简单的、低劳动成本依赖性的集群注定成为候鸟型、迁移性。一个能落地生根的产业是人们长期从业乐业的前提，所以使某个产业能原产地化应是集群的最高境界。原产业地化过去常常用于农业及其相关的加工业领域。但是看看欧洲一些传统产品与现代技术杂合的集群，我们会感到有些产业可以原产地化，如瑞士手表、景德镇瓷器，从而这个地区就是这个产品的正牌家乡。

一个能落地生根的产业是人们长期从业乐业的前提。

18.4 如何让产业集群有一个好的前途

造就一个集群，并让它有一个好的前景是区域发展的根本价值取向。当前中国的发展中，很多产业集群还属于准备阶段或集群化阶段，极个别产业才到了集群升级的过程。需要集群化思维给众多产业定向。但从长远思考，我们更要关注如何带给本地产业一个好的前途。中国传统农业与儒道哲学相得益彰千百年，并有过唐宋繁荣，几大盛世，这是很有意义的。如果人性化地看待集群的生成和壮大，那么，古老的智慧也会昭示我们应该如何去做。

（1）格物致知，即较全面地认识集群的特点和规律。世界上每个产业集群相互都不一样，各具特色。集群的生成和发展与地域的资源特色、产业要素、文化传承、人物习性、市场环境等因素有着多样的关联，必须在宏观和微观的结合中去认识关联，并系统集成各方面的知识来认识集群的本质特征。较准确地把握这些特征，才会通过政策、规划等手段有效地推动本地集群的发展。

（2）正心诚意，即给产业集群赋予什么样的使命和形象。正心诚意，即知识分子常说的"为天地立心，为生民立命"。换到当前的话题，我们为本地产业集群立什么样的"心"——为什么要发展这个集群？为什么这个产业会给我们大多数人认同感、归属感，以及可能有的成就感？没有这个"心"，就难以产生应有的人格尊严。如果你不希望自己的后代从事该产业，那么，你如何给

第十八章　产业集群在新型工业化进程中的使命与前途

这个产业集群立一个能让别人理解和认同的"心"？看看古老的农牧业。对于它们,"天"就是"心",大家顺天乐天,于是农牧业有着上千年的历程。工业化进程才200多年,若工业化的产业集群没有这个"心",人们也就没有了从业乐业的价值前提。由于技术更新很快,市场变幻无常,现在人们从业乐业从一而终的情况少之又少,而且乐业问题也不能仅从产业本身内找出路。但越是这样,产业的持续繁荣越需要敬业乐业的素质和精神。

（3）修身齐家,即提高素质,打造成长进步的平台和网络。集群本质上说是一种群体能力,即一个区域内一群人的商业理念、市场经营、生产、开发能力的总体表现。但这个能力的获得需要学习积累,需要创新开发。集群中每个个体只有在超越了自给自足及小商品、小作坊模式,从大的产业理念来考虑集群发展所需的能力时,这种集群才有着不同于过去小农业经济、小手工业孤立发展的命运,才有着世界性的未来。但这种视野、素质、能力、文化精神需要一个载体,这就是集群内各种平台,包括企业、中介、科研教育机构,以及各类有形无形的网络。

（4）治"群"而平天下,即完善集群治理的体制机制,与世界市场共命运。与农业社会不同的是,现在任何一个产业都不是在一个小空间范围内自给自足,而是与世界大市场有着复杂的关联。完善集群治理的体制机制是集群可持续发展、长期繁荣的前提;与世界市场共命运是集群发展的根本动力。

最后,要总结的是这样大而化之地讨论集群的前途是有相当局限性的。每个集群的发展会因自身而不同。笔者相信这样的主张,不再有最大、最高的那么一个"天",像过去统罩于农业之上那样,作为最高原则来决定一个产业的命运。集群的发展前景既决定于市场,也决定于自身的成长,因为好的集群本身也是市场极为重要的组成部分。越来越多的现象显示,企业间的竞争正在让位于集群间的竞争。在竞争中实现好的前途,也是众多产业集群在新型工业化进程中不可回避的重要课题。

> 与农业社会不同的是,现在任何一个产业都不是在一个小空间范围内自给自足,而是与世界大市场有着复杂的关联。
>
> 与世界市场共命运是集群发展的根本动力。

第十九章 基于"双创集群"发展社区生产力

——积累社会全面发展全面治理的正能量[①]

全面落实经济建设、政治建设、文化建设、社会建设、生态文明建设五位一体总体布局,是党的十八大报告面向全面建设小康社会提出的顶层设计。同时还提出,把促进现代化建设各方面相协调,促进生产关系与生产力、上层建筑与经济基础相协调,不断开拓生产发展、生活富裕、生态良好的文明发展道路作为科学发展的基本要求。

我国在发展方面秉承的理念和传统是与时俱进,改革创新。各地各部门的做法基本上是围绕中心、服务大局、坚决执行、因地(事)制宜。龙城街道的实践告诉我们,围绕"五位一体"的顶层设计,同步推进文明社区建设的各项工作,让社区不断酝酿创造性的生产力,以保障正在进行中的经济转轨、社会转型及城市可持续发展。

19.1 从社区来理解生产力,重新认知社区生产力

生产力的充分发展是社会全面发展、全面治理的历史前提。任何时代的生产力都有其相应的社会载体。在城市化进程中,街道/社区是城市发展的基本单元,是包括生产力、生产关系、生

[①] 本文是2015年6月对深圳龙城街道文明型街道创建案例考察后的调研分析。本文提出"社区生产力"这个概念,虽有思考渗透,但还需要做深刻的考察和研究,需要把物质文明和精神文明的生产并行考虑。

第十九章　基于"双创集群"发展社区生产力 ——积累社会全面发展全面治理的正能量

活方式及城市文明在内的社会载体。如同农业社会必须从乡村来观察了解农业生产力一样，在工业化后期信息及服务业正成为主导产业的区域（如龙城街道当地的服务业比重已占到80%以上），从社区来认知生产力是最应可取的视角。过去在工业化进程中，人们更多的是从工厂、厂区、开发区来看生产力及它与经济社会其他方面的关系，甚至有时候把它们当作全部的生产力。现在面对像龙城街道这类区域的实践，我们需要站向社区的视角上来重新认识属于这个阶段、这个地方的生产力。

常在媒体、咨询界及理论界听到：科技是第一生产力，教育也是生产力，管理也是生产力，设计也是生产力，还有旅游、生态、招商等都被说成是"生产力"。现在是"十三五"规划制定前期，最常听到是策划或规划也是生产力。我们在此无须争辩是与否、多与少、虚与实。即便此前已经有了N个关于生产力要素的说法，这里只是主张街道/社区建设或发展是第"N+1"个生产力要素（如果用乘法也许更说明问题，如社区生产力若是完整的"1"，其他生产力都会得到完整的规模和水平，若社区生产力小于"1"，这就意味着其他的生产力再大，整体生产力水平也必须打些折扣。反之，若社区生产力若大于"1"，整体的生产力就会得到增益。）由此，我们可用生产力的概念去解释街道/社区建设或发展的经济过程和形态，去分析社区发展的基本要素构成，甚至构建社区生产力的数学模型，而且与之连带着还会有街道/社区建设或发展的综合实力、竞争力、某某发展指数等概念或政策工具。

> 即便此前已经有了N个关于生产力要素的说法，街道/社区建设或发展是第"N+1"个生产力要素。

我们知道工业生产力强调有形的产出，而社区生产力不仅强调有形的产出，同时也强调一些无形的、非物质的产出。有的产出就是体验、享受，包括幸福、美观、友善、包容、和谐等。街道/社区建设或发展，关乎社会的再生产、人的再生产及精神的再生产，孕育、蕴藏及传承文明的基本价值、社会的核心价值。所以，街道/社区建设一开始就必须走文明建设之路，不断拓展从美丽心灵到美丽家园再到美丽城区的康庄大道。

龙城的实践再次印证了这样的历史经验：单纯的经济生产力

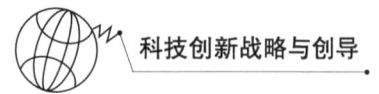

观念导向很难关照到社会及民生问题，单纯的部门优先的发展理念也不能解决社会和谐共生的问题。过去，人们更多地看重生产力的经济属性，多是从市场、产业、企业方面来分析和评价生产力。由于种种客观及认识方面的因素，社区的生产力长时间地被忽视了。或者被认为是从策略上的一种安排，一个地方总是要先经济后社会，并设想经济发展自然而然会带来高水平的社区生产力，或是由城市化发展自动会将社区生产力带到高处。

龙城的实践向我们昭示，需要从社区生产力再出发，以科学发展、全面发展的要求来考量社区的建设与发展。

19.2　发展社区生产力必须将科技创新与社会创新有机结合起来

> 一个社区的发展首先要瞄向并融入当代社会的发展主题当中，这样才能在社会主流发展中持续获得社会总体注入的动力。
>
> 社区生产力的发展本质上是科技创新与社会创新的有机结合。

今天中国的时代主题是什么？就是通过创新驱动发展来全面建设小康社会，持续迈向民族的伟大复兴。这是全社会共识的发展愿景。一个社区的发展首先要瞄向并融入当代社会的发展主题当中，这样才能在社会主流发展中持续获得社会总体注入的动力。同时我们还要看到，无论是发展还是创新都必须在一个地方落地生根。社区生产力的发展本质上是科技创新与社会创新的有机结合。

科技创新是指将新颖的创意、创新的知识变成产品或工具的实践过程。社会创新是指以新的观念、手段、体制机制解决社会问题，使社会发展实现良性循环和有效产出。社会创新的本质是贡献新的社会机制，以便于要素流动和资源更有效利用，解决以往各种不对称带来的社会迟滞，提高总体的生产力产出水平。科技创新决定了出发点，决定了起点；社会创新决定了落脚点、决定了归宿。

科技创新与社会创新必然也必须结合有两个强有力的内在逻辑。其一，生产力自我发展使然。科技是生产力中最活跃的因素，但是再活跃也必须体现在一定的社会载体上，科技创新与社

第十九章 基于"双创集群"发展社区生产力——积累社会全面发展全面治理的正能量

会创新的结合就是生产力自身发展、自身革命的基本途径;其二,城市/城区追求特色发展使然。本地要同其他地方发展不一样,要差异化、互补发展,这些只有靠创新才能带来特色。因而创新是城市/城区的本能,很多城市都把创新作为城市精神的重要内容之一,它自然会形成推动科技创新与社会创新主动融合的内在动力。实际上不仅有内在逻辑,还有外部力量,如市场力量、文化力量、资本力量、政治力量都会适时强化科技创新与社会创新的融合。值得指出的是,这种结合或融合不是自然而然就能够发生的。我们看到,有的地方科技资源、要素较为富足,但并没有成为创新活跃的地方。这其中的根源就是科技资源只是提供了可能性,而包括社会创新在内的非科技因素提供了可运行的融合方式、融合手段、融合机制等。例如,北京中关村、上海杨浦有很多是针对活化科技资源的社会创新,正是靠大量的体制机制创新,才成为当今所在城市的创新高地。积极的社会创新本身就是全面创新的一个重要组成部分。

> 市场力量、文化力量、资本力量、政治力量都会适时强化科技创新与社会创新的融合。

> 北京中关村、上海杨浦有很多是针对活化科技资源的社会创新,正是靠大量的体制机制创新,才成为当今所在城市的创新高地。

在这方面,龙城街道的做法更有说服力。大家知道深圳本身应该说不是科技资源富足的地方,龙城街道所在的龙岗区在前一个时期更是深圳的"关外"或欠发展地区。龙城街道没有坐等机会,而是用良好的体制机制环境和主动的社会创新来吸纳和激活来自方方面面的科技要素、创新资源,使之在龙城落地生根,焕发持续创新的活力。

推动创新,基层组织更有其特有的优势。体制的力量使得发展主题越往上越强调系统设计、同步推进、协调和对称布局;越往下越能实现战略所关注的重点和优先推进,同时也能实现协调发展。落实顶层设计在基层;实现科技创新与社会创新的融合也在基层。

19.3 探索了新常态下文明型街道建设、发展社区生产力的新路

龙城街道从 2012 年开始的"文明型街道"建设,向我们展示

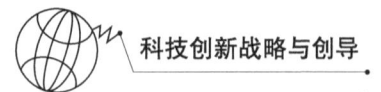

了特区在推进科学发展、创新发展、全面发展方面一次生动的探索实践。龙城街道以"文明型街道"建设为纽带，统筹推进政治、经济、社会、文化和城市五大领域的建设和创新发展。在每个工作板块中，又以强烈的责任心和进取心创新了很多工作做法和套路，在创新发展的同时克服了系统失灵、治理失灵，实现了城区环境、发展质量、创新能力、精神面貌等多方面极大的改观，为我国新时期"四化同步""五位一体"的建设发展做出了有益的示范。总体而言，龙城街道的做法带给我们以下启示。

第一，坚持以全面发展的理念为引导。全面小康呼唤全面发展，全面发展必然将事关发展的全部因素放在统一的框架下进行战略考量。"文明型街道"建设是"四化同步""五位一体"等发展议题在一个街道转型当中的缩影。龙城街道提出的全面发展，就是将任何重大发展议题真正放到一个战略框架下、一个资源平台上、一揽子解决方案中，从中凝练核心目标，以此来引导并在工作中始终把握好街道/社区的发展价值取向。

> 顶层设计首先是要处置好顶层重大议题或目标间的关系。

第二，坚持把科学的顶层设计做到位。顶层设计首先是要处置好顶层重大议题或目标间的关系。从五大指标体系的内容设计和相关关联上看，龙城街道的实践先行做到多元一体、多规合一，围绕"文明型街道"建设进行，把握好生产与生活、经济与民生、物质与精神等方方面面的关系，把创新性地解决社会、文化、城市建设中出现的发展难题作为社区生产力增值的重大目标要求。特别是从近年来的工作实践中我们看到，龙城街道不仅设计到位、规划到位，同时也落实到位、实践到位，而实践的结果将有助于进一步增强我们的道路自信和战略定力。

> 城市发展的主要内容，其中一个关键就是要打造内生动力。融合的机制、内生的动力取决于多种要素、多个主体、多种模式的互动耦合。

第三，突出地面向产城融合、创新发展。产城融合、创新发展是当前深圳这样的城市发展的主要内容，其中一个关键就是要打造内生动力。历史经验表明融合的机制、内生的动力取决于多种要素、多个主体、多种模式的互动耦合。只有城市发展的几大主题同步推进，科技创新与社会创新的结合顺势而行，城市发展的各个主体、各参与方才能在产城融合、创新发展的过程中主动而为、奋发有为。特别是龙城街道还是龙岗区的核心区，近年来其核心能力迅速形成、辐射作用同步发挥，就恰恰得益于龙城街道以"文明型街道"建设为宗旨的全面发展。

第四，以先进的知识管理构建新型的社会治理。龙城街道近年来的实践是不可多得的以知识进步推进社会进步、社会治理的创新案例。不论是在加强学习型组织或机构构建、服务型组织的培育方面，还是在知识传播、知识应用、知识分享等方面，龙城街道运用了一切可能的先进技术手段来加强"文明型街道"建设的知识创造、应用与共享，把相关知识作为社区发展的公共资源和基本规范，以此为新型社会治理奠定了良好的社会知识基础。

第五，正确发挥了基层党组织总揽全局、政产社协同推进的组织优势。政治建设、社会建设、文化建设、生态建设是一项比经济建设更为复杂、更有影响力，也更为紧迫的任务。龙城街道的实践，让人民群众看到了党政机关知难而进的品性，体现了各方组织机构良好的执行力、战斗力。人民群众还看到了在过去老大难的问题上，党的领导没有掉队和缺位，从发展成效中进一步相信党的领导，从而巩固了党的执政基础。

19.4 进一步完善"两创"社区发展和治理的设想

"五位一体"建设牵涉方方面面，这里重点谈科技创新创业。党的十八大报告提出，科技创新是提高社会生产力和综合国力的战略支撑，必须摆在国家发展全局的核心位置。我们要从"四个全面"总体要求出发，推动以科技创新为核心的全面创新。在未来加强"文明型街道"的升级版建设当中，有一个重要内容就是加强"两个双创"社区的建设。这个"两个双创"首先是指大众创业、万众创新，这是我们近时期驱动国民经济的两个轮子之一；同时也可延伸到上面所谈到的"科技创新与社会创新的结合"。为此有以下思考：

一是整合孵化器、加速器、科技园区、科技服务机构、创投

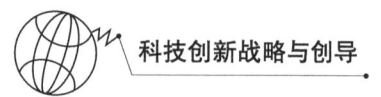

机构、科研机构、技术转移机构、科技条件平台、开源设施平台、"互联网+"等科技创新资源，谋划规划特定主题的众创空间，把它作为创新驱动发展的核心载体。这其中的核心问题，不是传统意义上的科技或经济问题，而是率先实现围绕以创新创业者为核心的创新体制和政策体系。

二是着眼全球发展趋势，重点研判绿色城区、智能城区、低碳城区等议题的发展，结合地方"十三五"规划的制定和实施，在这些时代发展主题方面迅速形成一批落地的示范项目和建设运行模式。这一方面为"文明型街道"发展打造坚实的科技基础；另一方面也会形成可持续的竞争优势、辐射优势。

三是面向创新创业，探索以服务和文化促治理的发展模式。创新治理是一个时代的难题和热点。过去我们有过抓体系建设、环境建设、平台建设的经验，也出台过很多有针对性的政策（甚至到了一事一议、一人一策）。但从治理层面上看，政出多门本身就需要治理，否则就难以做到长治久安。所以，积极探索寓治理于服务及文化之中的模式，是我们正在探索的新路。其他方面围绕"两个双创"也有这样的需求。笔者相信"文明型街道"建设可以是一个工作创新的平台，期待新的探索和答案。

第二十章 院所衍生集群案例

——河南超硬材料及制品产业集群崛起之路考察①

超硬材料是指人造金刚石和立方氮化硼（CBN）两种基本材料，以及以这两种材料为主要成分的复合材料。它们是目前世界上已知的最硬材料，有"材料之王"的赞誉。进入21世纪以来，我国超硬材料及制品产业厚积薄发，已发展成为世界超硬材料及制品的产业大国、主要技术装备输出国。

20.1 超硬材料及制品产业在我国的成长与崛起

超硬材料的应用普及始于人工合成金刚石（也称"工业钻石"）。自1954年美国GE公司研发成功人造金刚石制备方法后，世界主要工业国家都把开发人造金刚石技术和设备当作极为重要的战略目标，不惜花重金投入。人造金刚石自20世纪60年代开始规模化生产，之后从70—90年代围绕人造金刚石的设备开发和生产，全球主要生产国展开了异常激烈的角逐。我国人造金刚石研究和生产也在20世纪60年代中期艰难起步，历经30余年时间追赶，终于后来居上。2000年，我国人造金刚石产量就占到世界市场的一半。近10年来，伴随着科技设备及工艺水平的提升，我国的市场优势地位不断巩固。2009年，我国超硬材料总产量达到57亿克拉（机床工具工业协会超硬材料分会统计），占全球市场

---

① 科研院所、大学等周边智力密集的区域所衍生的产业集群，一直是笔者做产业集群研究所关注的重点，此文是2010年8月赴河南超硬材料及制品产业集群与郑州磨料磨具磨削研究所（简称"三磨所"）进行调研的报告综述。

90%以上的份额。世界人造金刚石厂商排名前3位都来自我国河南省,中南钻石、黄河旋风、郑州华晶3家分企业的产量已然接近全球市场的70%。

我国成为全球超硬材料产业中心,根本性的因素是靠我们持续的自主创新。中外人造金刚石生产之争实质上就是美国GE公司二面顶(合成装备)技术同我国企业的六面顶(合成装备)技术之争。在很长时期内,二面顶技术一直在技术设备、加工规模、工艺控制、产品质量方面有较大优势。由于外国公司技术垄断,限制向我国转让技术工艺,并在设备引进、关键部件贸易方面提出苛刻条件,二面顶技术在我国一直没有突破产业化瓶颈。技术上的歧视激发了我国技术专家、企业家致力于六面顶技术研发的积极性和干劲。在国家893计划、攻关计划及地方科技计划的支持下,经过长期的技术钻研和艰苦的产业化努力,我国科研院所和企业在六面顶(合成装备)核心技术上取得了系列突破,并拥有自主知识产权,各项技术指标基本达到国际先进水平,设备大型化不断升级、工艺不断优化、产品档次和质量已追上国外同类产品,且成本大幅下降,绝对竞争优势凸显。由此,那些曾经处于领先之列的跨国企业都不约而同地选购我国六面顶(合成装备),并借鉴其工艺方法,或直接选用我国企业生产的人造金刚石,如我国对美国人造金刚石的出口已占其进口总量的60%。

得益于本土物美价廉的人造金刚石和立方氮化硼材料供应,超硬材料的平民化应用迅速展开,我国超硬材料制品产业也快速崛起。在河南、河北、湖北、福建、广东等地产生了众多以金刚石工具为主产品的产业集群。一大批具有自主知识产权的高档次、高品质工具相继被开发出来,在建材、钻探、汽车、家电、航空、航天、微电子、新能源、新材料等行业中大显身手,对我国高、精、尖种类的产品加工起到了关键性的作用。

我国超硬材料及制品现已畅销世界五大洲110个国家和地区,这个产业成为目前我国为数不多的具有技术主导权、价格话语权、市场和产业影响力的产业。超硬材料及制品虽然目前在我国

第二十章 院所衍生集群案例——河南超硬材料及制品产业集群崛起之路考察

还是个小产业,却预示着我国众多材料制造业的演进路径。

20.2 河南超硬材料及制品产业发展带来的启示

自 1963 年中国第一颗人造金刚石在郑州三磨所诞生以来,河南逐步成为我国超硬材料技术的主要发源地和行业中心,形成了一个以超硬材料为先导、制品为核心、原辅材料和专用设备仪器为基础、公共技术服务体系为支撑、产业群体比较集中的产业链。其中金刚石原辅材料、金刚石单晶、立方氮化硼单晶、金刚石微粉、专用设备仪器在全国市场的占有率分别达到 30%、70%、95%、80%、90%。超硬材料产业在河南的发展形成了技术和市场优势,带给我们以下启示。

一是坚持自主创新,借助高速成长的本土市场把自有技术做成主导技术。在一定时期内,业内众多企业主要采纳某项技术(体系),我们称为主导技术。在同跨国企业的竞争中,我们得到的教训就是:不掌握主导技术,就只能被牵着走。主导技术的发展同样有着令人捉摸不定的地方。GE 合成第一颗人造金刚石采用的是六面顶技术,而后来集中开发了二面顶技术;我国第一颗人造金刚石也是借鉴二面顶技术而合成,但我们后来把六面顶技术做成了世界主导技术,在竞争中打赢了翻身仗。当然在发展中,我们的企业也借鉴了二面顶技术中的一些工艺。六面顶技术客观上不仅体现了材料技术发展的规律,也顺应了全球特别是我国本土人造金刚石平民化市场大发展的趋势,加上我国几代科学家和广大工程技术人员坚持自己对技术的认知,**坚持不懈地进行技术产业化和工艺优化**,特别是借助高速成长的中国市场之力把这项越来越具有本土特色的技术做成了世界产业的主导技术。对于广大加工业、制造业、新兴产业而言,本土市场往往是形成主导技术的最佳沃土。

> 坚持自主创新,借助高速成长的本土市场把自有技术做成主导技术。

二是科技资源决定了新产业的根植性发展。超硬材料产业为什么兴盛于河南,而不是其他地方?当初,国内能做人造金刚石的地方、想引进设备借力发展的地方很多,但后来都相继退出。

> 科技资源决定了新产业的根植性发展。

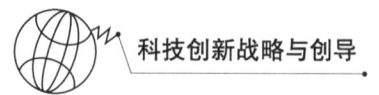

没有科技中心，就不会成为名副其实的产业中心。

业内公认的，没有三磨所就没有河南及中国超硬材料产业的今天。在与河南的显像管（CRT）产业发展比对中，人们更深刻地体会到：没有科技中心，就不会成为名副其实的产业中心。三磨所是1958年机械部为行业配套而设立的一个小所，1999年又转制成为一家高技术企业。该所长期以来承担着我国磨料磨具行业主要技术与新产品、行业专用仪器的研发，以及行业标准的研究制定等基本任务，开始时是行业几乎唯一的技术和人才辐射源。此外，河南高校也在国内最早开设超硬材料专业。科技和人才的优势成为该产业在河南落地生根、发展繁荣的关键要素。

面向未来，从长远出发，在全国根据资源、产业、战略等因素加快布局一批科技机构和科技资源平台，成为国家发展战略布局中的重要内容。

三是有效发挥科技园区创新驱动平台的功能。超硬材料及制品的第一个产业集群出现在郑州国家高新区，现已成为国内最具活力的创新集群之一。20世纪90年代，由三磨所及三磨所出来的科技人员创办领办的企业在高新区形成了早期的集群。这些企业高起点进入市场、专业化经营，一方面推进六面顶技术产业化发展；另一方面不断推出新产品迅速打开金刚石刀具磨具市场。高新区通过科技企业孵化器、生产力促进中心、创业投资、共性技术服务、专业化服务等手段支持硬性材料的产业化发展，有效发挥了创新创业服务平台的作用。高新区内超硬材料方面的企业普遍注重科技研发与创新，科技投入占销售收入的比例平均达到5%以上，最高的达到12%。近年来，以高新区的企业为骨干群体，河南在超硬材料及制品方面共完成各类科研及新产品开发项目920项，有150项科技成果达到国内外先进水平，申报专利250项，编制国家和行业标准26项，获国家技术发明奖6项、国家科学技术进步奖17项。

四是释放专业人才的才干、热情和意志。超硬材料及制品是一个专业性、工艺性很强的行业。走进这个小行当，你遇到的企业家往往是这个领域某个方面的专家，或在研发、生产等方面有工艺特长之士。他们了解产品技术和工艺，对产品性能、市场定

第二十章　院所衍生集群案例——河南超硬材料及制品产业集群崛起之路考察

位、前进中的障碍、未来产业态势有着深刻的认识。他们都非常敬业、实干，充满创新热情，有着朴素但又非同寻常的技术和产业抱负。早在20世纪八九十年代，三磨所的专家就喊出中国要成为人造金刚石大国的声音，一些企业家把"做中国钻石之王""刀具之王""让普通人用得起金刚石"等理念作为企业创新和发展的宗旨。特定的事业属于特定的人才，让他们干事成事，为他们创造适当的环境，特定的事业就有了辉煌的未来。

> 特定的事业属于特定的人才，让他们干事成事，为他们创造适当的环境，特定的事业就有了辉煌的未来。

20.3　超硬材料及制品产业的优势意义重大而深远

越是深入了解超硬材料及制品这个行业，就越发感到其意义重大，且对我国当前及今后发展有着全面而深远的影响。

第一，发展超硬材料及制品产业极具战略意义。当前，人造金刚石正从特种材料向通用性、基础性材料过渡，战略价值从点上已扩展到面上。超硬材料及制品是未来制造业特别是高端制造绝对的制高点，已成为国民经济、国防建设和人民生活不可缺少、不可替代的关键组成部分，一些发达国家甚至将超硬材料及制品作为一种战略性储备物资。超硬材料及制品的使用已成为衡量一个国家工业发展水平和实力的重要标志。

第二，超硬材料及制品是一国极限、复杂和高端科学和技术工程水平的体现。超硬材料合成技术、制品加工技术涉及高温高压物理、晶体生长、粉末冶金、无机化学、高分子化学、精密测控等众多学科领域，其制造技术难度高、过程复杂，世界上只有为数不多的几个国家具备其综合能力。

> 超硬材料及制品是一国极限、复杂和高端科学和技术工程水平的体现。

第三，超硬材料及制品产业发展前景巨大。有关专家指出，目前世界上各种类超硬材料工具有2000余种；每种工具的市场价值小至上百万元，大到上百亿元。超硬材料及制品本身就是一个巨大的产业。而目前的一切仅仅是应用了超硬材料的机械性能，其在热、电、光等方面优异性能的应用在我国还没有开始，未来的市场潜力难以估量。人造金刚石产业愿景如图20-1所示。

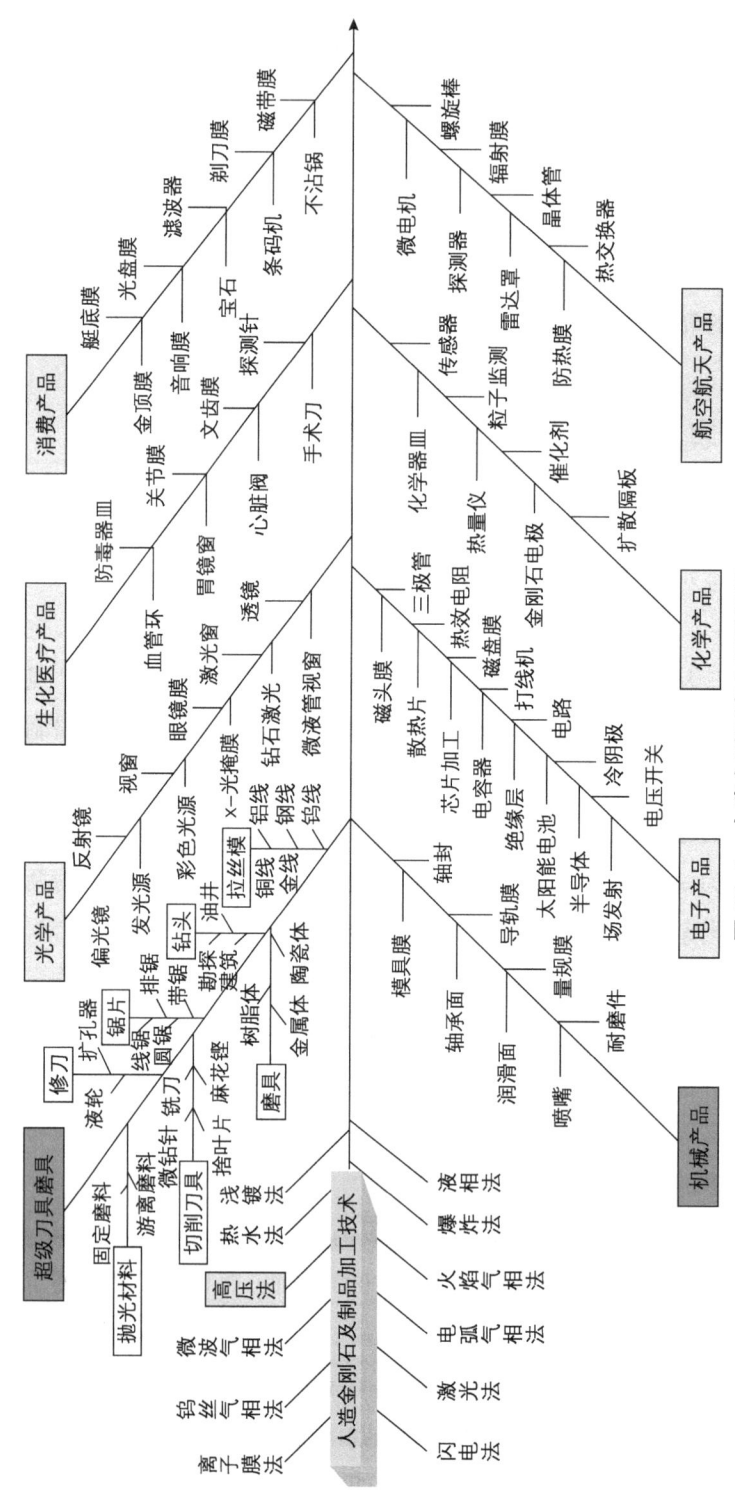

图 20-1 人造金刚石产业愿景图示

(注:参考宋健昆博士《钻石争霸战》中所绘图,略有改动)

第四，超硬材料及制品的广泛应用有着长远的社会效益。超硬材料及制品属于高效、节能、环保型产品，发达国家自20世纪70年代开始一直鼓励和支持用超硬材料分别取代耗能高、污染重、消耗资源的碳化硅和刚玉等传统磨料。特别是超硬材料工具的使用，是实现清洁生产、绿色生产体系的关键环节。随着我国超硬材料的平民化应用，一场加工工具的革命已悄然展开，这将有力地促进资源节约型、环境友好型社会的构建。

20.4 我国发展超硬材料及制品产业面临的机会和挑战

2000年，我国的人造金刚石产量占到世界一半时，有人担心产能过剩，于是出现了我们自己对六面顶技术的非议并提出限制发展。2009年的市场规模是2000年的10倍以上；2010年，我国人造金刚石的产量预计会有20%的增速，达到70亿克拉以上，且价格还有所上升。现在，最大的材料供应商和材料设备制造商在我国、最大的应用市场在我国、最大的潜在市场也在我国，"有苗不愁长"，这是被众多业内业外人士都看好的高成长领域。

我国超硬材料及制品行业目前已经形成较为理想的产业生态：在原材料方面，以三大供应商为龙头；在材料制品方面，有众多专业化的小巨人；在科技创新服务方面，有吉林大学超硬材料国家重点实验室、三磨所国家技术工程中心、一批具有相当研发实力的高技术企业；另外，已有5家上市企业，还有三四家企业已进入IPO程序。国内传统制造业市场巨大、超硬材料及制品的新兴市场潜力巨大，市场新进者十分踊跃。由于我国已是世界最大的超硬材料生产国，在发展方面唯一的挑战就是来自这个行业本身。虽然国外企业在高端工具制造、金刚石新应用方面仍然领先于我们。但我们有了40余年追赶和局部领先的经历，现在这种国外领先的距离感越来越不被当回事了。

客观地看，与国际先进水平相比，我国在超硬材料合成设备大型化、工艺精细化、大单晶金刚石制备，以及产品专用化、系

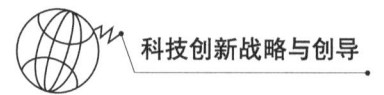

列化、高档化、功能多样化、企业和产品品牌化经营方面还需要奋力追赶。

20.5 打造超硬材料及制品产业优势的若干思考

从保持该产业优势地位视角出发，政府下一步要引导该产业实现又好又快又稳的发展，可采取以下支持策略和手段。

20.5.1 试点实施维持优势的"卓越产业创新行动计划"

科技对战略新兴产业的作用在两个阶段表现得尤为突出：一是从无到有，需要科技突破、科技创业为支撑。二是从大到强，需要持续的科技创新为引领。此外，我们在培育和发展战略新兴产业过程中，也要分类指导和管理：有的重点是培育、有的重点是发展。对于像超硬材料及制品这样的产业（它还属于战略新兴产业范畴，因为下一步需要开拓新兴应用市场才能维持产业优势），政府工作的重点应放在发挥科技引导力、持续产业优势上。应以河南超硬材料及制品产业为例，或者在全国各省特别是在国家高新区里选择一批体现中国特色、国内外市场占有率高、有一定的科技积累和基础、维护或巩固产业优势意义重大的产业，实施"卓越产业创新行动计划"，综合我国目前已经有的政策和工作手段——重大或重点专项、技术创新工程、创新型企业、企业实验室和工程中心、技术联盟、科技金融、技术市场、科技创新创业服务、研发设计外包等，重点提升产业的内在科技实力和创新活力，打造科技引领产业持续发展的机制，引导我国企业学会在产业高端或制高点上依靠科技创新进行经营和战略博弈。

> 重点是提升产业的内在科技实力和创新活力，打造科技引领产业持续发展的机制，引导我国企业学会在产业高端或制高点上依靠科技创新进行经营和战略博弈。

20.5.2 开展对现有行业创新机构和能力战略的评价，筹建战略级的科技创新平台

三磨所是全国尤其是河南超硬材料及制品产业发展到现在的头等功臣，目前其在六面顶技术的大型化、高端刀具磨具开发、

极限条件加工制造等方面还有巨大潜力。现有的三磨所技术开发体系已不足以支撑面向未来的超硬材料全产业链和创新系统的构建：一是过去研发领域集中在材料制备和机械工具方面（虽然在金刚石的光、电应用开发有一些研究探索）；二是它属于转制企业，现在是靠自己产业化收入来支撑为行业服务的业务；三是这个行业大发展需要在产业基础研究、应用基础研究、工程化、系统化研究方面深入下去，现有的体制机制不利于吸引高层次人才。我们可以用现代院所制度或新型研发机构来建设超硬材料及制品产业技术研究院，为这个未来的大产业打造战略级的科技平台。

20.5.3 促进技术、市场和资本良性互动，进一步升级和放大已形成的产业优势

保持技术上优势不仅要靠科技手段，还要将技术、市场、资本等各种手段融合起来。应鼓励郑州国家高新区尝试建立全球超硬材料及制品展销中心、交易市场、期货市场，发展专业化的电子商务、科技商务平台，建立市场预警分析体系；推动有条件的地方建立行业专项资金、基金；要在股票市场建立超硬材料及相关领域板块，有关部门要监控或必要时适当干预超硬材料上市企业的股票和产权交易，确保我方不丧失企业控股权、技术主导权。

20.5.4 实施有利于优势产业发展的产业和技术专门政策

（1）进一步明确超硬材料及制品生产技术的高新技术及产业属性。有关部门要给予大力支持。科技部已修订了有关政策条款，准备在政策更新时向社会发布新的政策。

（2）适当调整出口退税等手段，鼓励超硬材料特别是制品的出口；根据行业发展特点完善出口政策，在超硬材料及制品项下再细化有关目录，增列超硬材料及制品海关商品号及税则号，以便统计分析该类产品进出口情况，在遇到国际反倾销时能提供有关权威数据，保护民族产业。

（3）实施有利于超硬材料应用发展的技术政策。鼓励建材、机械加工、精密仪器加工、钻探采掘、道路维修、环境修复、应急救灾等领域实施积极的技术替代政策，加快淘汰落后工具，应用先进工具。

（4）实施适当的技术输出政策。当年，外国公司以高价卖给我国两面顶技术，而且在工艺、配件方面要么有所保留，要么附加很多限制条件。而现在我们有的企业正以廉价的方式输出六面顶（合成装备）技术。这被国际同行誉为中国式的"以德报怨"。我们无须重复别人搞技术垄断、技术封锁那一套，但在激烈的市场竞争中，我们也应珍惜和维护来之不易的自主创新成果，研究出台有利于维持产业优势的技术输出政策、知识产权和技术标准战略。

第二十一章　产业技术创新组织范式及政策取向[①]

大国经济既要有大产业，更要富集众多（细分）产业。大产业需要大的创新，也会孕育大的创新；众多产业则需要众多类型的创新以达成。技术创新小微至个人、团队、企业的创新，中观至集团、部门、集群、区域的创新，宏大至国家、全社会、全球的创新，林林总总，可以各有源头、各呈形态、万千变化，但归至一定的规模和组织形态，终要体现在产业的发展水平和创新能力上来。一项技术、一个技术体系的演变基本就反映在与这个技术高度关联的产业兴衰史上。丰富多样而又有竞争力、影响力的技术创新组织形式是实现产业持续繁荣的内在动力机制。

> 一项技术、一个技术体系的演变基本就反映在与这个技术高度关联的产业兴衰史上。

21.1　应从产业角度认知技术和创新

参阅与创新相关的学术文献可知，"创新"一词开始于熊彼特等经济学家用以描述企业层面的实践或企业家发现新机遇、整合新要素、实现新价值的行为。这其中有一个公认的前提就是企业或企业家是（企业）技术创新的主体。这个主体的含义既是实践意义上的主体，也应是制度意义上的主体，或者说对（企业）创新行为负有全权全责、享应得收益的当事人。在工业化进程中，行业有起落，企业有兴衰，那些当下成功的创新者是行业明星，是市场竞争的主角。在我们常讲的企业为主体的语境中，人们是

[①] 文章精简版刊发在《中国科技论坛》2004年第12期。

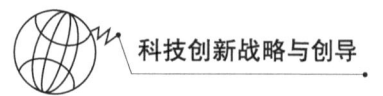

在我们常讲的企业为主体的语境中,人们是从主体、主要代理者、主角、系统主体、主要载体、主力军、主控方等多重意义、多重视角上来给企业进行主体定性的。但无论怎样的主体内涵,都需要有一个技术创新的组织模式。

不像物理场所、实物资源等局域问题可在企业体系内较多地由企业自己掌控和支配,科学技术在企业系统中是一个特殊的广域性问题。企业的技术总是处于企业系统同企业外部关系的界面上,包括与用户、上下游企业、技术开发方、技术交易方的关系。在技术本身生成、开发到使用、交易等方面,企业并不能完全支配。所以要从比企业更广的维度来认知技术及其创新。

汉语中工业、产业、实业都对应着同一个英文单词 industry 或 industries。过去在从农业社会向工业社会转型中,industry 是指工业、工业化的载体或结构;现在人们说 industry,更多的是指产业而非特指工业。工业是相对农业社会形态或历史阶段而言,围绕产品核心,强调的是部门经济的视角;产业则相对于后工业化、现代化阶段,强调的是生产体系、贸易关联、跨部门性等特点;实业则突出其加工制造、实物产出及不同于虚拟经济的形态。现在我们还在很多场合特别强调:是农业产业化而不是农业工业化;是工业反哺农业而不是产业反哺农业;是工业设计或产品设计,而不是说产业设计、实业设计。不同的所指和解读代表着国人对 industry 认知与时俱进的深化,也意味着人们必须以更宽阔、更深入、更新的视野来审视工业或产业这个复杂的对象体系,以及相关的历史进程。

技术源于生产生活的经验提炼或是科学知识原理的实际应用。它总是寓于一定的实体表现形式,或是一个产品、一个编码方式、一个组织方式、一套工艺流程、一套解决方案等,其本质体现了社会经济体系内在诸要素围绕器物或工具的功能、人类行动的目的所形成的关联。因此,应从产业(整体)认知技术和相应的创新活动,而不是从部门经济、企业、工程师个体群体等角度看技术。产业属于经济的中观层面,不同的企业及不同的技术以企业群和技术群的形态在这个层面上表现出较为稳定的特征。

再者，技术及其创新并不限于部门性，也不以企业组织为边界。虽然有些技术有较明显的行业特征，有些技术专利一时可为企业所垄断，但科学及技术不论从原理上还是从创新指向等方面都是要超越部门和企业的边界。

21.2 技术创新与现代产业体系

现在人们论及产业可以有很多视角和界定。在笔者看来，产业是内生于市场，具有近似、可包涵、能统摄的技术经济关系总和。作为一类产业的主要标志：一是它对应并依赖于一定规模的市场成长，在发展中形成了较为稳定的生产和经营模式；二是它以产品或服务体系为边界，有较明晰的、共同的经济脉络、形成了直接和间接相关联的产业主线或基线，人们形象地称其为产品线或产业链；三是产业内有相似的分工，可适当地分解为能独立运行的模块；四是很重要一点，随着产业的生成和发展有着持续的产品和技术创新，这种创新以融合新的要素、资源为基本方式，以实现新的价值或功能为指向，以酿成新的产品市场格局或产业形态为结果。现代产业体系则体现在产业理念、产业组织、产业形态、产业创新等方面都不同于传统的产业。例如，由硅谷展现给我们的现代产业，更加强调新的科技思维、新的商业模式，强调跨界融合和集群优势，强调民主化、社会交往功能的组织，强调全链条的创新或创新生态整体的作用。

> 产业的主要标志：一定规模的市场成长；以产品或服务体系为边界；产业内有相似的分工；有着持续的产品和技术创新。
>
> 现代产业体系则体现在产业理念、产业组织、产业形态、产业创新等方面都不同于传统的产业。

20世纪后半叶，经济发展史中核心的脉络就是新科技成果的产业化、全球化。电子、信息、新材料、新能源、智能机器、生物工程、互联网、显示系统、可穿戴消费电子、3D或4D打印制造等，从科技到产业莫不如此。一个重要科技成果的应用和产业化往往造就出新兴的产业。产业技术创新在长期的传承中总带有以下特点：

（1）产品性——以产品或服务为载体。

（2）集群性——技术和产品绝少有孤立的，越来越多的技术

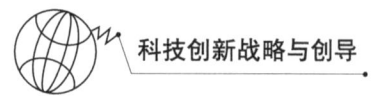

创新是技术网络、产业集群竞争、协作、共同演进的结果。

（3）区域性——技术创新总是率先生成于某个适当的区域。

（4）平台性——多项技术可以汇集于一个产品系统上，一项技术会应用推广到多个方面或多个环节的产品技术创新。

（5）融合性——许多创新是科学技术跨界融合的产物，反过来也更加促进新的技术和产业融合。

过去的产业发展中，以产品为核心的技术创新案例较多；而今天，则是基于科学的技术、基于技术的产业，两者紧密结合于一体，以科学理论、前沿知识为核心，以商业模式创新为形态的技术创新大行其道。不断展现持续的、融合化的、颠覆性的技术创新是现代产业体系的核心特征之一。

21.3 产业技术创新的动力模式

产业技术创新实质上就是企业群体的技术创新。分析产业技术创新，得先从企业开始。通过对影响企业和企业家主体技术创新决策的各种前置因素进行汇总分析，可归纳出以下4类驱动模式。

其一，压力驱动——由市场竞争、经济环境、全球格局、生态环境等因素迫使企业采取必要的创新行动和举措。

其二，信息驱动——受市场（主要是产品价格、产品结构）、贸易、金融、政策、经济生态大环境等动态信息诱发或致使企业采取的创新行动和举措。

其三，设计驱动——主动综合集成现成或开发中的知识、方法和技术，通过程序化的组织方式，用以开发新的产品、生产流程或解决方案。

其四，知识驱动——将由新发现、新发明形成的新知识（体系）进行商品化、市场化、产业化，融入经济体系获得成功，并实现创新价值。

先前的理论模型认为，技术创新的基本动力模式由市场拉动和技术推动整合而成。上述 4 类驱动模式则是这两种动力模式的进一步细化：压力驱动、信息驱动更多地体现了市场拉动的作用；设计驱动、知识驱动则体现了技术推动的力量。但正如从一开始人们对于市场拉动和技术推动无法完全分割一样，绝大多数情况下很多产业的技术创新都是上述 4 类驱动模式相互融合在一起共同发生作用的（图 21-1）。

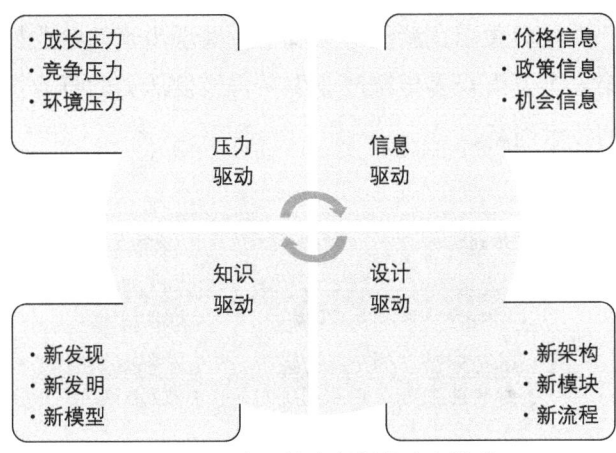

图 21-1　产业技术创新的动力模式

21.4　产业技术创新组织的基本范式

创新的类型学（typology of innovation or taxonomy of innovation）一直是创新研究中很热门的一个话题。众多文献都谈论过创新（模式）分类问题，如创新理论界常用到的 Utterback 分类、Pavitt 分类、Christenson 分类等。弗里曼的经典著作[1]较早分析了技术范式的问题，《产业创新手册》[2]从簇、链、体的维度分析了产业技术创新的形态。笔者从产业组织和管理视角再进行探索，是对传统创新分类研究的继承和推进。至于用"范式"这个词，是因为

---

[1]　克利斯·弗里曼，罗克·苏特. 工业创新经济学[M]. 华宏勋，华宏慈，等译. 北京：北京大学出版社，2004.
[2]　MARK D，ROY R. 创新聚集：产业创新手册[M]. 陈劲，等译. 北京：清华大学出版社，2000.

"范式"这一概念远比类型、模型、模式、方式等概念能涵盖创新过程所涉及的更广泛、更复杂的内容。

综合以往的理论文献和现行的产业技术创新的实践和做法，产业技术创新的组织范式大致可归纳为6类：第1、第2类是传统经济学最常关注的、熊彼特所主张的企业家创新和大企业研发；第3类是由像以色列、韩国、日本等国政府组织进行过的国家产业技术战略；第4类是迈克尔·波特所主张的产业集群创新；第5类是由美国在新经济发展中所展现出来的专业技术组织平台；第6类是由众多传统产业中一再焕发活力的行业技术传统所主导的技术创新。

图21-2　6类产业技术创新的组织范式

如果从组织范式的基本属性看，如图21-2所示，行业技术传统、企业家创新是最基本的；产业集群创新和大企业研发则越来越成为常态式发展；国家产业技术战略和专业技术组织平台则是由市场和非市场化组织双重力量通过一定策略实现的组织模式。受产业发展阶段、产业发展环境、被设想的长短期经济目标之不同，不同类别的组织范式所呈现的次序、发生的作用也是不同的。

① 企业家创新——这是人类经济社会中具有恒久进步动力、成功魅力、发展潜力的实践活动。创新是生产函数的改变，意味着创新要素、创新资源的重新组合配置。创新的成功案例显示，正是由于企业家的创新意识、创新实践使得这种重新组合和配置得以实现。这其中包括大企业中的企业家创新，更多的是中小微企业的企业家们另辟新径、另立门户、抓住机遇的创新创业。因为最终的市场、产业链的形成是以企业间、机构间的交易为标

志，因此广大中小微企业、企业家创新创业在新兴市场形成、发展、成熟中发挥重要的引领者和塑造者的作用。

② 大企业研发——由于研发活动的门槛效应、产品迭代创新策略及缓期收益等现象，使得一个产业在成长和成熟阶段，产业的技术往往由一个或几个大企业的产品研发来引领市场。在后工业化阶段，对于越来越复杂的产品或产业系统，由于较高的成本和较长的研发周期，其设计及创新只能交由大企业来完成。

③ 国家产业技术战略——在市场机会、重点产品目标、技术路径较为清楚且缺乏大企业引领的前提下，政府可用产业总体技术战略及规划的形式对政府所能控制和影响的科研设施、创新资源、产业资源进行市场化导向的配置，使产业尽快跨过发育期，进入成长期；如能抓住产业发展中新的技术创新机遇，也可率先步入新的产业技术轨道。

④ 产业集群创新——不论是科技、产业还是市场，实际上都对经济空间、地理空间有相当程度的依赖，就是经济学上常说的要素或资源的不完全流动性、不完全分离性，这就使得集群成为促发创新、支撑产业的重要形式。不同于大企业研发的引领，众多创新型中小企业的集群也可引领市场和产业的持续发展。

⑤ 专业技术组织平台——现在越来越多的这类组织，有的是以企业方式在经营，有的是以非政府组织或非营利组织等方式来运作。美国的新经济发展向我们展示了其中许多典型的案例，如美国半导体技术协会、美国男子职业篮球联赛（NBA）、VISA卡组织、苹果、高通、谷歌等。实际上，一些连锁经营模式的技术创新也可以涵盖在内。这类创新组织在产业生成期、技术转型期中发挥的作用极为关键，其核心功能是识别技术和市场机会、谋划产业整体策略、引领技术研发和标准制定、推选市场的主流产品设计、促进市场信息和知识产权共享、表达共同的政策诉求等。

⑥ 行业技术传统——有些产业经过较长时期的稳定发展，已经在某个区域形成了优势的、持续传承的经济形态，并且形成

了特有的、稳定的行业技术传统，这一传统反过来又加强了这一行业门槛。当然这种传统也有可能还是区域性的、民族性的。例如，瑞士手表业、欧洲建筑设计业、中式餐饮业、各地方的时尚产业等，它们有的会以集群方式一起发展，有的是相对离散式发展。哈耶克曾指出：生生不息的传统是创新的不竭动力。很多产业的根植化发展及持续繁荣靠的就是技术传统，或者说是产业技术文化。

创新的组织范式与创新驱动模式的关系，如图21-3所示[①]。这里的象限不是严格的正交关系，只是表示一定量或度的相关性。如企业家更多是面向压力的创新，大企业才能掌握大数据、开展大设计；集群不是没有信息在起作用，而是在集群内信息相对是透明的；行业技术传统不是不讲求设计，而是由于长期积累，大量的设计已属于行业标配。概之而言，不同的组织范式对不同的驱动模式敏感性不一样。

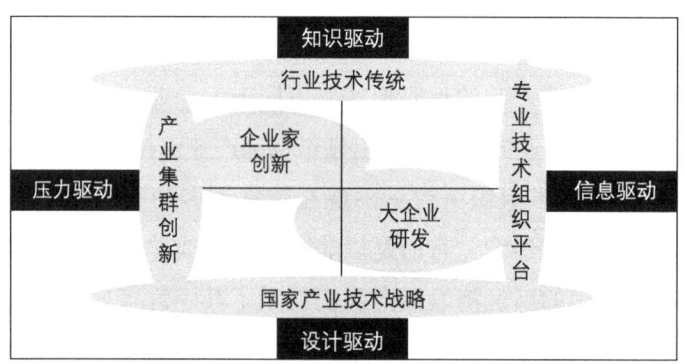

图21-3　产业技术创新组织范式与创新驱动模式的关系

特别需要指出的是，一个产业的成长分为若干阶段，如初创或导入期、成长期、成熟期、转型期等。一个产业体系中又有多种类型和性质的产业，如传统产业、新兴产业、支柱产业、先导

一个产业体系中又有多种类型和性质的产业，如传统产业、新兴产业、支柱产业、先导产业、战略产业等。

---

① 此处参考了杰勒德·费尔特洛克："创新企业组织"，出处：约翰·齐曼.技术创新进化论[M].孙喜杰，曾国屏，译.上海：上海科技教育出版社，2002：291-302.

产业、战略产业等。对于不同的产业阶段，不同类型或性质的产业，产业技术创新组织在其中的功能和表现是不相同的。绝大多数产业需要多种技术创新组织模式共同推动。好的市场制度、产业生态或国家创新体系的标准，就是能够及时生成各种组织模式的创新，并让各类组织模式快速有效地配置创新资源，还能为各种组织模式的对接、切换、转型或融合提供便捷的条件。这也是我们现在推进市场化改革、建设创新体系、构建创新生态的一项重要内容。

21.5 当前产业技术创新面临的主要问题及政策导向

中国目前的产业技术创新阶段，总体上还与发达国家、先行工业化国家存在较大差距。虽然在部分领域我们已同世界同行并行，一些领域已显示出先行优势，但在相当多的领域我们还需要学习、追赶和超越。产业技术创新是当前及今后相当长一个时期我国科技创新战略的优先方向之一。中国的崛起和持续发展首先要凭借有科技创新优势、竞争力强、附加值高的若干大产业及众多小产业。

从上述6个范式维度看，综合相关研究文献和笔者同产业界接触的经验，在产业技术创新方面我们遭遇过的或正在面临的较大问题有：众多大企业的产品架构设计及原创能力很弱，产业技术创新的策划和组织还没有转变为自觉地面向"技术—产品全生命周期"的战略规划设计；企业家发现和实现创新价值的主动性不足，中小企业的创新创业盲目性、山寨方式过多，颠覆性创新少；传统政策模式受到新技术革命方方面面的挑战，还是习惯用旧的理念和方式来推动科技创新和新兴产业发展；生产型、依附型的产业集群多，创新型、引领型的集群少；原有事业单位制的科研机构或协会学会的建制规模普遍偏小，不适应当前创新所需的多学科、高集成、跨界组织的要求；市场化的专业技术组织平台刚刚有所起色、迈出步伐，需要更多的平台和更多的历练；对

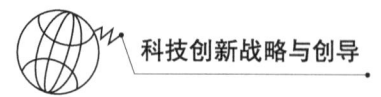

已有的优势产业、行业及相应的技术传统还没有将其作为重要的战略资源和手段。当然，还有很多细节问题，有些还需要进一步的数据支持，限于篇幅不在此赘述。

在新的历史条件下，政府要推动产业技术创新，就必须在充分发挥市场决定作用的前提下，认清并充分了解产业技术创新的规律、理清应有的发展思路。产业技术创新也须遵循自主创新、重点跨越、支撑发展、引领未来的方针，还要与时俱进，进一步彰显原创、融合、开放、永续、人本等创新的基本理念与时代特征。新阶段的科技创新政策、产业技术政策必须从不同性质的产业、不同阶段的产业对应不同的技术创新导向和组织机制要求出发，从完善创新体系、提升自主创新能力总体要求出发，把不断丰富产业技术组织形式和功能作为当前实施创新驱动、促进产业转型发展、汇聚创新要素、激发各类资源等政策的重要着力点，通过适当组合科技、产业、金融、商贸、人才、政府服务等方面的政策、制度，在政策组合中因势利导、因事施策，并积极进行有针对性的政策创新、制度创新，要让各类产业技术创新组织顺时而生、顺势而长，并为它们的持续壮大、发挥市场主体作用、实现技术创新主体功能等目标创设应有的环境和条件。

> 产业技术创新也须遵循自主创新、重点跨越、支撑发展、引领未来的方针，还要与时俱进，进一步彰显原创、融合、开放、永续、人本等创新的基本理念与时代特征。

第二十二章 民营企业自主创新六议①

22.1 "三关一品":民营企业实施自主创新战略的着眼点和着力点②

经济发展史告诉我们,工业化、现代化是一个经济结构、社会结构不断进化、升级的过程。经济社会结构的改变首先源自产品或服务的创新,以及随之而来的新兴产业的崛起。随着技术创新步伐的加快,以及科技与经济、社会关系的日益密切,产品及产业的结构升级愈加依赖于科技创新,特别是原创性、集成性的科技创新,因为它们对经济、社会、文化有着超出以往的始料不及的冲击力和塑造力。一个区域、一个国家的崛起常常就是开始于一个初看起来很不起眼的科技创新成果。

经济结构升级与增长方式的转变常常是并行而来的。经济结构升级的外在表现是产品特别是服务的增多,产业链拉长,高端产品和服务大量涌现。增长方式转变的外在表现就是生产力的提高和生产率的高位增长,实现人力资本与工具资本的最佳组合,用最少的资源实现最有效规模的产出。经济结构升级和增长方式转变本质上都是要素资本"多样化、活性化、能本化"三位一体的结构优化效应。所谓多样化是指我们常说的资本有机构成的提高;活性化是指劳动分工水平、要素流动水平和资本融合水平的提高;能本化是指面向竞争的经济组织更加依赖人力资本或人才素质。所以,面向要素资本结构优化的战略调整、主动

> 经济结构升级和增长方式转变本质上都是要素资本"多样化、活性化、能本化"三位一体的结构优化效应。

---
① 6篇短文取自当时所写的博客文章、参加研讨会的发言或应约文章。
② 本文部分内容曾刊发在《红旗文稿》2006年第6期。

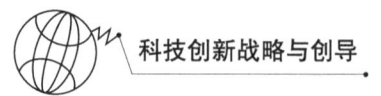

投资、改革与创新是推进企业结构调整和增长方式转变的基本前提。

随着改革开放的深入扩大，我国经济在高速发展的同时，众多民营企业的技术进步，经营管理水平提高许多。很多企业通过体制改革、技术创新、管理提升，使企业迈上了规模化、自动化、多元化经营发展的台阶，客观上支撑了"中国制造或加工"时代的到来。

随着经济全球化、社会信息化进程的加快，我国产业界正面临新一轮的挑战。人们形象地指出：中国企业目前处于三大夹板压力：国际巨头打压、资源约束高压、同道竞争挤压。三大压力使我国企业，尤其是民营企业面临着前所未有极其复杂的产业生态。当今世界，不仅技术创新快，要素流动和产业转移也迅速异常，使得许多行家里手都看好的中国市场也常常出现大市场、强竞争、短周期、快饱和的态势。人们对汽车市场井喷式前景的乐观估计尚余音绕耳，目前库存的信息正成为汽车业负责人们的梦魇。在超大规模市场中占有一席之地的欲望一方面强烈地吸引众多企业进局；另一方面也对企业面向全球资源参与市场的整合能力提出了前所未有的要求。企业要么主动去整合，要么被整合，正考验着成长中、主要基于制造和加工能力的民营企业。

如何帮助我们的企业有效地进行整合？抑或恰如其分地参与整合？笔者认为政府必须引导广大民营企业在开发、经营"三关一品"方面形成必要的能力和素质。"三关一品"即指关键材料、关键零部件、关键装备和品牌产品与服务。这里的"关键"主要取决于产品的科技含量、市场稀缺度和产业覆盖规模等因素，而且还要视市场外因和企业竞争力内因共同决定。品牌是指企业运用多资源对客户关系和产品价值体系的整体把握，把企业能力兑现为价值和信用。一个产品系统、一个产业链体系中，其"关键"部分是其价值的主体部分。企业掌握了关键就有了讨价还价的资本。企业专注于"关键"和品牌，就是要努力争取产业链中不可或缺之位。产业发展的历程告诉我们，无论是成熟的还是新兴的

> 中国企业目前处于三大夹板压力：国际巨头打压、资源约束高压、同道竞争挤压。

> 企业要么主动去整合，要么被整合，正考验着成长中主要基于制造和加工能力的民营企业。

> "三关一品"即指关键材料、关键零部件、关键装备和品牌产品与服务。

市场都不会轻易排斥或放弃一个10年、20年专注于关键材料、关键零部件和关键装备的企业。谁抓住了"三关一品",谁就能够接近并进而获得特定产业领域中的核心地位、主体地位或引领地位。

企业从常规产品制造迅速向"三关一品"方向创新突围,实施主动的战略转型,开发新兴事业,升级整合能力,转变增长方式,这在当前尤为必要和迫切。这是因为:

——竞争规律使然。由于其科技含量、市场稀缺度,使"三关一品"具有非同一般商品的市场价值。它们是市场价值链中最突出的部分,因而也是市场竞争的制高点。只有接近并掌握这个制高点,企业才具有基本的市场议价和博弈能力,才有整合产业链的基础。

——差异化定位使然。大家都看到,企业间、区域间的错位发展正成为新的竞争取向,特色化经营正成为越来越多产业部门的战略选择。以"关键"来定位和以"一般"来定位会相差"两重天"。未来的企业竞争力不是由其所生产的产品界定的,而是由企业对"关键"机会的识别和把握决定的,是由企业对"三关一品"的战略操作表现决定的。企业越是集中于"三关一品",越是难以被他人一时替代。

> 企业越是集中于"三关一品",越是难以被他人一时替代。

——集群化、模块化发展使然。产业资源向集群高度或超常集中是不可阻挡的趋势。"三关一品"是集群富集各类要素和资源的核心环节。在一个集群里,产业的分工协作、创新网络,以及垂直的或平行的一体化整合将无处不在。非关键性的、常规和大众化的产品或服务越来越向一个平台、一个中心集中,从而使这个平台或中心在集群中也具有了"关键"地位。任何一家企业,甚至产业服务机构,越是远离"三关一品",其在产业链中的地位越是可有可无。

> 越是远离"三关一品",其在产业链中的地位越是可有可无。

——信息时代的生产和经营使然。数字化网络的出现,使虚拟组织和制造成为可能。虚拟组织的出现,需要我们对产业链条重新解释和建构,对中国制造也需要重新解释。新的组织和管理

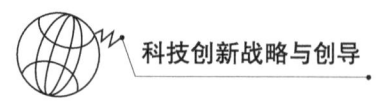

创新使得行业范围趋向模糊,产品产业大跨度集成、融合成为可能,企业的资本结构从固态走向液态,企业商务模式将出现新的创新高潮。可是不论如何变,人们对一个"组织"的价值判定、对合作伙伴的选择就基于它能否提供市场认可的"三关一品"。

基于上述分析,笔者认为,未来我国民营企业的经营战略取向就是以"三关一品"为导向,加速实施差异化战略,专注于以自主创新能力提升核心竞争力,提升整合国内外两个市场资源的能力,并且不失时机地进行破坏性创新,渐进性地把握产业主流和制高点。为此,政府应积极引导和帮助民营企业:

——升级战略理念,倡导新的创业立业及发展模式。既鼓励传统型的产品立业、项目立业、工程立业,更要鼓励创意立业、创新立业、服务立业等,鼓励以创新求永续发展;深化对现代制造及其全过程的认识和理解,加工不等于制造,车间不等于企业,将制造理念、创新理念向创意、研究、开发、设计、工艺、营销、品牌和增值服务等产业各环节全方位延伸,推动企业从简单加工向增值创造转型。

——改善战略规划和管理能力。决策失误、用人不当、资源配置低效等问题正显著地影响着民营企业的成长。我们许多民营企业在产品加工制造方面投入的精力太多,而在战略管理方面乏善可陈,主要原因:一方面是草根型创业、产品立业的成功让企业家们对冲动型决策、产品的市场直觉等因素产生经验性偏好;另一方面对现代以竞争战略和创新战略推动经营的管理模式、管理手段和技术要么不熟悉,要么用之不当。为什么企业在结构升级中有这么多的决策失败,就在于很多企业局限于以产品定向,不能根据自身特点和新的环境制定出基于自主创新的技术战略路线。在一个创新决胜的时代,技术路线就是战略路线。摩托罗拉30年来在全球市场上拼杀,其成功的秘密之一就是依靠了近1200个有战略意义的"技术路线图"来整合全球的技术和产业资源。

——抓住战略机遇期中的创新机会,特别是做好"转型"方面的文章。我国的国民经济正跨向"十一五"的新台阶。在新的发展时期,国家以科学发展观为指导,主动采取战略调整。在新的战略机遇期内,企业同样也面临着好几个战略转型:包括体制机制、增长方式、创新体系的转型,还包括向资源节约、环境友好、绿色生产、循环经济、人力资本充分开发方向的转型。每个时期有每个时期的关键。新的转型给企业带来许多重新选择"三关一品"的重大机遇,谁能率先按竞争规律和社会要求选择好新一批"三关一品"谁就能在转型进程中把握先机。

——围绕"三关一品"构建竞争型的战略平台。现代的市场竞争,不简单是商贩之间的较劲、数量指标的对垒;同现代战争一样,也是(企业间)体系与体系、平台与平台、手段与手段的对抗。区域间我们常说的核心竞争力、整合国内国外两个市场资源、整合企业内和社会的创新资源都需要依靠企业的战略平台进行。企业构建战略平台不能搞"高、大、全",以"三关一品"为重点,构建高效运作平台是务实的、可操作的选择。

——实施权变战略,不失时机地进行破坏性创新。我们目前绝大多数民营企业的竞争力尚不足以直接进入市场高端层面和主流阵列。但我们可以鼓励企业从新兴市场或非主流市场中的关键产品自主开发做起,积蓄实力和经验,不失时机地学习、思考如何进入高端和主流市场;若能够集成足够的创新要素和资源,就完全可以主动实施破坏性创新战略,对原有市场结构进行颠覆。很多跨国大公司,如 INTER、IBM、HP、GE 等公司都提出不惜颠覆自己来主动实施破坏性创新战略。他们都要这样干,后发企业再不主动求变只能附而庸之了。

"关键"一词初听上去很抽象,和一些表现本质的概念一样,还有些不着边际,难以感知。任何关键的东西都是风云际会的产物,企业必须联系当下环境和前后背景予以定夺。如何识别关键?市场出题,判断在己。只要善发现,处处有关键。但在"三关一品"的问题上,发现和被发现固然重要,但更重要的在于如何"做"。市场优胜劣汰出来的赢家就是善于把"平凡的""易被

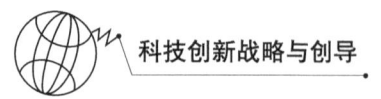

市场优胜劣汰出来的赢家就是善于把"平凡的""易被别人忽视的"做成"关键的"或"品牌的"。

别人忽视的"做成"关键的"或"品牌的"。只要能做得出别人做不出来的,就是前所有未的创新。

22.2 民企:从"价格屠夫"到"成本杀手",再成为"创新剑客"

人们有时形容民营中小企业为"市场的搅局者",或"黑马"等。一些自称是正规化的企业,尤其那些想以垄断价格狂敛中国市场的跨国大企业,曾给出售廉价商品的民企以"价格屠夫"的称誉。一方面,的确感到民企发展态势之生猛;另一方面是暗讥民企也就是"三板斧",耍完了也就那么回事。这时企业搅局者的本能就是打价格战,以赔得起的砝码做赌注底线。因为有些企业自信只要控制原料、设备、员工等成本,甚至物流过程,就可控制价格;对于什么先进工艺、技术专利、科学管理、产权激励等,不好学,也学不好,只好不学。

但在中国,初创阶段的民企一不怕苦,二不怕死,前赴后继。

一般而言,在发达国家所走过的工业化进程中,纯粹的价格竞争阶段往往是一阵风刮过;但在中国,初创阶段的民企一不怕苦,二不怕死,前赴后继,当了太长时间的"价格屠夫"。这或者是因为中国的劳动力供给充足,致使工人工资长年徘徊;抑或是由于中国人口众多,市场容量巨大、结构纷繁,可以允许多家厂商在相当规模化水平上大打价格战。再者,初创企业迫于成长压力,以时间换空间,以超常规迭代加工,快速折旧周期,或多或少地忽略些社会成本,变相地规模化量产,于是乎不用外人协力,民企自己就只好用价格的力量,把使用世界最好设备生产的产品压向产业链之低端。缺乏产品渠道,自己卖不出去,只好一面做代工(OEM),一面学做品牌。即使好不容易初创了品牌,市场策略除了广告,还是价格战。

学会了只有关注和控制全过程,才会控制总成本。

毋庸置疑,在反反复复的价格战中,一批批企业如过眼云烟,还有一些企业踩着倒下的企业继续前进。他们成长了,也学会了一些新东西。最重要的是学会了只有关注和控制全过程,才会控制总成本。看看现在那些意气风发的企业，往往是那些既能自己设计生产工艺流程也能控制分销体系的企业。可由于没有核心技术，企业做得再大、市场规模覆盖再广，把先前的产品成本控制得再便宜，也无法在新兴市场上找到立足之地。民企必须再下决心，从"成本杀手"练就成为"创新剑客"。

成为"创新剑客"，敢创新、能创新只是进门的门槛，仅仅做个创新的参与者是不够的。从"成本杀手"向"创新剑客"的转变是一次蜕变。这种蜕变要从创新的理念转变出发，要在企业发展战略、科技能力、创新传统、管理效率等方面历经一系列的精进和修炼，才有可能迎来脱胎换骨的转变。还是那句老话，愿意的，命运和时间领着走；不愿意的，命运和时间赶着走。

22.3 架构能力：界定产品话语权的关键

"才几天，iPad 都'2'（two-吐）了，咱们的某某 pad-1 还在原型或完善的路上。"在 iPad 刚出世的时候，众多企业感觉有人给自己找到了路。可当 iPad-2 一出来，又让很多以 ipad-1 为标杆或准备做某某 Pad 的企业好像一下子沦为了山寨群体。

这种现象，我们还可从一些广告或产品推介中领略到。有的企业生产某些产品，如汽车、平板显示器、系统或应用软件、数控设备才 30~40 年，早期是从引进学习起步，后来能自主生产的时间会更短。但其产品现在却号称已到了"第七代""第八代"或更高。有的企业高起点起步，第一代、第二代产品只在实验室里作为样品、试用品，一进入市场就是第好几代了。现代的产品市场进入了所谓的"高世代发展策略期"。有的产品产业的确有多次迭代进化升级的历程，但很多的企业只是借喻这类叫法，把产品迭代或断代式发展作为打开新市场、塑造产品新形象的契机。

在市场上我们也会看到，即使以引进为主要创新方式的企业，也主要是希望从引进别人较高世代的产品开始做起。由于前无根底，往往会一引再引，结果又变成了亦步亦趋，被先行企业牵着走,在创新的路上总是落后对方半拍。在这种恶性循环下,大多数后发企业丧失了产品断代界定的话语权(企业对换代产品内涵的主导性解释),而这种能力早已成为先行企业对下一代产品(或服务)话语权、主导权的重要内容。由于缺乏这种能力,我们偌大的市场、众多的企业只能任由跨国领先企业定义下一代(轮)产品或服务,还得由他们引领或切分市场。于是在软件、通信、传统汽车、高端加工设备等领域,中国企业在落后半拍的情形下,始终处于被支配的技术地位,利润上也只能瓜分跨国企业留下的残羹冷饭。

20世纪70年代,日本厂商凭借精湛的CRT(cathode ray tube,阴极射线管显示器,简称"显像管")技术笑傲全球彩电市场。从80年代初开始,我国各地陆续引进100多条CRT彩电生产线,其中包括CRT彩电上游的玻壳、显像管等核心部件的生产线。中国企业在CRT技术几乎是一片空白的基础上闯出了一条"血路",由引进、吸收到自主创新技术,最终实现了生产设备、零配件等上中下游产品的本土生产,使彩电产业的价值链95%在本土生成。由此,中国CRT彩电整机成本全球最低,价格、规模和品种等优势最强,一举占据全球一半以上的市场份额,我国也终于迎来了彩电的平民时代。按照常理,在CRT时代壮大起来的中国彩电业理应有相应的实力应对新的技术变革。但恰恰相反,以液晶为主的平板电视时代的迅速到来,令中国这个CRT强国如临灭顶之灾,彩电业重回原点,价值链上80%又转移到海外。不但如此,由于产业整体上缺乏前瞻性的研究和基础技术积累,此次向液晶、等离子体、有机发光(OLED)等显示技术的攀登比CRT时期更为艰难。

为什么会这样?是因为多数企业习惯模仿,不愿意自主创新?这或许是一个原因,但我国众多企业对下一代产品架构能力的缺失,却是造成这种局面的重要原因。

分析或界定一个产品,可从"架构"与"模块"这对产业技术范畴着眼。架构是基于模块的架构;模块是一定架构下的模块。例如,iPad产品本身由触屏控制模块、Wi-Fi无线模块、电源管理模块、苹果 A5 双核处理器等模块组成,将这些模块整合在一起,就是 iPad 技术架构。

从这一范畴着眼,企业产品和服务创新主要有两种方式:建立在模块基础上的创新、建立在架构基础上的创新。前者是在原有架构内,实现零部件和模块的改进和创新,如 Wi-Fi 无线模块的技术创新。而架构创新则是创造全新的架构,并在此基础上持续升级。苹果公司在研发 iPad 产品时,就创造了有别于普通笔记本电脑的新架构,这种架构实现了 iPad 超薄的构造、超长的电池使用寿命、超炫的显示体验,从而给消费电子产品带来了新的突破。

> 而架构创新则是创造全新的架构,并在此基础上持续升级。

iPad 产品的不断升级实质上根源于架构的升级,具体说来就是内部各个模块互相协同的整体性改进和创新。同模块创新相比,企业的架构创新往往对企业的意义更大。当企业建立新的产品架构后,就可以通过架构主导产品升级进而主导市场,引领其他企业。但这种创新也更难实现,因为它需要企业强大的架构整合能力。当苹果公司推出其智能手机架构时,它整合了三星电子的芯片、LG 的显示屏、AMOTECH 和 Interflex 的芯片(切断苹果手机内部静电器的变阻器)和柔性电路板(FPCB,可在产品内部起到疏导电流作用的零部件)等,还包括一些软件。2008 年 4 月,为了加强这种整合能力苹果公司以高达 2.78 亿美元的价格收购了擅长开发低耗能芯片的 P.A.Semi 半导体公司。

> 当企业建立新的产品架构后,就可以通过架构主导产品升级进而主导市场,引领其他企业。

但在中国,众多企业还不具备相应的产品架构能力。为什么缺乏架构能力?因为它们不曾从全产业链思考过,不曾将硬件和软件协同思考过,还因为企业内部不曾建立过基于科技创新核心的整体战略。曾经一个做贸易很成功的大型央企,在科技体制改革中吸纳了一些科技力量,但其主管科技的负责人曾咨询,如何整合这些科研机构和资源?其他央企或大型民企有什么好的办法?为什么会有这样的问题?因为这家央企多年来就没有过明确的科技创新战略。没有战略,就不会有清楚的架构及其演进路径,自然谈不上如何整合资源。换句话说,必须有长远的科技战略,

> 没有战略,就不会有清楚的架构及其演进路径,自然谈不上如何整合资源。

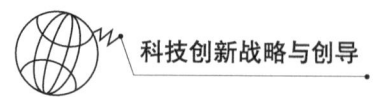

中国企业才能进行架构创新，否则只能急功近利地进行一些模块意义上的创新，或者是结构或外形上的临摹。

用别人的架构只能是别人战略的棋子。当然，中国也有相当一部分垄断型企业具备一定的产品架构权力和潜力，但其能力并不与其权力相符。它们没有发挥其潜力的积极性，也没有与掌握一定模块能力的本土企业形成合力。架构能力的缺失是众多中国企业的软肋。加快这一能力的形成和完善，不能依靠垄断和再借别人之船出海，要有建立本土全产业链的组织和联盟，包括技术联盟、市场联盟、资源联盟、品牌联盟等。

当然，越来越多的中国企业已经意识到了这个问题，开始互相结盟，开发和建立新一代产品的架构体系。例如，前一时期TCL、海信、长虹在深圳光电展上联合发起成立中国智能多媒体终端技术联盟。3家企业已在智能电视技术规范、企业技术标准等方面达成共识，尤其是应用商店规范标准、产品互联互通等方面已明确合作条约。他们打算在联盟成立之后，共享技术成果，包括终端开发、互联互通标准等。这就有助建立统一的智能终端产品技术架构。

企业的创新能力，一方面表现出技术创新的连续性；另一方面还要表现出产品创新的断代性（拥有对下一代产品的话语权、定义权）。企业要做到快速而低成本的产品换代，就必须在架构与模块两大维度上实现产品创新、流程创新和组织创新的统一。其中，架构能力既是更高的战略基点所在，还是形成企业自主创新能力或者是内功的核心。对于中国企业，要打破被动模仿和跟随的窘境，就必须将自己的架构能力放在企业战略重中之重的位置。

> 企业要做到快速而低成本的产品换代，就必须在架构与模块两大维度上实现产品创新、流程创新和组织创新的统一。

22.4 何仿来个 N.5 代战略
——高世代产品断代切换或快速升级阶段的攻守思路

追赶和超越，是发展中国家工业化、信息化进程中企业和政府共同面临的发展议题。我们很多企业正处在与跨国竞争对手的追赶和超越进程中。面对对手总是领先至少一代的战略，有些企业的表现有时好像在衬托对手的领先和技术创新能力。一些跨国企业还会故意如此——主动释放下一代产品部分信号或是发布近期的产品技术路线图，让你模仿，以及参与其OEM生产，然后又以更多创新内容的产品出现于市场，让你跟着走。

后现代传统常常诱导人们主动与过去划出断代痕迹，显示或营造某种超越感。在当代市场经济中就表现为企业主动进行产品的断代界定。受市场竞争和技术创新的影响，断代界定已成为企业对下一代产品（或服务）话语权、主导权的重要内容，但不同于价格话语权和资本主导权。价格话语权有时还要取决于议价程序和背景；资本主导权则衍生于社会制度和市场游戏规则。产品断代话语权是企业对产品内涵的主导性解释，往往是单向的，先入为主的。企业自主创新的较高境界就是能定义下一代（轮）产品或服务，以引领或切分市场。

分析或界定一个产品，可从"架构"与"模块"这对产业技术范畴着眼（两个概念虽不能涵盖产业技术体系全部，但包含了其众多基本的部分）。架构与模块是互为前提的功能组分。新产品、新服务有N处创新，如果是在一个架构系列里，就可较好地实现零部件和模块的兼容性、复用性，可做到较小的代际切换成本。架构与模块已成为当代企业用以进行产业战略定位和思考的坐标系，进而也是界定产品内涵的主要方式。

企业的创新演进，内在部分是技术进步的积累，外在部分是产品或服务品质的持续完善。好的企业要做到产品断代更替的迅捷性，产品代际切换低成本或零成本。如前文所指出的，好的企业技术创新战略必须在架构与模块两大维度上实现产品创新、流程创新和组织创新的三位一体，这样才能实现创新战略与资源整合的统一。这也是所谓的商业模式创新核心所在。这里有个问题，就是产品的架构和模块是否都需要自己做？笔者认为，集成有集成的规则，外包有外包的模式。成功的跨国企业诸如苹果公司在手机等终端产品上的表现已经回答了这个问题。

> 后现代传统常常诱导人们主动与过去划出断代痕迹，显示或营造某种超越感。
>
> 断代界定已成为企业对下一代产品（或服务）话语权、主导权的重要内容，但不同于价格话语权和资本主导权。
>
> 产品断代话语权是企业对产品内涵的主导性解释，往往是单向的，先入为主的。

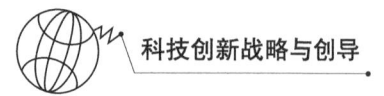

中国的产业和企业在产品高世代或快速升级阶段竞争形势下必须讲求自身的战略和策略，中国信息化、城镇化、服务业、军工领域也应酌情考虑体现自身特色的战略策略。在自主创新的大方针下，笔者认同可采取 N.5 代版的产品或工具系统的战略策略。我们要做 3.5 代的信息化、城镇化向 4.5 代、5.5 代发展演进。我们的企业同样要做 N.5 代的某某 pad、手机、显示终端等，听上去比人家少了或多了 0.5 代，好像也不差什么，也似乎不多什么，但它能让人多一些回味，企业也能多一些解释。企业做的东西、要达成的目标，都可以总结出来成为给用户讲解的故事。多了 0.5 代不单是多了些什么，而是让用户知道企业与用户同气相求，有着共同的需求与思考。N.5 代的意蕴就是重点不在于比对手少什么或多什么，而在于模糊（技术）产品世代版本的策略。这不是搅局，而是解构对手断代界定的话语基底。但切不可以策略之模糊，再让企业在战略上糊涂。不糊涂就是要清楚企业及产业创新能力升级的方向、推进速度和要实现的客户价值。

企业 N.5 代战略的取向：当对手提出 N 代产品时，我们应策划以 N.5 代战略应对：一是谋划第 N 代（自己开发的、别人开发的都可以）架构，集成低一代或低 0.5 代的（模块）功能，重点放在模块的完善上；二是强化 N-1 代架构，集成第 N 代的功能模块，重点放在架构能力优化上，或者再强化软件功能。究竟怎样好，要视产业环境、对手策略而定。

在革命年代，权力是从攒在自己手中的枪杆子里面出来的。在市场竞争中，只有自主创新才能产生产品（和服务）的话语权、主导权。

22.5　提升 6 项能力，高水平地谋划和推动创新[①]

围绕新时期科学发展主题、转变发展方式主线的总体要求，

---

① 本文刊发在《中国农村科技》2013 年第 4 期。

第二十二章 民营企业自主创新六议

走中国特色自主创新道路，实施创新驱动发展战略是我国现实而必然的选择。党的十八大报告提出以全球视野谋划和推动创新，这对各类创新主体认识创新、组织创新和管理创新都提出了新的战略要求。从谋划和推动两个方面看，从时代的要求和我们已有的基础着眼，我们亟须深化科技体制机制改革，加快提升6个方面的能力。

从谋划创新要求上看，主要有3个方面的能力：

一是面向不断变动的市场或产业格局对重大创新机会的识别能力；

二是面向日益复杂的科技发展态势对技术路径的选择能力；

三是面向在竞争中生成的产业格局对重大创新技术或产品体系的架构能力。

我们讲的创新是市场竞争中的创新、格局变动中的创新，不是那种自我把玩、孤芳自赏类的创新。对于竞争中的创新，越是同竞争对手接近，先行识别和把握机遇就越为关键；越是能着眼于未来总体要求先行选择和设计，就越能成为技术创新的引领者、新兴产品或市场的定义者。成为这样的先行者，必须具备未来重大产品的架构能力。一个典型的工业化产品系统，往往是全球创新链、产业链在一个局部地方的浓缩。可以说，创新产品的竞争最终将还原为人们所能控制的创新链或产业链水平的竞争。谁能在面向未来进行技术或产品的架构创新，谁就能成为新一轮产品变革、市场变革的领导者。

从推动创新要求上看，也包括至少3个方面的能力：

一是在竞争和流动中对创新要素或资源的获取能力；

二是面向开放创新对研发流程、商业化流程创造性的组织能力；

三是根据事宜和场景对核心知识产权的运用能力。

创新者最大的挑战是创新战略谋划已定，但创新要素和资源不在自己手中，却为他人所有、所用。能够运用或超越现行制度和政策手段尽快将优势创新资源吸引过来、使用起来，这是创新策略实施的第一关键。这些要素或资源包括人才、知识、方法、

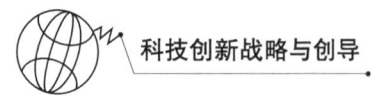

产品及流程设计、模块或零部件、资源渠道、研发资金等。产业发展史上,每个革命性的产品都对应着一个革命性的研发和市场营销流程。为此,创新资源的获取是关键的第一步,能创造性地集成或组织这些资源是更为关键的下一步。创新者难免被跟踪或模仿,创新者一方面要学会运用知识产权策略维护自身的权益;另一方面有谋划能力的创新者会把跟踪或模仿者作为新兴市场的一部分,作为先行技术选择的支持群体。

> 好的创新实践都是贵在谋划、重在行动。

好的创新实践都是贵在谋划、重在行动。谋划与推动相互倚重,有谋划、无行动,任何好的蓝图终将沦为空想;但仅依靠强大的资源和积累的实力,没有好的谋划,也将在新的技术或市场机会面前难有作为甚至无所作为。像大家熟知的柯达公司,研发资源和实力可谓雄厚,但在自己发明的新技术上没有产生强于对手的战略谋划,最后被自己发明的革命性新技术给颠覆了。在谋划创新方面,创新者要解放思想,敢于设想,善于系统地考量;在推动创新方面,创新者须跳出单纯技术思维,知晓并会运用制度重于技术的道理。在获取和组织创新要素或资源方面的制度创新、管理创新、商业模式创新更为重要。

22.6 让创新者引领创新
——《硅谷中关村人脉网络》对科技体制机制改革和创新体系建设的启示[①]

> 硅谷是创新者的栖息地,引领着世界的创新潮流。

硅谷是创新者的栖息地,引领着世界的创新潮流。世界上很多地方要么在复制硅谷的模式,要么就在千方百计地同硅谷这一创新母体产生瓜葛。硅谷不定期地上场一些创新牛人,他们重新定义新的产品、界定新的市场、指引产业新的进路。智能手机、平板电脑、SNS、社交网站、Facebook、微博等,我们不难发现,

---

① 此文为《硅谷中关村人脉网络》所做的序言;后应约刊发在《中国科技成果》2012年第15期。

在这些领域中引领技术走向、占据产品市场份额最大的几家公司，如苹果、谷歌、Facebook 等，均诞生于美国硅谷。人们已不用创新能力、实力来表达对硅谷的认知，而是用魔力、魅力来渲染硅谷神秘的能量。它为什么能连续诞生一系列改变产业、影响世界的高技术大公司呢？

2012 年，由王德禄、赵慕兰、张浩撰写清华大学出版社出版的《硅谷中关村人脉网络》一书，较为深入地分析了硅谷成功背后的动因和隐性结构，并剖析了中国为什么没有世界级的创新公司产生。

现代科学技术源起欧洲。但在探索与实现科学技术的经济功能方面，美国走在世界的前面。正如《硅谷中关村人脉网络》所说的那样，世界一流的高校，如斯坦福大学、加州大学伯克利分校等，是硅谷创新力量的重要来源。美国之所以能在实现科学技术的经济功能及高校技术商业化方面做出杰出表率，是因为在硅谷形成了一套独有的产学研创新循环。这种循环的生命力体现在创新要素，如人才、技术、资金、管理经验、商业模式能够在大学和产业界之间的"双向流动"，并且大学和产业之间拥有强烈的创新创业互动。其中大学衍生出来的创业企业，承载着科技成果产品化、产业化的关键一环。王德禄等在书中指出，这种硅谷独有的产学研循环模式是其他地区虽然努力效仿硅谷的种种行为模式，但却在短时间内难以追赶奏效的根本原因。这种创新循环，实际上成为当代美国新经济的发动机，以创新驱动经济、引领市场持续发展，也使科学技术的经济功能越来越显著。美国战后半导体、微电子、计算机、互联网、生物医药等高新技术产业迅速崛起、高速发展，带来了几十年的繁荣；在硅谷平均每 5 年就会出现若干代表新兴产业的公司（从惠普、英特尔、雅虎开始，到如今的谷歌和 Facebook），皆源于此种创新循环。

> 硅谷形成了一套独有的产学研创新循环。

然而，我国产学研创新循环的现状十分堪忧。我国曾在 20 世纪 80 年代兴起了一股高校科技人员创业热潮。在当时符合改革及科技与经济相结合的需要，类似于硅谷的科技创新路线，因而收

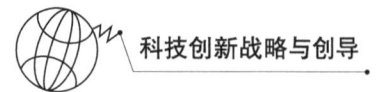

到一些成效,如中关村一条街、一些大学科技园就是那股创业风潮的成果。然而在如今,高校创业的热潮已经过去,正如《硅谷中关村人脉网络》一书中所叙述的"大学重新走进象牙塔",如今高校将注意力集中在如何创造世界一流大学上,而在创业上缺乏动力。有些研究者指出,从清华大学和北京大学这两所学校的科研人员中出来创业的人数要少于从美国斯坦福大学、哈佛大学等大学的归国人员中产生的创业者。

这一现象很大程度上是由我国现行大学科技成果管理制度造成的。关于这一问题,《硅谷中关村人脉网络》一书中也提到,如果不能将创新带来的价值和创造价值的个人有机结合起来,那么,就会缺乏普遍、持久的创新动力。在我国国有体制的大学和科研院所及下属企业拥有着得天独厚的创新资源,如果有合理的制度安排,也会涌现出创新创业动力十足、创新价值潜力较大的大学衍生企业。然而,大家都知道,基于体制因素,我们对国有资产及涉及国有资产的业务实行严格、刚性的管理,而且这种管理在多个环节又涉及多个部门。由于国有资产管理制度没有将这类创新型企业同一般国有企业区别开来,始终实施同一的"谁投资谁所有"的产权原则,使得这些单位的关键技术人员和核心管理层缺乏创业动力。因为在这种激励机制下,创业者即使付出巨大劳动,从无到有地创立了公司,也难以获得相应的股权激励。这是与其创业的巨大付出不相符的。现在虽然在中关村国家自主创新示范区框架下开展了有关科研成果处置权和收益权的改革试点,但从硅谷经验看我们的制度变革,我们还需要从围绕创新者和创新激励最大化的目标进行更好的制度设计。

《硅谷中关村人脉网络》的另一个看点是深入分析了天使投资机制在硅谷和我国的得失,以及我国缺少这一重要环节,进而阻碍了创新创业循环模式的形成。王德禄等在书中指出,天使投资是硅谷高技术产业发展的关键环节,硅谷模式成功的关键之一在于其形成了"创业——资产增值——再投资创业"的良性循环,能够不断扩大天使投资群体。受限于现有的产权制度,我国许多

> 在我国,国有体制的大学和科研院所及下属企业拥有着得天独厚的创新资源,如果有合理的制度安排,也会涌现出创新创业动力十足、创新价值潜力较大的大学衍生企业。

> 天使投资是硅谷高技术产业发展的关键环节。

身处国有企业的创业者卡在了"资产增值"环节。例如,中关村许多第一代创业者及新创办国有企业的创业者(除联想外)身无其股,未能分享创业增值的收益。因此,他们没有资金再做天使投资,也就很难把他们的智慧、经验传承给新创业者,也无法使创业收益转化成新企业的启动力。因此,类似于硅谷的"创业——资产增值——再投资创业"良性循环在我国一时还难以形成。

《硅谷中关村人脉网络》带给我们的最大政策启示是,要围绕创新者做文章,一切的制度设计、政策制定就应该让创新者有所行动、有所收益,鼓励创业致富。我国的产权制度改革还要继续深化。我国只有形成与硅谷类似的创业者有其股的产权制度,建立好创业者与风险投资商共享产权的基本机制,特别是对利用大学科研院所等国有创新资源创办企业的创业者,从现代新经济特点和规律出发,以更积极、让创新者欢欣鼓舞的方式进行产权制度改革,我国创新经济才能实现良性循环并真正发展起来。

现在我国是生产大国、制造大国。可让很多人唏嘘的是,本土企业的技术和产品缺乏原创性,在产业链上几乎没有主导权和话语权。改革开放之初,面对巨大的技术、生产、管理上的差距,很多地方和企业不由自主地把技术引进、市场追随作为发展策略。但当追随成了习惯时,也沉溺于方向的迷失。面对发展原创事业的风险、成本积淀,更是懒于寻找出路。把原创成果做成有规模的产业,这是我国科技成果产业化的一个重要难题。关于这一问题,《硅谷中关村人脉网络》给出了硅谷的解决方案。在新经济条件下,由于原始创新具有非常高的不确定性,政府无法集中确定哪条路可行、哪个技术趋势有前景,需要众多中小企业在市场竞争中"试错",用"分散解决"的方式来化解部分风险。当前,如果我们只注重强化创新中的政府主导地位,忽视"企业试错"的路径,其结果是很难实现我国由原创到新兴产业的发展目标。

另外,原创的技术成果本身不能独立把产业搞起来,还要与产业资源、金融资本、市场渠道、产业模式、管理经验等多因素

> 在新经济条件下,需要众多中小企业在市场竞争中"试错",用"分散解决"的方式来化解部分风险。

> 原创的技术成果本身不能独立把产业搞起

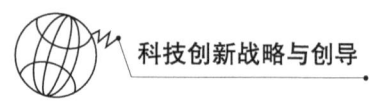

来，还要与产业资源、金融资本、市场渠道、产业模式、管理经验等多因素捆绑在一起才能起作用。

捆绑在一起才能起作用。但技术本身不会去寻找，技术成果持有人的能力也是有限的，这就是天使投资者的作业范围。王德禄等在书中强调了天使投资对把原微粒显影成果做成产业的重要推动作用，指出美国是以个人天使投资为主导的模式，使得原创性技术创新可以源源不断地涌现。天使投资是我国缺失的一环。目前，我国天使投资者的角色多是由政府来扮演的，这样的结果就是众多项目都要经过多个环节、多个专家"过堂"，而这类评审很可能就会把某个原创以"失败可能性大"或"听不懂故事"为理由而废掉。就这样，很多创业企业的原始创新在形成之初就被否定了，致使这些企业中的原始创新激情与动力也可能被同时扼杀了。

要尊重创新体系内在生成的部分。

人脉网络实际上是创新体系，尤其是区域创新体系隐性结构的一部分。

《硅谷与中关村人脉网络》还对我们有许多其他方面的启示，要尊重创新体系内在生成的部分。书中所列举的人脉网络实际上是创新体系，尤其是区域创新体系隐性结构的一部分，是难以计划规划的。政策引导可以起到一定的作用，但可以肯定地说不是根本作用。笔者认为，这种网络来自人性、来自局部的（科技、教育、产业等综合）生态，来自那些对创新创业有着近似价值主张的群体。他们在骨子里一定是以创新为天职的创新者。一个创新体系、创新文化、创新传统的生成和演进不是靠方向盘，而是靠创新者的文化基因。

第二十三章 科技型企业的产权激励[①]

23.1 科技型企业的界定和特点

由于科技条件、制度背景、经济环境等因素不同,不同的国家和地区在不同的阶段对科技型企业有着不同的界定。美国和 OECD 等发达国家在刻画科技型企业时,一般采用 R&D(研究开发)经费占企业销售收入之比、从事开发人员与总员工之比等诸如此类的指标。许多创业初期的高新技术企业上述两个比例都很高,有的电子信息类、生物工程类企业的 R&D 经费占销售收入之比甚至高达 40% 还多。而随着企业规模的扩大,这个比率一般要下降。与科技型企业相关的还有两个常用词:一个是高技术企业;另一个是创业企业。前者是从企业的对象来定义企业;后者是从企业的发展阶段来定义企业。风险投资机构对科技型企业的认定并不一定按上述要求。因为这些机构主要看重的是企业的经营和管理素质、整个行业的发展、企业产品或服务的新颖性和市场可接受性、企业发展成长性和企业在市场竞争与合作过程中的优势等。有的投资机构并不以自然科学或工程技术概念来规定自己的投资对象,像物流业、适于连锁或特许经营的行业、智能服务业、增值服务业等,也常常被视为知识密集型及有高成长潜力的产业。

还有一种做法是先定义高新技术,然后把从事高新技术研究开发和产业化的企业视同高新技术企业,即相当于我们要讲的科

[①] 本文选自国家软科学研究计划项目(2001DG000029)"高科技企业产权激励制度研究"总报告中笔者所承担的部分内容。

技型企业。大家把当前创新较为活跃的科技或产业领域选出若干个，如电子信息、生物工程、新材料、新能源、光机电一体化、环保产业等，活跃于这类领域的企业则可被视为科技型企业或高新技术企业。

以中国为例，1999年，科技部等有关部门下发的《国家高新技术产业开发区内高新技术企业认定条件和办法》中规定：高新技术企业具有大专学历以上科技人员占从业人员的比率达30%以上（对于高新技术产业生产或服务为主的劳动密集型高新技术企业，这个比例为20%）；R&D经费与销售收入之比要达到5%；企业技术性收入与高新技术产品的收入之和要占到当年总收入的60%以上，新办企业在高新技术领域的投入应占总投入的60%。为引导企业投入国家调整产品和产业结构的行动中来，国家有关部门定期联合制定指导性的《中国高技术产品目录》。在科技部和财政部印发的《关于科技型中小企业技术创新基金的暂行规定》中，提出的科技型中小企业要求如下：从业人员小于500人，大专学历科技人员的比例不低于30%，每年用于高新技术产品的研发费用不低于销售额的3%，直接从事研究开发的科技人员应占从职工总数的10%以上。

科技型企业的主要特点，包括以下方面。

（1）要素结构：R&D经费占销售收入的比例较高，从事技术和产品开发的科技人员占总员工人数的比例较高。

（2）主营方向：一般是业界认可的或有关部门以产品目录形式规定的高新技术领域或方向中的产品和技术服务。《国家高新技术产业开发区内高新技术企业认定条件和办法》根据当前世界科技发展趋势和我国的科技、经济、社会发展战略，划定高新技术范围如下：电子与信息、生物工程与新医药、新材料及应用、先进制造、航空航天、现代农业、新能源与高效节能、环境保护、海洋工程、核应用及其他在传统产业改造中应用的新工艺、新技术。

（3）组织特征：科技型中小企业大多表现为扁平化组织、哑铃型结构。原因是这类行业核心业务是研究开发和营销运作。加工、仓储、运输大部分外包，采取 OEM 产销模式，这样就压缩了企业内部的科层。

（4）创新管理：由于技术创新是脑力劳动，其产出和创新过程有一定的不确定性，所以科技型企业的内部管理弹性很大，其产出评价成功地开发出市场接受的产品或服务，不是以产出的数量或绝对效益来衡量。

（5）高成长性：产品一旦在市场上获得成功，由于技术领先和知识产权保护等因素，将使企业获得暂时的市场垄断地位，产品附加值较高，企业可获得超常的成长速度。

（6）高风险性：由于技术创新的不确定性和市场竞争非常激烈，使得科技型企业面临较大风险。据统计，美国高技术公司 10 年的存活率在 5%～10%；我国改革开放以来出现的民营科技企业，现在只有 20%～30% 的企业还在发展着。高收益、高成长、高风险是科技型企业并行的特点。

科技型企业是工业化发展到一定阶段的产物，它同时对发展环境有着不同于传统型企业的要求。第一，企业要素市场化。不仅一般性资源、要素，如劳动力、资金、生产性资源等市场化程度要高，特别是用于创新的资源，如科技成果、科技人员、风险投资保持着高度的流动性。第二，产业化配套程度要高。因为科技型企业大都采取哑铃型结构，生产任务外包，这就需要一个良好的产业化配套条件。第三，要有有利于创新的政策环境和社会文化氛围。第四，管理和制度创新要跟上技术创新。尤其是在用人管理、分配机制、投资、合作机制等方面要有更大的灵活性。第五，产业聚集环境。即区域富集科技、产业、金融、人才资源、中介服务等各类资源。第六，竞争国际化。技术转移的国际化挡不住，人才竞争的国际化也挡不住。竞争的国际化带来要素流动的国际化。

近年来，国内外科技型企业的发展趋势明显趋强。以硅谷为代表的世界各地近千个高技术园区都是科技型企业的聚集地。受政策环境鼓舞，近年来我国（民营）科技企业的数量、从业人数、技工贸总收入、上缴税金、出口创汇等主要指标继续保持大幅增长。1999年年底的统计显示，全国有民营科技企业近20万家，对其中的8万家企业进行统计，企业长期员工近500万人，企业技工贸总收入达1万亿元以上，上缴税金在559亿元以上，出口创汇158亿美元，近年来上述指标年均增长速度都在30%以上。民营科技企业规模化速度极快。以这类企业密集的国家高新技术产业开发区为例，1991年国家高新区内过亿元的科技型企业只有7家，尚无过10亿元的企业；到2000年年底，对53个国家高新区内21 000家企业统计显示，总收入上亿元的企业有1225家，过10亿元的有142家，过百亿元的有6家。这些企业大部分都是依靠科技开发起家，抓住市场机遇，在激烈的市场竞争中从小到大滚动发展起来的。

23.2 科技型企业的产权激励和薪酬模式

国内外科技型企业快速发展的事实说明，对科技型、创业型企业实施产权激励是促使其尽快成长、走出初创期的重要保证。这类企业实施产权激励的特殊性在于：

——创新人才的关键任用。科技型企业经营的成败、项目开发的成功与否关键取决于创新人才、创新团队、核心管理人才其作用的发挥。对于这些人才要给予特殊的激励。现在面对日趋白热化的人才国际竞争，科技型企业必须具备更好的人才竞争手段。

——初创期低成本要求。企业初创期一般无法给予员工较高的工资或奖励。而通过产权激励、期权、持股等手段，不仅可降低创业成本，还能使员工与企业长期发展联系起来。

——团队文化。创新创业最需要合作。所以科技型企业或创业型企业其激励和薪酬必须体现出团队导向。

——企业成长中规模快速膨胀的管理或制度保障。对于成长型企业，大家都关注的是企业的增值部分，这部分如何分配，是企业实现发展的关键。而产权激励通过使所有者到位，通过业绩与剩余分配权挂钩，可使增值部分实现优化、有效、公平的分配。

从国内外的经验上看，科技型（特别是中小型）企业，不仅是技术创新的活跃力量，同时是尝试管理创新、体制创新、机制创新的活跃力量。技术创新理论告诉我们，大企业的优势是可以实施系统化的技术开发战略，有实力通过持续创新引领市场发展趋势，如英特尔、索尼、微软、IBM、诺基亚、爱立信、GE、杜邦等。小企业由于组织灵活性、创新人才贴近市场和技术开发前沿，因而它的优势在于能更快地把握市场机会和技术机会。而且小企业在创业阶段由于没有科层组管理的惯性，能够把组织、管理和制度创新尽快付诸实施，如上述的扁平化组织、OEM模式、特许经营、股票期权、全员持股等也都是在科技型中小企业先行开展的。所以，我国在发展高新技术产业、加快结构调整、实现两个根本性转变的战略实施中，应特别注意发挥中小企业特别是科技型中小企业在技术创新和制度创新方面的积极作用，政府应为它们的创新营造宽松的政策和法规环境。

> 科技型（特别是中小型）企业，不仅是技术创新的活跃力量，同时也是尝试管理创新、体制创新、机制创新的活跃力量。

在科技型企业的薪酬规制方面，我国科技型企业开展产权激励的法规依据主要包括如下。

《中华人民共和国科学技术进步法》（1993年版）第十九条：企业应当根据国际、国内市场需求，进行技术改造和设备更新，提高科学管理水平，吸收和开发新技术，增强市场竞争力。第二十六条：国家鼓励和引导从事高技术产品开发、生产和经营的企业建立符合国际规范的管理制度，生产符合国际标准的高技术产品，参与国际市场竞争，推进高技术产业的国际化。第五十五条：企业事业组织应当按照国家有关规定从实施科学技术成果新增留利中提取一定比例，奖励完成技术成果的个人。

《中华人民共和国促进科技成果转化法》第九条：科技成果持有者可以采用下列方式进行科技成果转化：（一）自行投资实施转化；（二）向他人转让该科技成果；（三）许可他人使用该科技成果；（四）以该科技成果作为合作条件，与他人共同实施转化；

（五）以该科技成果作价投资、折算股份或者出资比例。第三十条：企业、事业单位独立研究开发或者与单位合作开发的科技成果实施转化成功投产后单位应当连续3~5年从实施该科技成果新增留利中提取不低于5%的比例，对完成该项科技成果及其转化做出重要贡献的人员给予奖励。采用股份形式的企业，可以对在科技成果的研究开发、实施转化中做出重要贡献的有关人员的报酬或者奖励，按照国家有关规定将其折算为股份或者出资比例。该持股人依据其所持股份或者出资比例分享收益。

《中华人民共和国公司法修正案》第二百二十九条增加一款，规定："属于高新技术的股份有限公司，发起人以工业产权和非专利技术溢价出资的金额占公司注册资本的比例，公司发行新股，申请上市条件，由国务院另行规定。"

《中共中央 国务院关于加强技术创新发展高科技，实现产业化的决定》："民营科技企业是发展我国高新技术产业的一支新生力量，在我国经济和科技发展中起到越来越重要的作用。""在企业决策、管理、分配等方面要充分保障个人的合法权益。允许民营科技企业采用股份期权等形式，调动有创新能力的科技人员或经营管理人才的积极性。"

《中共中央关于制定国民经济和社会发展第十个五年计划的建议》："积极扶持中小企业特别是科技型企业，促进中小企业向'专、精、特、新'的方向发展。""要为各类企业发展创造平等的竞争环境，支持、鼓励和引导私营企业、个体企业尤其是科技型中小企业健康发展。""鼓励资本、技术等生产要素参与收益分配。随着生产力的发展，科学技术工作和经营管理作为劳动的重要形式，在社会生产中起着越来越重要的作用。""在新的历史条件下，要深化对劳动和劳动价值理论的认识。建立健全收入分配的激励机制和约束机制。对企业领导人和科技骨干实行年薪制和股权、期权试点。"

《关于促进科技成果转化的若干规定》："科研机构、高等学校及其科技人员可以采取多种方式转化高新技术成果，创办高新技术企业。以高新技术成果向有限责任公司或非公司制企业出资入股的，高新技术成果的作价金额可达到公司或企业注册资本的35%，另有约定的除外。"

23.3 科技型企业产权激励的主要形式

与传统企业不同，科技型企业从概念上就涵盖那些带着科技成果创业的小公司，以及最后成长为相当规模的大公司。这是具有相当特殊性的一类企业，其发展一般要经历从创业期到成长期、扩张期、成熟期等几个阶段，科技型企业在成长中常常会发生体制蜕变，从合伙制机构或有的直接从有限责任公司过渡到股份有限公司。所以，我们不能泛指科技型企业的产权激励机制，而是要考虑到企业在某个阶段的发展特性来谈特定的激励手段，要考虑到不同要素在不同的发展阶段其作用是不同的，应给予不同的制度安排。

23.3.1 科技型企业产权激励的主要形式

（1）净资产激励——主要有股权投资、技术入股、奖励干股、管理股、创业股等。

（2）资产增值直接激励——如股份奖励、股份放大、分红权奖励。

（3）资产增值期权激励：股票奖励、员工持股、虚拟股权、认股权奖励等。

23.3.2 科技型企业产权激励的对象

科技型企业实施产权激励机制，激励对象主要有核心科技人员、企业主要管理者、市场营销人员、种子资金投资人，以及被企业认定为至关重要的人员等。由谁来决定激励对象，小一些的企业一般由董事会做决定；而发展到大公司，激励对象的股票期权应由董事会或报酬委员会（由董事会成员外加几名独立董事会成员组成）决定，并由股东大会认可。一般员工的股票期权、员工持股可由各级管理人员提出建议报董事会或报酬委员会批准。

23.3.3 科技型企业产权激励机制的特殊性

产权激励机制的特殊性是由企业的高成长性带来的。企业在不同的发展阶段，要素的作用也不同。创业阶段持有成果的科技人员和种子资金是重要因素，而到成长期管理人员、市场营销人员的作用凸显出来，在扩张期资金的作用又显现出来。这样在某个阶段都有重点受激励的对象。科技型企业在成长过程中，常常要历经若干次权益性融资，每次融资后股权结构都会发生改变。所以，企业成长期过程中激励机制的制度约定是动态的。

科技型企业常常把实现上市或完成控股权交易当作向成熟期过渡，也就是完成了向常规企业的过渡。但企业的组织形态仍然是扁平化的，这就决定了一个成功的科技型企业即便将近成熟期，其受产权激励的对象要占企业的大多数，不像大型企业可将经营者期权激励和员工持股激励分得很清楚。

23.3.4 科技型企业产权激励现行的试点工作

为了推动产权激励机制在科技型企业中进行试点试用，财政部、科技部对在中关村科技园区部分高新技术企业实施产权激励试点的工作予以积极支持。中关村的联想等8家高新技术企业已开始了股票期权的试点工作。通过这些企业试点工作，我们将"探索高新技术企业建立长久激励机制和相应约束机制的有效方式；探索技术和管理等生产要素参与企业收益分配的具体方式"。同时，国家有关部门给出的指导性意见是："用于产权激励的股份来源应在资产增量部分中解决""以有偿购买的方式取得股份期权"。最近，北京通过了《中关村科技园区条例》、上海修订了《上海市促进高新技术成果转化的若干规定》，在新的政策措施中，两地政府都增强了在科技成果转化、产业化中相应的产权激励机制的力度。实际上我们也有不少科技型企业，包括国内上市的和海外上市的，以及许多新兴科技型公司，都在参照国际经验或者由国外咨询公司设计，实施有关期权方面的激励。由于产权激励属于长期激励，这方面的效果有待日后观察。

23.4 科技型企业产权激励与资本市场、产权交易市场的衔接

从创业开始的科技型中小企业其发展前景基本上有以下4类。
（1）成为上市公司。
（2）与其他企业合并或被购并。
（3）维持现状。
（4）退出市场。
针对产权激励的主题，我们只讨论前两种情形。

科技型企业要成为上市公司，并与资本市场衔接，可以买壳上市，也可申请直接上市。目前，我国科技型企业申请直接上市，可以选择一般企业渠道，也可以选择高新技术企业渠道。因为国家有出台鼓励高新技术企业上市的政策，未来开设的创业板市场更是科技型企业上市融资的重要平台。

上市前的准备：一方面，企业要严格根据证券市场的上市规则进行改组、改制，企业要完成向股份有限公司的转制，即我们常说的完成股份制改造。另一方面，针对"高新技术"、"创业型"或"成长型"这类说法，企业应出具足够的相关佐证，或从（政府的、中介的）权威机构取得企业主营业务是高新技术产品或服务的资格认证，企业要披露成长期、扩张期发展的信息。在产权激励方面，企业应将上市前的产权激励与上市后准备实施的股票期权激励界定好。

任何激励机制最后都是靠产权交易实现剩余的索取。科技型企业在成长阶段大多是非上市公司。实质上产权交易可以发生在企业成立后的任何时期。非上市的科技型企业的产权交易可分为内部和外部两类。

> 任何激励机制最后都是靠产权交易实现剩余的索取。

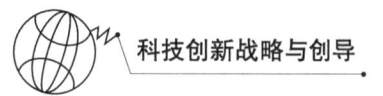

> 科技型企业最常见、最频繁的内部产权交易是随着资产扩张增量的再分配。

（1）内部交易。其一，科技型企业最常见、最频繁的内部产权交易是随着资产扩张增量的再分配。如果是与扩张的比例等量分配，实质上是重复过去的交易；如果是不等量分配，这样的交易需要内部有一个约定，还需要一个非常好的评估办法。其二，产权人变更。其三，产权份额变更。这几方面都需要根据企业的制度规定或企业股东大会认可，根据其转让条件、变更理由来执行。

（2）外部交易。其一，融资过程中出现的交易。科技型企业由于在债务融资方面不具备优势，所以在成长阶段大多采取权益性融资方式，以产权换资金。这需要社会有一个完善的、多层次的、多极性的权益资本市场。其二，在被兼并、购并、重组过程中产生的交易。其三，企业对外股权投资。这里主要是指科技型企业以无形资产对外进行产权投资。

23.5 科技型企业进一步完善产权激励机制的政策建议

23.5.1 当前科技型企业在产权激励实践中遇到的障碍

第一，科技型企业产权和资产增长部分的受益权需要进一步明晰。科技型企业是我国高新技术产业化发展的主力。民营科技企业以其灵活的机制，以市场为导向，使一些高新技术得以快速实现商品化和产业化。我们现在仍有不少国有民营高新技术企业。这些企业通过创新实现了较大的发展，有的已成为上市公司。但企业的进一步发展又遇到了先前遗留的问题。例如，有的企业产权需要进一步明晰，但难点在于企业或个人无形资产的评估和入股的确定程序方面，相关的创业股、管理股实施也存在这样的问题。另外，当企业经营得好实现了较快成长时，企业扩张部分的归属，收益如何公平分配又成了非常突出一个的问题。因为企业的成长不光是原有资产的贡献，还有广大员工特别是管理人员的突出贡献。这一问题需要尽快妥善地加以解决，否则，将影响企业内部各方面积极性的发挥，最终也会影响企业的持续发展。

第二，实施股票期权激励机制遭遇障碍。很多高新技术企业正自觉不自觉地加快与国际惯例接轨，实施新的激励机制，参与日益激烈的国际化的人才争夺。但是碍于现有法规，上市公司实施股票期权激励机制有些行不通，如员工持股的合法性、股票来源、国有控股经理人员任用行政化倾向、公司法人治理结构缺陷等因素都影响到股票期权激励机制的有效实施。非上市企业虽然也在尝试股份期权激励机制，但是由于创业板前景忽明忽暗，以及看到现有上市公司目前受到的制约，因此也不得不放慢实施股份期权激励机制的步伐。

第三，非上市公司产权交易应加以引导和规范。目前，非上市公司产权交易非常活跃。主要是由于人们期待已久，而社会刚刚打开窗口。现在面临的主要问题有：窗口少，没有联网经营，不利于科技成果和相关产权的异地交易；交易中争执多发生在对无形资产的评估方面等。

23.5.2 科技型企业完善产权激励机制的政策导向

首先，要加快实施产权激励机制的步伐。实施以股权、期权的产权激励是我国各类企业深化改革、提高效率所面临的一个瓶颈性的难题。由于我们缺少这样的机制，使我们的企业在与外国大企业的人才竞争中处于非常不利的地位，我们有很多成长性很好的科技型企业，也面临不少关键人才被外商挖走的问题。这样下去，非常不利于我们的企业在国际化日趋激烈的竞争中掌握主动权。所以，国家有关部门应通力一致，尽快打开实施股票（份）期权激励机制的通道。我们应抓住创业板设立的大好机会，特别要对上市公司实施股票期权激励机制给出明确、规范的指导意见。继续依据现行政策，尽快使民营科技企业产权得到明晰。应鼓励（非国有控股）民营科技企业对各种产权激励形式先试先行，探索经验，及时总结。国家要为此创造宽松的政策环境。特别是针对科技型企业高成长的客观条件，对有国有股的科技型企业增量部分如何收益分配给出确定的指导意见。

其次,引导和规范非科技成果相关产权交易。据估计,我们有近 20 万家民营科技企业,实际上获得上市发展的不过几十家。还有上百万家各类中小企业,产权交易有着非常迫切的需要。由于科技成果的无形资产是潜在的,其增值能力是预期中的。所以科技成果相关产权已成为我们目前市场主要的产权交易对象之一。有识人才把这类交易场所形象地称为"第三板"。现有的技术成果产权交易场所,只是得到地方政府的支持,国家应对在全国范围内进行技术成果交易给出指导意见,规范和引导这类交易活动的发展,并适时推动这类交易板块的设立。

23.5.3 发展一批服务于科技型中小企业产权交易和产权激励设计的中介机构

由于科技型企业大多处于成长阶段,其企业规模和实力不是很强,很难像上市公司那样去获得大咨询机构给予的产权交易、产权激励方面的咨询和制度设计。因此,应针对企业在改革进程中、在科技型企业成长中遇到的这类问题给予及时咨询和帮助。政府应组织一批中介机构或吸引社会其他中介力量投入这方面的活动中来。

第二十四章 抓住科技体制改革机遇做大做强科技创新服务业[①]

24.1 目前科技创新服务业面临的机遇和挑战

中国现在还处在战略机遇期内，面临的发展机遇很多，众多机会在"十二五"时期碰头。这些机遇包括以下几个方面：

24.1.1 科技革命或者产业变革给科技创业服务业带来的机遇

首先，新的ICT变革正在改变产业业态。在媒体上或者科技专家那里，我们常常听到关于这方面的议题，如移动互联、智能终端、多网合一，还有云计算、物联网等，这些议题将给信息业及基于信息业的服务业带来深刻的变化，将从根本上改变业态和运营模式。

其次，技术的跨界融合。来自科技和产业的人士正一直推动四大技术（信息技术、生物技术、纳米技术和认知技术）的深度融合。这种融合不断地产生越来越复杂的技术体系、越来越复杂的产品技术。例如，芯片设计、生产融合很多方面的技术，它可以形成很多新的功能，新的功能往往通过产品和服务带给行业新的革命性变化。

再次，新的制造模式开始盛行。例如，MEMS-微制造、信息、生物、纳米、认知4项技术首先是通过微制造实现融合的。另外，现在媒体正在炒作的3D打印或添加打印，现在一座房子20小时

[①] 根据参加亦庄"2012年科技服务业论坛"报告整理后，主要内容发表在《科学中国人》2012年第18期。

就能打印出来。还有一个叫编织制造，很多产品将来像织毛衣那样编织出来。自动化的高级阶段是智能制造，还有人们正宣传的清洁制造、绿色制造等。新的制造模式正改变着工业的未来。

最后，基于信息服务业的新模式。如图 24-1 所示，IaaS 是基础设施即服务，SaaS 是软件即服务，PaaS 是平台即服务，BPaaS 和 CTaaS 是最新的业内所主张的——商务流程即服务、云端即服务。图 24-1 只是粗略地表明信息产业的发展大概每 5~10 年会有新的主题的变化。

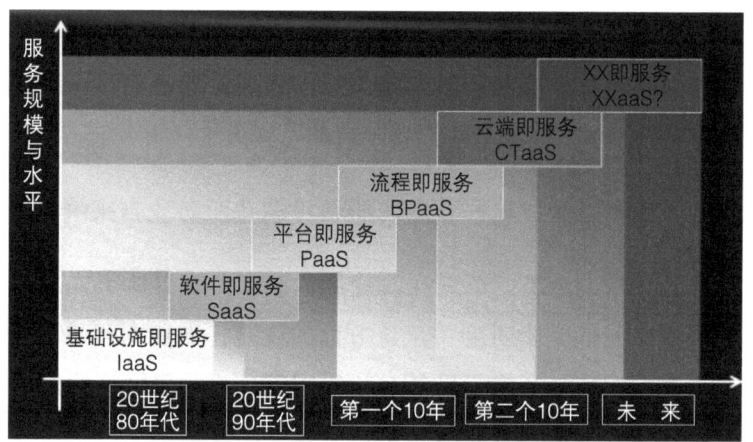

图 24-1　基于信息技术的服务模式演进

当设施即服务的时候，那个时代硬件为王，谁掌握硬件谁掌握服务的话语权。过渡到软件即服务、平台即服务的时候，那就是软件为王，或者平台为王。每 10 年左右，信息服务业一般要发生一次大的变动，在这 5~10 年如果不抓住机会，只能等下一个潮流。再过 5~10 年，如果依然抓不住机会，那就只能永远跟在别人的后头。

现在已经过渡到流程即服务，这是 IBM 最新提出的概念；云和端即服务，这是微软提出的概念。那么下一个潮流是什么？我们应该思考。虽然我们在这个方面一直在跟踪，一直在追赶，偶尔也有超越的时候，但总体来讲我们还是跟着国外的技术潮流走。我们应该谋划下一个 10 年的技术主流。

24.1.2 国际贸易新的发展及服务业的转移，为科技服务业提供了重要的推力

目前，在服务贸易和服务转移方面，高新技术产业及新兴服务业日益成为国家间投资的主要选项。再就是工业化与信息化的融合，制造与服务的融合使新的产业转移不单纯是制造业转移，肯定还包含服务业的转移。

图 24-2 表示制造与服务的融合，在一个产品的全周期内服务所创造的价值会占到 60%~70%，以德国产业发展为例，基于后端的服务产生的利润能约占 70% 以上。

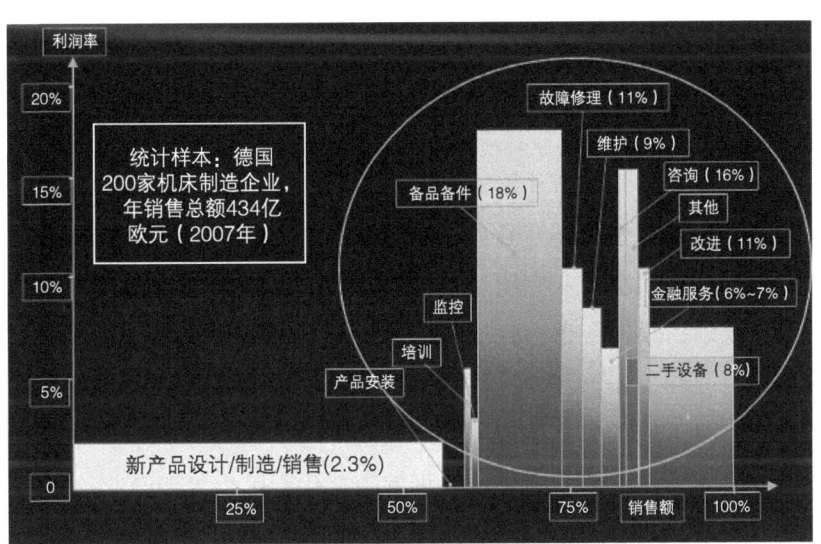

图 24-2 以价值增值为导向"先进制造+服务"体系图示

图 24-2 启示我们，现代产业要转移基本上是制造业与服务业捆绑在一起的。

24.1.3 国内的发展和持续扩大的需求构成了科技创新服务业的内生动力基础

从国内来看，"两型社会"与"五化"同步——新型工业化、市场化、全球化、信息化、城镇化，这其中不光需要制造业，还需要大量新的服务业。从党的十七大开始，我们的发展策略不仅

是强调投资、出口,更是强调投资、出口与消费均衡发展、协调发展。从消费方来看,这就需要很多新的服务,而且很多新的投资和出口也是靠科技创新推动升级的。"十二五"期间,实现科学发展及经济转型与结构升级,迫切需要依靠生产型服务业、科技创新服务业来实现。国家已把创新驱动作为未来发展的一项战略,正贯彻落实到各个领域、各个行业及各个地方。创新驱动靠什么去落实执行?就是靠很多科技服务业帮其落地生根,这也为科技创新服务业带来了很多机会。此外,北京提出科技北京的发展理念,要做世界级的科技创新中心和城市,这些目标很多都靠科技创新来支撑。

24.1.4 本土服务市场的发展及细化为科技创新服务业提供了沃土

从"十五"计划开始,国家就特别注重发展服务业,国务院先后出台了若干个指导意见,各部委先后出台了很多专项规划,像科技部现代服务业专项规划,国家发展改革委高新技术服务业专项规划,还有最近出台的物流业指导意见,都是瞄准这个方向加大力度和投入。其中,科技服务业在一些中心城市呈加速发展态势,而且服务业总体在细化,像软件电子信息业、电子商务,还有面向公众很多的服务业。再就是文化、民生等新产业一经提出,给服务业带来很多新的议题,很多都是要靠科技创新提供源头、提供基本支撑。

> 科技服务业在一些中心城市呈加速发展态势。

24.1.5 不断提高科技实力和能力为科技创新服务业提供了有利条件

我国科技事业持续壮大,自主创新能力提高,而且本身的结构也在升级。科技活动也在发生分工分化。笔者曾主张过"研发产业"这个概念,现在所谓的科技产业,科技服务业、创新服务业、高技术服务业都是基于研发产业的范围扩大及分化而生成的。

图 24-3 上方区域代表我国全社会 R&D 投入总量,从 2001 年 1000 多亿元增长到现在的 8610 亿元。下方部分是全国技术市场的交易额。从 2001 年不到 1000 亿元到现在是 4764 多亿元。科技创新服务业很大部分是靠这两块内容体现的。投入体现了科技实力,交易体现了服务业的活跃程度。我国 R&D 投入总量排名世界第三,R&D 人员总量排名世界第一,论文产出排名世界第二,专利产出排名世界第三,尤其是近 10 年来发展异常迅速。全国 R&D 超过 1000 亿元的省级行政区已经有 3 个:北京、江苏、广东。进入创新型城市门槛有一个指标即 R&D 与 GDP 之比达到 2.5,中国符合要求的城市有 20 个左右,覆盖人口 1.5 亿人左右,再进一步发展就会超过日本整个国家的人口数量。

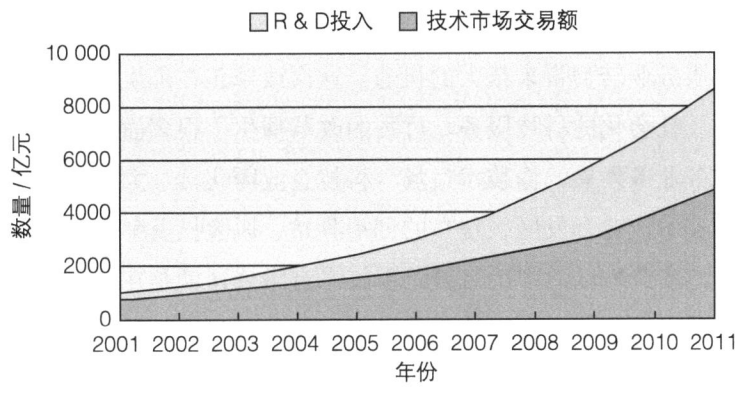

图 24-3 全国 R&D 投入与技术市场交易规模比较

笔者曾经对比过一组数字,20 世纪 80 年代开始起步的中国广告业,从 1 亿元到 2000 年前后发展到 2000 多亿元,超过当时的全国 R&D 投入。那时候企业都忙着做广告,而不是研发。现在倒过来,全国广告投入大概是 3100 多亿元,R&D 投入已经达到 8600 亿元。

在科技服务业方面,北京是一重镇。像北京 R&D 投入超过了 1000 亿元,但是技术市场交易额超过了 1800 亿元,接近全国总量的 40%。北京市科委曾给自己提的目标是到"十二五"期末技术市场交易额达到 1800 亿元,现在提前 3 年已经实现了,可见科技创新服务业发展多么迅速。笔者也一直在想这个问题，北京市通过1000亿元的R&D投入带来了1800亿元的技术市场交易额，全国正好倒过来，全国是8600多亿元R&D投入带来了4700亿元的技术市场交易额，如果全国能做到北京的发展水平，就会超过1万亿元的规模。专家预计到"十二五"期末全社会的R&D投入将在1.5万亿元左右，如果经济发展慢一点，速度低一点，也会在1.3万亿元以上，到时候全国技术市场交易额会超过8000亿元，北京在其中还要占很大部分，将达到3000亿~4000亿元。这就是北京科技服务业倍增发展的重大机会。

24.1.6 全国科技创新大会揭开了我们从科技大国迈向科技强国新的一页

新的科技体制改革再加上事业单位改革推进，为很多事业单位向服务业转型带来很大的机遇。这次改革正在催生专业化、市场化、社会化的科技服务。过去的改革催生了很多面向市场的科技服务业务发展，像技术市场、科技企业孵化器、大学科技园、高新技术产业开发区，现在的创新驿站、风险投资都是改革的产物。亦庄开发区的中冶京诚工程技术有限公司就是在改革中实现发展壮大的代表，它的营收从几亿元到上百亿元，就是这几年发展起来的。这得益于科技改革和企业化转制，使它们面向市场主动寻找机会，做大做强。

> 当前的改革就是为科技服务业发展创造条件，提供契机。

当前的改革就是为科技服务业发展创造条件，提供契机。很多政策都是有利于创新服务业发展的。这次科技大会提出的政策主要有以下方面：把企业作为技术创新主体的政策，发挥人才积极性、创造性的政策，使科研院所和大学面向市场协同创新的政策，还有改革管理体制、提高科研效率的政策，这些都有利于科技服务业做大做强。而且当前的改革还有利于科技创新服务业市场的形成，有利于它们组织能力的提高，有利于有实力的创新组织脱颖而出。

24.1.7 科技创新和商业模式创新开始融合在一起

这种融合给企业进入一个服务市场,特别是为基于创新进入一个新的市场提供了很多机遇。

科技创新模式始终是伴随时代的科技进步与时俱进。新的科技进步往往是通过其直接延伸出来的科技型企业,或者科技服务业把创新的产品或服务带到市场、带到社会。硅谷很多企业家往往是带着新技术创新创业,这些新技术又往往是从大学或者从其他的高科技企业分离出来的,然后它把这个新的技术结合其他的技术,包括将市场营销方面一些商业模式创新结合起来,把新的业务做大。这是创新驱动的基本模式之一。当前也是一个科技创新与商业模式创新双双活跃的时期,把握市场机会,企业既要有科技能力,同时商业组织技能也很重要。其最重要的地方就是能够围绕用户需求开展研发和组织商业资源。

我们再看科技创新服务业发展存在的问题:第一,总量偏低;第二,结构占比偏低;第三,基础设施水平偏低;第四,创新能力偏低。这几个偏低,使科技创新服务业不论总量还是结构上都不能满足当前经济的总体发展需求。

这些偏低的问题根源在哪呢?首先,创新服务业的战略地位在很多场合提不到议事日程。其次,没有形成市场正向激励机制,特别是在市场的形成,在一些财税政策、投入政策、金融政策、税收政策上,我们还是按制造业的惯性来约束服务业发展。再次,我们往往忽视基础和积累。基础研究投入不足,跟发达国家相比是很低的。虽然我们在基础研究上也有相应的水平,但基础研究是厚积薄发的,没有这个积累,没有几十年的工夫,好的成果、原创的东西拿不出来。我们跟发达国家比,不能光比当下的R&D投入,我国上千亿元的研发投入才过了几年,可是要知道发达国家上千亿美元的投入已经积累了几十年了。这几十年形成的资产和成果不断地反复应用,不断地内化成国民素质,与这个相比,我们的差距就更大了。所以我们在加大投入的同时,应该以更大的力度、更长远的眼光关注基础和积累的问题。最后,缺乏领军人物和带头人。像深圳的全社会 R&D 投入近 400 亿元,华为和中兴两家就占了将近 300 亿元,像这样的龙头企业我们还不多。

24.2 科技创新服务业的发展方向与重点

首先我们要厘清几个概念。在经济总体中,我们常说有一个大服务业,大服务业下面有现代服务业,就是利用现代技术,特别是信息技术的一些服务业,也是知识密集型服务业,这是一个比较大的概念。再下一层的概念就是生产服务业。从科技角度来讲,我们常谈到 3 个概念——研发服务业、科技服务业和创新服务业,其中还有人讲高技术服务业等(图 24-4)。

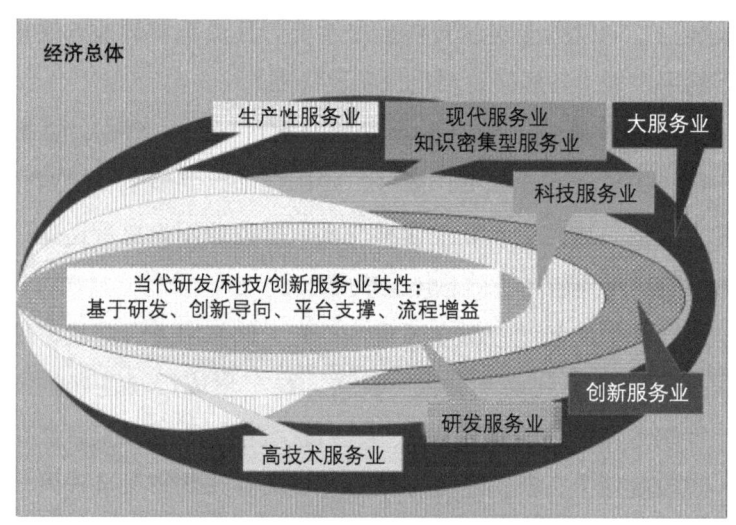

图 24-4　经济总体下的各个服务业概念

> 科技创新服务业不同于一般的服务业……服务主体一开始和用户就是绑定关系。

为什么要发展科技创新服务业或为什么会有科技创新服务业。首先,没有科技创新服务业,服务增值、创新增值就不会实现。其次,科技创新服务业不同于一般的服务业,不只是简单的追随服务对象,它是在认真地分析研究对象、认真地把握对象,给对象一个定制化服务,服务主体一开始和用户就是绑定关系。最后,科技创新服务业面临很多环节,每个环节都要消除不确定性、消除风险。这些风险不确定就是靠创新服务业给弥补,这是不可替代的。

科技部门主要关注3个领域:研发服务、科技服务业和创新服务业。它们有4个基本的共同点:①要有研发活动作基础;②服务行为或活动要有创新导向,一定要有创新的成果出来;③要有一定的平台作支撑;④创新的流程是不断增值的各个环节,最后让末端的增值再反馈源头创新,使创新流程循环起来,创新服务业才能做大做强。

从创新过程视角上看,创新是从创意生成到概念物化、再到工程化、商品化、市场化、产业化直至国际化的接续过程,在每个过程中,需要创新者整合主要是内部资源予以达成阶段性创新目标。但从上一个环节向下一个环节过渡时,则需要整合大量外部资源才能推动下去。这就需要大量服务力量的介入,才能有效率地实现创新目标。创新过程的每个环节实际上都非常需要有实力的平台和大量的经济社会资源来支持,都需要靠多主体、多的创新服务业来支撑,这就是科技创新服务业存在的依据和理由。所以,凡是需要科技成果向现实生产力转移转化的地方,都离不开科技创新服务业的支持;凡是科技创新服务业发达的地方,也是科技创新有效驱动经济发展之所在。

政府为什么要在创新服务业上有所作为,因为政府在基础和公共研究上投入比较大、在开发方面投入比较低,而企业正好相反,在基础和公共研究上投入低、在开发方面投入高,中间正好有个缺口,学者们称其为"创新的达尔文之海[①]"(图24-5)。很多创业企业、技术前锋就牺牲在这个环节。政府的功能就补足这个市场失灵的地方。这里就会产生很多与政府科技投入相关的创

---

① 达尔文之海,也有称为"达尔文鸿沟""死亡之谷"等,参见 Branscomb, L. M. 和 Auerswald,P.E.D 的报告 "Between Invention and Innovation: An Analysis of Funding for Early-Stage Technology Development";或者参见:杰弗里·摩尔. 公司进化论:伟大的企业如何持续创新 [M].陈劲,译. 北京:机械工业出版社,2007:12-13.

新服务,当然是围绕政策、围绕政府的资金进行的,如中小企业基金、公共技术服务平台都是用来填补中间的沟壑的,使企业能够有一个低成本顺畅地过渡到成长阶段。

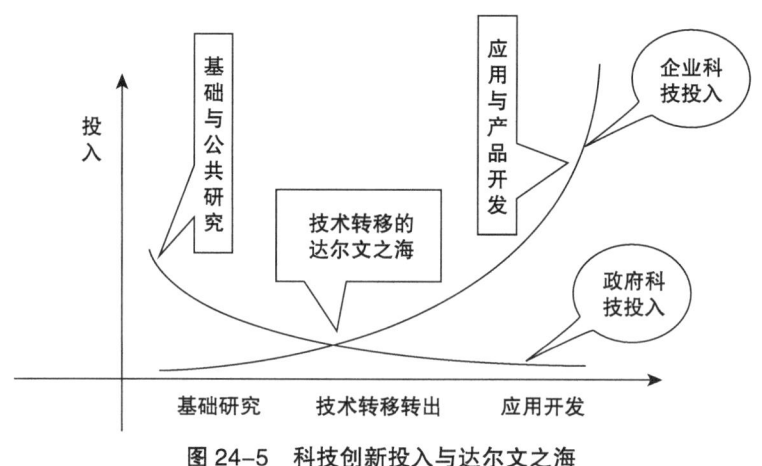

图 24-5　科技创新投入与达尔文之海

图 24-6 是一种典型的树状业务图,在此用来表示很多院所、大学和科技型企业常常是按树形业务模式进行研发服务的。例如,芯片这个领域既有统一性又有多样性。企业可以做手机芯片,也可以做微型电脑芯片,还可以做一些嵌入式软件。一项技术对应着很多产品,每个新产品会形成相应的生产、服务模式,好多技术推动型企业是按这种模式进行树形管理的。这些树的主干就是其核心技术、是其科技发展业务模式。

从发展重点上讲,北京市提出的目标是要做强研发服务业,做大一些新的业务,如技术转移服务、科技资产利用、科技咨询、金融服务、风险投资等,这些都是新的增长点。科技部《现代服务业科技发展"十二五"专项规划》中提出的发展目标包括大力提高生产性服务业、电子商务、可信交易、现代物流、系统外包等,积极培育发展新兴服务业,发展社会公共服务包括数字生活、数字健康数字教育等,还有做大做强科技服务业,设计开发、成果转移转化、创意服务等。

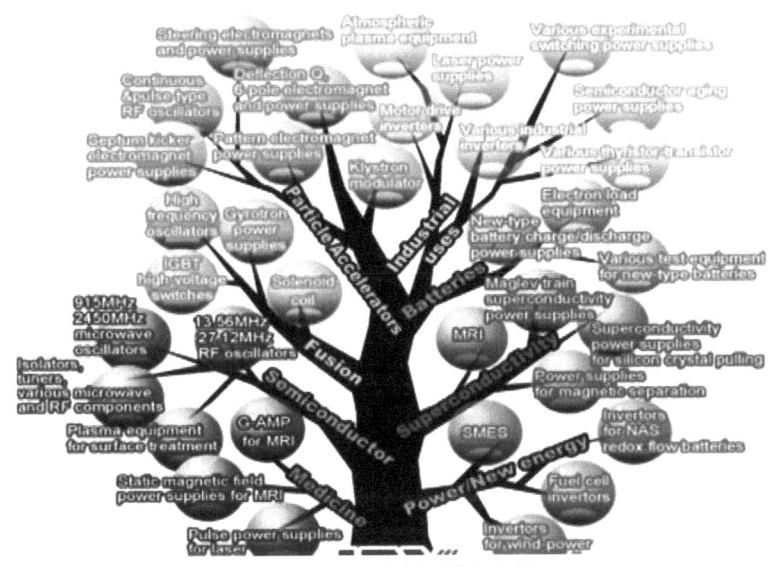

图 24-6　技术树/技术族谱

24.3　加快科技创新服务业发展的基本思路与建议

目前面临的发展需求和发展机遇,都需要科技创新服务业有一个较快的发展,水平还要有一个较大提升。从政府方面看,加快科技创新服务业或研发服务业发展的基本思路包括以下方面。

首先是引进和培育并举。很多科技创新服务业过去没搞过,现在又急需,怎么办?别人已经发展起来的,就把它引进来,然后比照着培育我们自己的产业。同时还要大量培育和发展自己的产业队伍。政府必须把企业作为科技创新服务业发展的主体一开始就摆在重要位置给予重视和扶持。不能再像计划经济那样,先依靠政府发展事业单位,再通过改革把它转成企业,这很费时又费资源。因此,一开始就要依靠企业主体发展新兴服务业,同时要推动过去的事业单位进行市场化改革。

其次是聚集资源,注重根植性发展。服务业是流动性很高的经济领域。有些新兴服务业依靠平台来驱动。可往往是人才一走,平台就空了。所以,要实现化服务业发展落地生根,一定要结合当地的资源禀赋、当地的发展战略来谋划科技创新服务业的方向和内容。

> 很多科技创新服务业过去没搞过,现在又急需,怎么办?
>
> 政府必须把企业作为科技创新服务业发展的主体一开始就摆在重要位置给予重视和扶持。

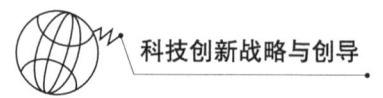

最后是需要主动变革。变革什么呢？要把过去那种科技观、创新观变成与当今和新科技变革、新商业模式相适应的思想，把过去那种基于资源、基于能力的管理，转变成面向机遇、面向对象的管理。过去是给多少资源，才干多少事；现在是机遇已显现，资源分散在社会，我们要通过一种创新的设计和组织抓住机遇，加快实现和资源的对接。要能够识别机遇、抓住机遇，我们需要练就这种眼光和能力。

在《中华人民共和国国民经济和社会发展第十二个五年规划纲要》中，国家还提出这样一些措施，建立跨部门的合作机制，就是大家把资源整合协同起来，在机遇面前有所作为。例如，信息化建设方面，科技部与工业和信息化部联合；在文化创意产业发展方面，科技部门又与中宣部、文化部联合，也鼓励国家高新区建立相应的工作管理机制，来有目的地发展壮大科技创新服务业。政府还将加大资金支持，建立专项资金，形成具有中国特色的能代表当今技术先进水平的科技创新服务支撑体系。

需要特别指出的是，这些政策多是把服务业做大的政策，还不是做强的政策。做强科技创新服务业政策应该是个案性，也需要有识有为的政府真正能够看准机遇用特殊的政策来做。特别是中国已经到了产生服务业巨人的阶段，一些企业有了相当的积累，它们有做强的机会。再就是在服务业上，做大做强不一定像过去制造业那样分先后，先做规模后上实力，服务业做大做强可以同时做下来。中国的发展已为创造强大的科技服务业公司提供了窗口期，希望我们的企业能抓住机会，在建设创新型国家、建设全面小康社会的征程中建功立业。

第二十五章 科技为新经济新业态的核心[①]
——以养老科技与老龄产品与服务关系为例

中国的老龄化发展阶段正加速到来。助老养老问题已呈现愈加多样、愈加强劲、愈加广泛的经济社会需求。助老养老产品和服务的供需不平衡，已让人们尽可能地跳出原有的思路来谋求新的突破和发展。科技助老养老就是一个重要的突破口。

25.1 进一步明确老龄产业是常规性基础产业的战略定位

助老养老是一个社会的基本活动，老龄产业是关系国计民生的基础产业。在老龄化社会加速到来的历史阶段、在助老养老问题越来越突出的当代，老龄产业发展事关社会稳定大局，事关民心所向，在当前发展阶段应具有相对突出的战略地位。

老龄产业作为常规性的基础产业，其战略地位、发展规律和特点不同于现阶段结构调整过程中常提到的主导产业、战略性新兴产业等。主导产业首先取决于世界发展格局及国家在全球的战略定位，支撑这种定位的产业就属于主导产业、支柱产业范畴，如国防工业对于美国、海洋产业对于海岛型国家、石油及周边产品对于OPEC国家、部分制造业和基础设施产业对于当前的中国等。主导产业的发展很大程度上取决于国家总体的内外战略安排。至于战略性新兴产业，它更多地取决于一个国家的创新能力

[①] 本文是应《养老中国话良策》编写组约稿而作，后又以"加快发展科技与智能养老产业"为题刊发在《中国科技投资》2015年24期。本文重点旨在对养老产业这一新业态进行深入分析，提出"以科技为核心"作为产业分析的新框架，可以得到一个简便的图示。

及新兴市场的培育。助老养老虽然谈不上是新兴产业，但相对于众多规模较大、发展成熟的产业而言，老龄产业在中国还处在初创期、成长期。中国改革开放以来众多产业的兴衰告诉我们，遵从产业发展的规律，把握好产业发展的阶段性特点，以市场规律和机制配制好相应的产业资源，产业的发展将会取得事半功倍的效果，否则就容易走弯路，贻误时间和发展机遇。老龄产业也不例外，不论是强调其服务业内容方面，还是强调其社会事业特点方面，都要把握好本质特点与发展规律。

我国老龄产业的生成与发展得益于正在形成的养老市场。社会需求、市场力量是推动老龄产业稳步健康发展的决定力量，也是老龄产品持续创新的根本动力。像老龄产业这类常规性基础产业，稳步发展是总基调，总体要求就是稳扎稳打、步步为营。因此，这个产业无论在社会焦点层面上怎么被热炒，它不应该大起大落，也不允许大起大落。这类产业不适合采取像高科技产业那样，在起步阶段以创投、风投来推动的机制。但它更需要专门化、针对性的投融资机制、产业治理机制。这就需要政府能提供有针对性的发展平台，号召并动员全社会自觉参与。老龄产业在发展上要求长线、广谱、全方位的资源与功能布局，还要求根据不同的发展时期，老龄产品和服务要与时俱进，在生产力水平、科技水平、消费水平上要适应时代的进步，在质和量方面都能尽可能满足多层次、多样化的养老需求。

保障基本的产品和服务供给是常规性基础产业的一个底线；提供不断丰富的老龄产品和服务则是这个产业持续创新发展的应有之义。随着党和国家的重视，社会主义制度优势的发挥及全社会的关注与参与，提供基本的助老养老产品和服务这一关我们很快就会迈过去。但迅速展现出来的多样化、个性化的助老养老需求，呼唤着我们必须加快相应的科技开发与应用，以增加老龄产品和服务的有效供给，并为助老养老市场和产业的繁荣注入持续的、增值性的动力。

助老养老的需求既不是刚性的，也不是弹性的，而是有韧性

第二十五章　科技为新经济新业态的核心——以养老科技与老龄产品与服务关系为例

的、有黏性的。不论处于任何阶段、任何族群，在养老问题上富有富的活法，穷有穷的度法。虽然根据《国务院关于加快发展养老服务业的若干意见》，未来一段时期我国养老问题的解决途径是以居家养老为主，老龄产业的主要内容还是服务，但不论是居家养老还是助老养老的社会化服务，都需要大规模、大批量的老龄产品和多样化的技术手段。当前，这类产品和技术手段供给不足，老龄科技研发投入不足、机构不足、能力不足，这已构成养老产业或事业发展明显的瓶颈制约。迫切改变落后的局面，让科技进步尽快惠及老龄群体，应成为我国民生科技发展、社会事业及相关产业发展的一个重要方向。尽快形成较强的助老养老科技研发实力、创新能力，加速老龄产品的研发和产业化，也会为当前转方式、调结构的经济提供新的增长点、丰富新的业态。

助老养老最能体现一个地方、一个民族、一个国家的经济实力、社会形象和文化价值。我们应足够重视，集聚足够的资源和力量，把养老产业做成国计民生的坚实板块，做成经济社会发展的显著亮点，做成践行中国梦的核心名片之一。参与助老养老实践的企业或社会组织，希望能举好公益的旗、民族长远利益的旗，厚道做企业、做项目，精心做品牌、做服务。这个产业厌恶投机、厌恶粗放，但也会给精心耕耘的创业者、开发者、参与者以长久的、充满人文韵味的回报。

> 助老养老最能体现一个地方、一个民族、一个国家的经济实力、社会形象和文化价值。

25.2　科技助老养老与助老养老科技

助老养老既是老话题，又是新产业。老龄问题从古就有，无须多谈。没有助老养老，也就没有文明的传承。老龄产业作为一个新的产业群，是因近现代以来，人们开展以市场、产业、产品服务的办法来应对养老需求。随着科技进步和生产力水平的提高，老龄化社会成为一个时代的特征。养老需求的快速膨胀已不是社会和政府简单地提供一个柜台、一个窗口、一批专门的人所能应付的；它需要一整套的制度，一系列系统的解决方案，一大批市场化、专业化、社会化组织来解决。

新的历史阶段，老龄产业的发展中，居家养老是分散、个性地解决问题，社区、机构养老则是平台化地解决问题。这就使社会经济产生了对养老科学知识、助老养老相关技术、相应的老龄产品和服务，以及社会组织、基本设施等方面的需求。规模化、有质量地增加助老养老产品和服务的有效供给必须建立在当代科技和经济发展水平之上，要依靠专业化、专门化的组织机构。而这当中对许多共性问题、关键问题的认知及解决方案的提供，就需要集成当代最新的知识和科技才能予以保障。所以，科技助老养老是我们应对老龄化社会到来应有的视角和出发点。

为什么要提倡科技助老养老？首先，科技是当今社会的标准配置，是人类存在的一个前提。与农业社会人类多直接生活、生产于天然环境下不同，人类现已生存于众多科技改造过的人工环境之下。未来的助老养老也要依托于科技为老龄社会所创设的人工环境。其次，科技助老养老是时代的标签。科技是第一生产力，人们要解决助老养老所带来的经济社会诸多问题，需要从根本上诉诸科学知识和技术手段。再次，在助老养老问题上，个性化需求自始至终都表现为优先选项。倡导科技助老养老，推动助老养老科技创新，能较好地平衡个性化与共性需求之间的关系。最后，老龄阶段是人们认识自己、解放自己的最后环节。基于科技各方知识的综合是人们科学地认识养老、理性地选择养老方式、颐养天年、乐度余生的正当思维。社会的老龄化已不可避免，但要通过科技助老养老得以顺利过渡和发展，关键有三：一是科学养老助老的意识深入人心；二是科学助老养老的能力得以开发和积累；三是科学助老养老建制化、规模化发展——一批相应的科研、产业组织、社会机构能顺利自我发展。最重要的是第一点，就是要科技助老养老真正地深入人心。

科技助老养老要能深入人心，就必须大力发展助老养老科技，让众多老龄大众尽快享受到科技之果、科技之乐。助老养老科技不同于教育系统已固化的学科知识体系，它是由社会中不

> 科技是当今社会的标准配置，是人类存在的一个前提。

第二十五章 科技为新经济新业态的核心——以养老科技与老龄产品与服务关系为例

断演进的老龄化问题和需求所激发出来的主题性、应用型科技体系，是围绕相应的助老养老产品、服务、工作、工程等应用对象在不断进步完善中所形成的知识群、技术群。从生成的背景和过程上看，助老养老科技一开始就带有综合、跨界、宜人、易用的发展指向，也是当代科技在一个侧面的极致呈现。

> 助老养老科技一开始就带有综合、跨界、宜人、易用的发展指向，也是当代科技在一个侧面的极致呈现。

在笔者看来，助老养老产品主要分为四大板块：环境产品、器械产品、信息产品、医疗产品；助老养老服务也主要分为四大领域：交往服务、创业服务、休闲服务、保健服务（关于助老养老产品与服务的分类不是唯一的，它取决于所选的坐标系和分类方式）。助老养老科技就是这些产品及服务所涉及的自然科学、社会科学、人文科学、技术应用、综合工程、产品工艺、产业化能力、管理体系等方面知识和技术、技能的总和。助老养老科技与助老养老产品、服务的关系，如图25-1所示。

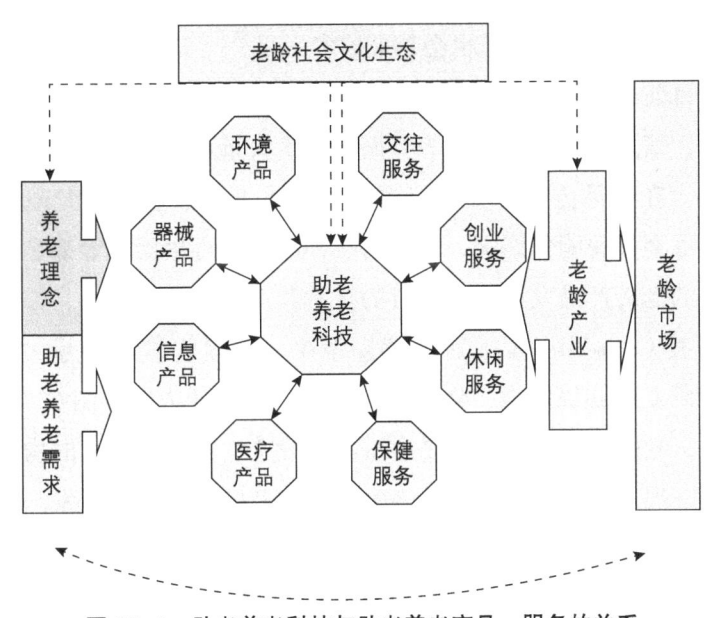

图25-1 助老养老科技与助老养老产品、服务的关系

显然，助老养老科技与助老养老产品/服务、再与相关产业、市场的关系是一个互动的关系。在互动的机制中，相互衔接、相互促进、相互制约。未来同文化、社会因素再交织起来，就会形

成一个老龄社会的经济生态。这一生态也会塑造一个与时代认知水平、科技水平、生产力水平相适应的助老养老方式。面向老龄化社会发展的资源、内容、过程、价值、意义都将取决于这个助老养老方式。

随着助老养老产品和服务需求的迅速扩张，当前的助老养老科技正步入快速发展阶段。大量在其他领域行之有效的技术、工艺、技能被借鉴或被移植到助老养老科技方面，助老养老科技由此呈现出以问题为中心、跨学科交融、多技术集成、应用导向等特点。越来越多的研究机构、企业和社会组织已开始专注于老龄研究（aging research）、助老养老科技（aging technologies）或老龄产品、服务的开发（aging products or services developing）。助老养老科技体系中，有的分支领域由来已久，如老年医学、（gerontology）、田园休闲研究（pastoral studies）、传统的助老工具技艺等。随着现代科技的发展，助老养老科技的内容会越来越丰富，这方面的细分领域也会越来越多。

目前，助老养老科技发展尤为引人注目的是新的自动化、智能化、信息化、生物工程等方面的技术大量用于老龄产品及服务需求。在产品方面，养老机器人、助老助残装置、即时通信设备、可穿戴智能化终端、老年病特种医药、再生器官等都是当前最热的老龄产品发展方向。有的技术和产品已经很成熟，如外骨骼机械（exoskeleton）、智能感知系统、远程监护系统等，有的还在研发的初级阶段，像再生器官、养老机器人等（图25-2）。另外，老龄环境产品过去是注重养老设施、养老大环境的构建和开发，现在则更多地关注养老的微环境及随身用品的开发。这些产品的基础技术、关键技术已不是最新的前沿科技，像助老产品会大量应用到液压助力、伺服系统、智能感知、自动控制等先进技术，这些技术和相关装置早已应用于生产和生活当中的主要产品，如汽车上用到的电子助力转向（EPS），但要移植到助老养老产品方面还需要做大量针对性开发与设计。现在智慧养老、远程交流、监护、服务正成为新的技术应用热点。这是由于无线网络通信、智能感知、人机交互、智能软件等技术的应用,可以让亲人之间、老人之间随时随地地进行交流。

图 25-2 外骨骼机械及应用

毋庸讳言,我国的养老科技在过去投入不足,研究积累不够,虽然这一短板正在得到填平补齐,但还是要在一个时期里面临差距很大、欠账太多的困境。随着国家的重视及关于养老服务发展政策意见的出台,养老科技、养老产业正得到越来越多的关注和参与。国家老龄办推出了养老产业的技术创新联盟,这将进一步整合我国在养老科技方面的资源,调动各方面的积极性。这还不够,我们还应当面向养老产业总体的产业链,进一步丰富科技研发资源,改造现有科技平台,加速开展产业化导向的养老产品和服务的创新研究。

当前,新科技和产业变革正在全球范围内加速展开。新科技、新兴产业都将为养老科技和产业提供更强劲的支撑、开辟更大的发展空间。养老助残的科技中很多带有公益性质,我们可以通过开放、合作、交流,吸纳全球最好的科技为我所用,共同努力,为在全球范围内应对老龄化社会挑战寻找契机和出路。

25.3 以科技为引领,高起点丰富老龄产业新业态

以科技为核心、创新为引领是当代众产业从旧的领域中衍生出来,走向现代产业、现代经济的一个核心特征,是在现代市场条件下得以安身立命的关键因素。助老养老产业和服务亦不例

外。也就是说,常常是科技因素、前提、突破、供给在前,所引发的新需求、新市场、新业态发展在后。乔布斯所言极是:在把研发设计出来的新产品摆在人们面前之前,消费者还不知道要什么。例如,对于机器人助老养老这个发展方向,如果机器人技术尚不成熟完善,人们就无法设想和预期一个机器人助老养老的产品,以及相应的市场,对机器人应该有的功能、应该突出的功能肯定也是设想不全的。科技自身有一种外化的魔力,既可以直接告知我们所需要的答案,也可以通过罗列众多背景因素,让人们有逻辑地演绎出其所设定的答案。

> 老龄产业是主题牵引的内容经济,或者说它将走向与内容产业相类似的产业形态。

老龄产业是主题牵引的内容经济,或者说它将走向与内容产业相类似的产业形态。内容产业常常是在不扩大物理空间、基础设施的条件下,可通过"内容"及表现形式的编排、调整、融合、优化,再造新的产品线和价值链。因此,内容产业最强调创意和创新;创意创新是这类产业的主旋律和生命线。助老养老产品和服务若能建立在大量的、有创新竞争力的、喜闻乐见的助老养老"内容"开发基础之上,这个产业定然自会持久地增长与发展。

> 老龄产业还是天然的体验经济。

> 在体验中优化完善、在体验中实现产品与服务的融合、共性与个性的结合。

老龄产业还是天然的体验经济。人生一世,养老一时。由于时光难再,面向助老养老产品和服务选择时,人们总是特别精心和认真。个性化需求能得以优先满足对于养老产品和服务而言始终具有突出价值。这类市场、这类产品和服务的开发需要在大量实际体验中实施、在体验中优化完善、在体验中实现产品与服务的融合、共性与个性的结合。特别是在当前,大数据、云计算、物联网、智能终端、无线泛在接入等技术,为体验经济的发展提供了有效的工具手段。北京就曾借鉴欧洲正推行的 LivingLab 模式,通过实际监护、体验、观察、研究和设计助老养老新的服务需求。随着互联网技术和经济的快速发展,人们正以模块化、专项化、个性化的产品设计与服务来推动相关业务发展,老龄产业会呈现更加丰富的新业态,从而融入现代主流经济社会当中。

以科技为引领,丰富养老产业的新业态,我们可以在以下几个方面做些工作,打开局面:

第二十五章 科技为新经济新业态的核心——以养老科技与老龄产品与服务关系为例

——面向养老科技研发、科技服务的空档，我们应有意识地加强科技资源的布局。从助老养老科技到产业化，我们需要做更多的加法乘法，体现跨界、融合的发展思维，政府要部署、社会要整合相应的资源、机构、人才队伍。面向世界最大的老龄群体，我们应该具有与之地位相称的助老养老科技开发队伍，以及相应的科技资源丰度。在当前这个紧要阶段，可以谋划实施专项性的科技行动计划。

——增加供给，丰富助老养老的产品线。进一步发挥好养老基础设施、养老地产等行业的带动作用，做好做优环境产品线；进一步发挥制造业的优势，引导一批企事业单位专注于助老养老器械产品的研发与生产；借力国内互联网产业大发展的态势，加速一批助老养老信息产品、智能产品的开发和生产；将中西医有机结合、传统医学与现代生物科技有机结合，为老有所养、老有所医提供坚实的支撑。

——精心设计，做优一批特色养老助老服务板块。例如，可加快发展田园养老、旅游养老、休闲养老、养老互助、老龄研修、老龄文艺、老龄交往等服务业。广场舞实际体现了老龄交往服务有着迫切和巨大的需求。助老养老产品和服务不一定非要分出高低端之分，但也要求有特色、有质量、有内涵。另外，还可以鼓励策划出新的商业模式，如现在有的地方开展的养老服务"时间银行"，就是这方面有益的尝试。在这方面还可以学习借鉴国外已成熟的产品及服务模式，如外骨骼器械由美国军方提出并研发，早先的目的是重新武装现代士兵。但美国军方的研究不限于军事，像退役军人、伤残军人所涉及的问题，也在他们的研究开发范围内。所以改造过的外骨骼器械将来就可用于助老助残。我们要在开放中学习并提升。虽然养老问题有较强的区域性、族群性、文化选择性，但在一个全球化时代，有关养老资源、模式、知识、科技等都可以跨时期、跨空间互补互用。

——重视老龄再创业的问题。褚时健与"褚橙"的成功让这一话题在当代中国别有意义。行将退休的专家、行家、学者、企

> 重视老龄再创业的问题。

业家、管理者、特长人士、资深人士等，这批人是国家宝贵的智力财富和不可多得的高端人才资源。笔者就遇到过很多刚退休就开始准备创业的专家，掌握一脑子的产品专利知识甚至技术或商业诀窍；但重新创业之路对他们来讲也非一帆风顺，毕竟体力精力、退休后的事业平台非比从前。如果社会能提供适宜的平台服务，再通过一定的组织能实现新的老中青结合（如有的可以做创业导师、资深总监，有的可以开办专业工作室等），让他们的智力资源、社会资源得到应有的利用和经济回报。

——以新的理念规划和设计退休后的工作和生活。从退休到预期寿命终结一般在 20 年左右。这可是大约 4 个五年计划的时间。助老养老在这 20 年间分布是不同的：前 10 年更多是"助"，后 10 年主要是"养"。在消费能力不高、老龄资源不充足、助老养老科技和产业不发达的条件下，倡导安度晚年是必然之路。但在上述因素都有所改善的条件下，我们则应该倡导如何乐度晚年。这不是要讲求高消费、高投入，而是在资源能力尽可能允许的范围内体验多方位的养老模式，体验多样化的助老养老产品和服务。社会要发展一批专业的助老养老规划咨询机构，或提供尽可能多的规划模板，帮助退休及老龄人士做好这 20 年左右的人生规划，特别是前 10 年为黄金时段。每 5 年都可选择一两个主题，尽情尽兴地实践、体验、享受。

总之，就是要用丰富的科技创新举措、有效的产品和服务供给、日渐繁荣的业态来迎接并装点正在到来的老龄社会。

25.4 注重科技养老、产业养老、文化养老协同并举

助老养老是综合性的、全方位的问题，包括科技，以及科技之外的问题更多。科技提供理念、提供工具、提供起点、提供平台，但不能解决人与人情感交融的问题。科技还不是产品和服务本身，所以在科技养老之外，自然要提产业养老，以满足产品和服务供给。但不论是科技还是产品本身，都有它的能力或功能限

第二十五章　科技为新经济新业态的核心——以养老科技与老龄产品与服务关系为例

度。在科技力所能及之外，平衡人的愿望、慰藉人的心灵的，最终还是人类的信仰与文化。所以，要科技养老、产业养老、文化养老协同并举，共同营造新时代养老事业发展的软硬环境。人类在生老病死的往复中，文化既是起点，也是归宿。实际上科技养老、产业养老之所以能发挥出应有的作用，也是在一定的文化背景和基础条件下才得以实现的。

> 要科技养老、产业养老、文化养老协同并举。

没有文化养老，再多的科技、产品都不能替代。实际上，当前的中国养老科技水平滞后，产品和服务有效供给不足，社会是把其中的许多矛盾交给养老文化以应对。在中国很多老人都是以"设身处地、随遇而安"来思考的，这一带有中国古老哲学的价值与行为取向，为消解来自社会或家庭之处的矛盾和压力提供了思想基础。

上述现象启示我们，倡导并实现文化养老，实际上就是要把文化中始终在传承的助老养老的理念、经验和智慧同现代的科技进步、创新有机结合起来。文化为体，科技为用。世界传承已久的宗教、各国各民族的文化在处置养老问题、慰藉老人心灵方面都有古老的智慧和可取之处，我们要继承发扬。未来在新的时代条件下，养老有新的需求，科技开辟了新的空间，人类需要新的安抚，我们也需要构建新的养老文化的思想基础，实现心灵、情感、意志的充分沟通与交融。

> 文化为体，科技为用。

> 科技开辟了新的空间，人类需要新的安抚。

美国著名未来学家约翰·奈斯比特曾写过一本书 *High Tech, High Touch*，汉文版译作《高科技、高思维》，还有一个副标题：科技与人性意义的追寻。笔者认为汉语书名译得不到位，若译成"高科技，高情感"似乎贴近了些。"Touch"这里指日常意义上的"接触之感、亲近之情"。网上有言论说："'High Touch'就是一种跨越理性的体贴、超越工具的触感……它是一种对细节的注意，对情感的用心。"此言极是，助老养老最需要的就是这个Touch。让科技为养老助老提供越来越多的、可带来"High Touch"的感觉。那时，人们就跟着"High Touch"前行。

科技创新与历史发展篇

第二十六章　美国工业化、现代化进程及其启示[①]

任何国家和民族的崛起都应当作文明的奇迹来看待。美国的崛起亦不例外。被看成奇迹不是因为促成崛起的因素是神秘的、偶然的、不可捉摸的，而是因为这种崛起是特质的、无法重复的，在人类文明发展史上自有它的位置和影响。在美国工业化、现代化的进程中我们可以看到，从一些寻常的事物中又被美国人构造出许多新的景象来。和其他许多文明的崛起一样，美国也是带有许多自己的创新开始走向历史的舞台，渐渐地成为一个新的主角，诉说自己的故事。

> 任何国家和民族的崛起都应当作文明的奇迹来看待。

26.1 美国的工业化：从商业到工业体系

美国的工业化进程大体可分为 4 个阶段：一是从建国到南北战争，是美国的农业、商业在世界上获得越来越多的优势，制造业开始从无到有并在国内占有相当规模的阶段；二是从南北战争结束到 20 世纪初的第一次世界大战，是美国工业企业、国民经济高速发展的时期，到此美国的工业成就在相当多的领域已追上或走在世界的前列；三是从第一次世界大战到第二次世界大战，是美国工业全面发展，开创新产业、更新产业结构，对工业化的社会后果进行社会整合的阶段，美国的崛起以最后领先于其他国

[①] 此文是 1994—1995 年参加孙慕天教授在哈尔滨组织的现代化议题研讨会的习作。

家、主导世界工业和科技发展潮流的结果而告一段落；四是从20世纪50年代初开始至现在，被贝尔称为后工业化阶段的开始，本文不赘述和讨论这个阶段的问题。

很多人认为现代化的起点是经济或某部门的快速超常增长，抑或是政治变革，在笔者看来工业化、现代化的起点应是原有社会整体的开放，因为社会系统的开放是促成系统内发生异质性变化及进化的根本途径。所谓经济的快速增长及政治变革，都是社会有机体为应付外来事物及社会整体功能的改变而进行的自身同化或变异的过程。许多国家为破除封闭，同化外来事物花费了相当大的代价和时间（如法国、俄罗斯及中国等）。在看美国工业化的问题时，我们看到开放已不是待解决的问题，而是已成为历史的现成条件。在他国为破除封闭和传统所付出的物质、精神及时间上的代价，在美国几乎全用到了开发和构建新的事物上，这是美国工业化、现代化能迅速起步及扩展最后得以实现的前提。

美国建国前，它的国民经济主要依靠农业加上对外贸易。起初农业还是这片殖民地上的经济支柱，但后来以毛皮、烟草、木材、鱼为对象的贸易逐渐扩大着自己的份额，加上移民的增加及外部资本的介入，使得这片殖民地靠商人统治着这个社会的政治经济[①]。所以，1778年刚刚独立的美国就面临着这样的经济形势，日趋壮大的商业集团占据着国民经济的主导地位，而商业发展积累的资本成为美国工业制造业起步的必备条件，因而其工业体系从一开始就是工商合一的。这样其工业发展没有那种在英、法、德等国发展过程中曾出现过的资本、资源要从传统的农牧业中剥离的过程。像这一时期美国的许多富人都是集进口商、批发商、地产商、地主、企业主等于一身的角色。

由于劳动力缺乏，这也决定了美国起初的工业生产是资本及资源密集型的，在其人均产值和工业生产率方面有一个较高的起点。此外，商业主导型的产业发展推动了航运、铁路等运输业率

---

① 本·巴鲁克·塞利格曼. 美国企业史[M]. 复旦大学资本主义国家经济研究所，译. 上海：上海人民出版社，1975：28-38.

第二十六章 美国工业化、现代化进程及其启示

先发展起来,运输业在美国建国以后相当长的时间里一直是支柱产业,这样也使得运输业没有成为美国工业化、现代化发展的瓶颈,并促进了资源、劳动力的迅速流动。再就是商业的发达又为未来的工业化提供了无形的但又影响深刻的经济关系,即信用。这是商业发展到高级阶段的一种社会表现形式,信用是提高资本利用效率和流通效率、减少不必要风险的经营资源。

美国制造业的崛起并不是一帆风顺的,从无到有到形成相当的规模,美国所花费的时间比英、法、德等国要长一些(英国、法国 50~60 年,德国 40 年左右,美国 70 多年)。这与当时美国的国情有关:劳动力成本高;缺乏技术劳动力;人们忙于西部拓荒致富;国土广大,技术及生产扩散较慢;英国的技术封锁;以种植园奴隶制度受益者组成的社会集团对工业化及其政策的阻挠,加上南北战争的冲击等。

但先进的生产力是不可阻挡的。艰难起步的制造业最后冲破种种阻力,在美国北部很快地成长起来。同英国的工业革命进程类似,美国工业化的先锋也是纺织业。因此一位从英格兰伪装成农民逃至北美的技工塞缪尔·斯莱特被誉为美国工业之父,他按自己的记忆仿造了若干台纺织机。机器的效率使得那些为劳动力缺乏发愁的企业主看到了希望。接下来的产业是为纺织业进行机器配套的机器制造业,以及为政府进行装备的枪支制造业。在这个生产过程中,曾发明轧棉机的惠特尼又引入了零件标准化及互换性原则(有资料表明法国人最早使用这一原理),使之成为美国机器加工业的通则,这对美国制造业后期的高速发展、规模经济的扩充起到积极的促进作用。再有橡胶生产工艺的改进,使 19 世纪 40 年代的美国业已有了领先于其他国家的产业和竞争性产品,并对该生产工艺及专利产品的垄断持续到南北战争以后。这种垄断既带来了财富,也带来了一种新的传统,使得工业界竞相使用先进的技术、工艺、专利,创新之风盛行。这期间涌现出发明缝纫机的伊莱亚斯·豪,发明收割机的塞勒斯·麦考密克,发明硫化橡胶的古德伊尔(又译为固特异),从原油中提炼出煤油的亚

> 美国制造业从无到有到形成相当的规模,美国所花费的时间比英、法、德等国要长一些。

伯拉罕·格斯纳（加拿大人），这一批批发明家竞相拿着自己的作品和专利走向工业化的大舞台。而且用美国人的说法"在每位发明家的后面，总站着一位拥有资本、准备从中获取巨额利润的商人"①。

时至南北战争，美国需要解决的矛盾已不是外部的问题，而是左右着两种文明的社会制度之间的对立，即南方种植园奴隶制度和北方制造业体系之间日趋紧张的关系。南北战争前线是军事对抗，后方则是两种生产力、两种生产效率在竞争，南方是单一作物经济，北方拥有国家90%的制造业；到了1864年战争结束，南方的经济已衰落到崩溃的边缘，而北方的工业生产则日趋红火。

战争与工业化的关系也是值得思考的。战争当然是人类的灾难，破坏着正常的社会经济和生活的秩序，但同时也作为一个政治因素影响着社会的历史进程。就拿南北战争对美国工业化而言，它至少有以下几个方面的影响：

（1）使美国工业制造业的无序发展告一段落，战争强化了政府与制造业之间的依赖关系，使制造业沿着政府的需求方向迅速发展。

（2）提高了劳动生产率，加快了资本积累及再生产过程，扩大了企业的生产和经营规模，加快了美国制造业向大机器生产的过渡。

（3）打破了原有的南北互补型的经济结构，使战后北方工业资本大举南进，使美国原有的经济活动和生产方式发生根本性转折，使美国工业化发展从起步阶段迅速过渡到系统化整体发展的阶段。

（4）为工业技术及工艺的革新发展提供契机。

南北战争结束后，南方社会经济进入重建阶段，美国经济也步入了高速增长的快车道。在以后的30年里（1871—1900年）美国国民生产总值翻了两番，到了1904年，美国国民财富

---

① 本·巴鲁克·塞利格曼.美国企业史[M].复旦大学资本主义国家经济研究所,译.上海：上海人民出版社,1975：133.

为1071亿美元，相当于1870年的4.45倍，远超1903年英国的730亿美元和1908年德国的778亿美元①，年平均增长率为4.5%（1870—1903年），而在其中后期的增长速度有时则高达6.3%。同期的钢产量从不足2万吨增长到1900年的1379万吨，占世界总产量的1/3，煤的产量也占近1/3，还有石油产量、铁路和公路里程、汽车产量均处于世界领先地位。而且，以电力工业为标志的新兴工业也得到了突破性推进。在第一次世界大战后，美国领先于欧洲率先进入机械化、电气化时代。

> 在第一次世界大战后，美国领先于欧洲率先进入机械化、电气化时代。

正是这一时期的高速发展使美国经济及社会的总体形态发生了重大历史转折。这一重大转折表现为：自由资本主义向垄断资本主义的大转折；农业国向工业国的大转折，农村社区型向城市社区型的大转折；第一次科技革命、产业革命向第二次科技革命、产业革命的大转折；大陆扩张向海外扩张的大转折；近代两党制向现代两党制的大转折；一个社会两种制度向各种社会思潮流行的大转折。这次大转折不单纯是高速增长的结果，更为新一轮的增长提供了广大的社会空间。而这次高速增长又是由许多先决因素促成的，如第一次世界大战前后的经济格局，长期的政治稳定，技术移民的大量流入，外资的引进，产业结构的协调发展，以及财政、税收和贸易等政策的配合，尤其是伴随着这一高速增长及大转折过程中的社会政治改革运动，又使美国的政治、经济、文化面貌发生了深刻的改变。

这个增长时代，也时常被工业化史专家称为（大）企业主时代。这一时期巨贾富商的名字不是对应着某个铁路、公司，就是对应着某方面的产业。他们不仅知道如何操纵票据证券、笼络客户、垄断价格、挤压竞争对手等，也熟谙于如何融汇资金、控制专利、有效管理和营销，使创业、生产、金融浑然一体。经济的持续增长需要大量资金、先进技术和科学管理，为这些浑身充满争议的人物的智慧与狡诈提供了上演的舞台。同时这一时期也是

---

① 黄安年．美国的崛起[M]．北京：中国社会科学出版社，1994：354．

无产阶级阵营壮大、素质提高的时期。正是广大无产阶级的劳动推动了美国工业化的进程，产出了较高的生产率；也正是广大无产阶级坚持不懈的斗争，推动了美国这一阶段历史中发生了多次社会改良运动，不仅使美国的政治格局发生了变化，也推动了世界无产阶级革命运动的发展。

美国工业发展前两个阶段的主题是发展和再发展。接下来的发展阶段（从 20 世纪初到第二次世界大战前后）是其工业化在系统化整合之后的再创新，正像历史曾选择了欧洲一样，这一次历史选择了美国。以其领先的工农业为基础，加上科技、产业、经济诸领域的全面创新发展，再加上两次世界大战为其提供的机遇，使美国一举成为超级大国，开始成为世界经济、科技、贸易、政治、文化几个中心中最重的一个，并取代欧洲成为全球现代化的发动机。

第二次世界大战以后，才真正开启了具有美利坚色彩的时代。但这不是说这个时代所产生的事物都是美国人原创的，而是由于其强大的工业基础、广阔的社会经济发展空间，使得一些新技术、新发明及新制度的作用在这里得到了极致性发挥，如电气技术、无线电通信、汽车生产线、量化生产管理、巨型公司、托拉斯、卡特尔、现代股份制公司、跨国公司、分期付款、连锁经营、广告促销、大众化消费取向等。这其中有相当多的东西不是美国人首创的，但却在美国得到了最为广泛的应用和传播。这使得美国的生产率、产业规模在此期间迅速超过其他国家。经济竞争的背后就是效率的抗衡，以及效益、实力和信誉方面的竞争；而来自技术、体制方面的创新又恰恰是为了提高社会各种资源的配置和利用效率，激化或改变着竞争的格局。这些发展和创新有其正当和积极的一面，但也有其相应的负面效应。正如马克思所分析和预言的那样，资本主义再生产的加快、资本积累的加速和集中，加大了与广大消费者消费速度增长慢之间的矛盾，加剧了无产阶级的贫困化，必然导致经济危机，这已由几次世界范围内的经济危机特别是后来的美国大萧条这段历史发展所证实。这几次经济危机宣告了纯市场经济神话的破灭，政府的宏观调控作用已被提到议事日程中来，凯恩斯主义、罗斯福新政的核心就是国家和政府出面为市场经济寻求一个新的活法。

第二次世界大战以后的美国工业发展进入了一个新的历史阶段，被贝尔称为后工业化时代。其主要特点在于产业结构之间的关系、产业及国家对技术进步的主动参与、科学管理的定型、跨国企业的迅猛发展等，这使得传统工业体系发生了本质的改变。笔者不在此讨论这一阶段，因为本章的目的还是在于从美国的工业化及现代化发展过程中寻求可资借鉴的经验。

26.2 前提与道路

一条工业化、现代化的道路走向是由该国家的国情所呈现的社会历史阶段与国际环境诸因素相互作用所致。所谓发展道路就是尽快达成高效率配置资源的系统化整合方式，使之既达到了目标，也实现了最大效益。美利坚广袤的国土为之提供了丰富的土地和矿产资源，沿两大洋的海岸线提供了与东西方进行贸易和文化交流的窗口，劳动力及资金的缺乏迫使美国始终主动保持对外最大程度的开放，以吸引移民和资金。欧洲的先行国家如英、法、德等也恰恰在技术、劳动力和资金方面为美国工业化做了相当的准备。由于这期间欧洲国家间的矛盾和社会矛盾时常爆发，延缓了当地工业经济增长的速度和规模，现代化进程表现出间歇性。社会局势的不稳定，使得劳动力和资金主要流向美国，加上从非洲和亚洲输入的廉价劳动力，这让美国工业化所面临的积极因素多于不利的方面，为早期的资本积累提供了条件，也成为南北战争之后美国工业产品产量迅速增长和经济发展的外部因素。

前面谈到，由于其劳动力的缺乏，从而决定了美国工业经济的发展模式必然是资源密集型和资本密集型的。这使其工业的人均产值和生产效率在一开始就有一个高起点。广大的国土提供了丰富的资源，先前的贸易及外来的投资提供了巨大的资金，为美

> 一条工业化、现代化的道路走向是由该国家的国情所呈现的社会历史阶段与国际环境诸因素相互作用所致。
>
> 所谓发展道路就是尽快达成高效率配置资源的系统化整合方式。

国的资源产业、加工业及制造业走资本或技术密集型路径提供了条件。因为劳动力缺乏，致使劳动力成本维持着较高的水准，因而促使企业主一开始就对能提高加工效率、节约劳动力的技术发明抱以浓厚的兴趣。各国在工业化进程中，促进生产率提高的机制不尽相同。美国采取的是"低资源成本＋高劳动力成本＋低储蓄率"的方式，目的很直接，即促进投资，促进大量占有资源，使用先进技术，搞规模生产，使生产系统大进大出。

标准件生产方式原本出自法国，后在美国大行其道。这就是上述机制所选择的一种工艺传统。最后到了生产线和泰罗制管理方式的出现都是美国工业发展价值取向的直接结果，也是其所有经济思想的一个综合。这标志着从文艺复兴以来逐渐形成的西方工业（机器）文明走向定型和成熟，也标志着源自文艺复兴运动的人类新的两大价值追求——经济上利益的追求和行动上合乎科学规律的追求，在生产方式及生产制度方面完成了综合。因此，第二次世界大战前的工业生产是自由市场取向；而第二次世界大战后则是理性市场取向。美国经济在大萧条前后，也是借助各方面的力量完成了这次转折。

美国社会整体的市场经济取向和民主政治取向，实际上是由当时美国的新旧权力对抗及内外势力对抗共同决定的。大量的移民人口和外部资本（主要通过外贸及商业资本渠道获得），以及国内外利益团体的多样性，是美国选择政治经济体制的客观前提。先行一步的欧洲，无论是在理论上还是在实践上都为美国提供了可借鉴的思想和范型。美国政治及经济的进程具有浓厚的英国色彩，大学的科学教育和研究院体制则深受德国影响，而意识形态上又有许多观点出于法国大革命思想家的启迪，在日常生活中还大量使用西班牙语。因此，美国选择"熔炉"模式来锻造美国人新的一切。

26.3 动力问题探讨

美国工业化、现代化的动力问题，其因由是多方面的，并且还取决于我们如何评价和分析这个由美国式工业化进程本身所造就的一个新社会系统，以及这个系统与国际环境之间的相互关系。作为后发国家，美国的工业化、现代化有时被认作是英、法、德等先行国家工业文明传播的结果。这当然是把欧洲视为外部环境的一个主要辐射因素，视为主要的带动力量。人们可以这样去认识，尤其在美国工业化起步的阶段更是如此。然而在这个新系统中后来所产生的新的特质，远非仅依靠这些外部因素和力量所能解释的。我们还要关注其内部后来所发生的变化。

26.3.1 原动力问题

在笔者看来，美国工业化、现代化的原动力来自两个方面：一方面是全球的生产力发展，尤其是工业方面生产力的发展。第一次工业革命的威力渐渐跨出欧洲这块空间，要在全球范围内寻找新的领地。由于宗教、封建势力、资源、交通运输等方面的原因，非洲与亚洲对工业革命的传播均有相当大的障碍，而在美洲除了缺少技术与劳动力之外，对工业发明的传播没有什么直接的障碍。欧洲工业化在替代农业生产的进程中恰恰产生相当多的过剩人口，所以初期的移民就成为工业文明传播的载体。这种传播和转移又迅速帮助美国完成了从农业庄园经济到大机器生产体制的更迭，虽然是以南北战争为代价的。

> 第一次工业革命的威力渐渐跨出欧洲这块空间，要在全球范围内寻找新的领地。

另一方面是美国人民的总体需求水平及为满足这样的需求而表现出的实践和创造力。前者是生产力发展的客观规律所致，是潜在的。而当下这个因素在美国历史的各个阶段表现得尤为突出。富永健一这样认为："决定社会是长期停滞还是以巨大的活力不断实现新发展的一个重大因素是全体国民的需求水平。"① 因为这些需求既直接构成经济发展的动力，又对现有的技术手段提出了挑战，从而推动科技发明活动的深入。生产力表现为在一定物质基础上人与自然的关系，而需求水平则表现为在一定生产方式

---

① 富永健一. 社会结构与社会变迁：现代化理论 [M]. 董兴华, 译. 昆明：云南人民出版社, 1988: 127.

的层面上人与人对资源的经济关系。所以说这两个因素的互动也是历史进程中生产力与生产关系互动关系的一个例子。从结构功能主义的观点看,社会的变迁是结构的变迁,是社会4种功能子系统之间关系不断调适的过程。这4种功能子系统是"经济"、"政体"、"价值系统"与"社区共同体"。而在笔者看来,生产力又是这4种功能的综合体现,需求水平又是连接4个子系统的信息纽带,所以从根本上说还是生产力与生产关系的互动。

美国早期的生产力水平及其发展,我们在前面的章节已概述过。而其需求水平则反映在美国人民对财富、自由、民主及自身利益的热切追求中。从美国的老边疆到新边疆的发展战略中可以看到许多法案及政策(如1785年《土地法令》、1862年林肯政府签署的《宅地法》和《太平洋铁路法案》等)都在鼓励美国人迅速占有土地、占有和扩大财富。到后来美国人的需求也在扩张,已不满足已有的财富,要成就更大的事业;已不满足国内的需求,要占领世界大市场。有人称美国人的方式是谋取文化,竞争并取胜就是谋取的基本逻辑。

26.3.2 动力的运作与放大

动力的运作与放大机制:

新角色牵引;结构嬗变;社会容量推进;张力调控。

原动力的放大是要改变原有的社会结构,因而先前的社会结构即动力运作的目标,也是构成放大阻力的一部分。而新结构又不是一下子能落到国土上的。所以原动力的运作和放大在文明生长的过程中具有一定的自发性,也具有一定的人为色彩和目的性。

笔者给出的动力运作和放大的理论图式是:新角色牵引、结构嬗变、社会容量推进和张力调控。

首先是新角色牵引。这些新角色可以是人,如技术工程师、科学家、银行家、证券投机商、营销及管理人员、经济人、启蒙思想家、教育家、政治改革家等;也可指一些新组织,如公司、科学建制、技术共同体、新社区组织等(也包括外来的事物)。这些新角色常常工作在生产力与生产关系的矛盾点上,是以其活动来尽可能满足他人及更多人的需求,于是他们的角色功能与实践很快被社会认可并得到支持，于是这个角色的群体不断扩大，形成一股力量带动社会向新的方向改变。文艺复兴以后，正是这些新角色的不断涌现带动着欧洲主要国家及美国向着这些新角色所设想的社会变迁。

这些新角色在与当时社会结构和体制的共生互动中进行角色定位、功能定向，随着未来社会的变化其功能与实践也要发生变化，如科学家角色。角色带动作用的结果就是社会上新职业、新阶层、新组织、新体制、新社区的出现。所以接下来的运作方式就是结构嬗变。

其次是由于这些新角色的作用使原来的社会格局、社会阶层间的关系、社会团体间的关系受到破坏，原有的系统功能发生紊乱，于是原有的结构自动发生改变。改变的方向有两个：其一是促使角色发生分化、功能分化，使单一角色对社会冲击力减小。或者使社会各阶层结构平均化，一方面全社会共同分担新角色的冲击力；另一方面使社会问题、矛盾及需求也平均化，在这个过程中会发生权力和价值利益的重新分配。南北战争前多数的国会立法是鼓励产业发展的，而南北战争后的立法多是限制公司的权力，保障个体利益。其二是使新角色运作的社会建制和社区变化扩大。这表现为贸易区城市化，以及产业队伍和集团、经营管理人员、科技人员队伍的扩大。如果社会阶层、利益团体、人员队伍是多元、多角色的，那么，社会利益冲突就会趋向分散；如果只存在少数几方，很容易酿成激烈的冲突。美国为此付出了南北战争的代价。

最后的运作因素就是社会容量推进和张力调控。社会容量是指一定的社会生产力及社会体制运作自然界及社会各种资源的能力与结果。社会容量推进是指社会经过结构变迁后，正在生成的新结构要使社会生产力及体制的能量和潜力发挥到极致，因而表现出社会系统产出和效果方面的扩充或增长（有时是迅速的）。例如，美国南北战争后表现出的高速增长、产量增加、市场扩大、移民人数增加、受教育人口增加、科技发明专利增多、城市化扩大，但没有导致结构上更大的嬗变，因为新结构允许有这么大的社会容量。社会张力是指社会各种结构之间综合关系的体现，或是功能结构，或是阶层结构，或是经济利益关系，或是法理契约关系。社会张力调控是指社会整体稳定的关系要对社会各子系统与结构的社会子系统容量、子功能之间的关系进行调控，使之达成协调平衡。美国高速增长过程中，一系列的改革及后来的新政都是社会总体进行调控的过程。比较一下，从欧美 19 世纪下半叶及 20 世纪上半叶的发展就可看出，美国之所以超出就在于其资源决定的社会容量，以及不断改变的良好社会机制所导致的社会发展潜力较大。

26.3.3　综合原因探讨

美国学者詹姆斯·M.麦克夫森在《火的考验——美国南北战争及重建南部》[①]中给出美国现代化有如下成因：其一，基于基础设施推动的一体化市场经济；其二，侧重资本密集型生产并提高劳动生产率，促使工业部门优先发展；其三，较高的农业生产率保障城市化加速发展；其四，文化教育、大众传播与通信的普及；其五，重变革、轻传统的价值取向的确立；其六，推动世袭型、亲族关系体制向流动指挥、整体化、不讲私情、由才能决定社会地位的多元化社会体制转变。该书所言的现代化（modernization）在一些场合又译作"近代化"。就近代史而言，先有工业化，之后再伴生现代化，这是较为普遍认同的历史逻辑。在美国南北战争开始时，其正处在自身的工业化路上。1860 年前的现代化实质上是近代化的一个阶段或整体现代化的前奏。

中国研究美国史的专家黄安年教授这样看待美国的现代化进程[②]：①首先在政治上美国形成了极其发达和成熟的资产阶级民主制度；②其次美国发达的文化教育；③美国的科学技术

---

① 詹姆斯·M.麦克弗森.火的考验——美国南北战争及重建南部（上）[M].陈文娟，等译.北京：商务印书馆，1993：11-32.
② 黄安年.美国的崛起[M].北京：中国社会科学出版社，1992：8-10.

从借鉴逐步过渡到世界领先，为社会经济生产提供了先进的动力之源；④美国是一个长期和平统一的国家，有一个相对稳定的政局；⑤历史上一个多世纪的西进运动和半个多世纪的领土扩张，使美国成为拥有得天独厚地理条件和丰富自然资源且相对均衡发展的经济区域，这是其他国家所不具备的；⑥美国政府不断适应形势发展和需要，调整社会经济政策和政治关系，加强经济管理和调节，协调产业结构，推动新产业发展，积极制/修订一系列关税、赋税、货币、银行等政策来鼓励经济发展与技术进步；⑦近代美国政治阶级对土著印第安人的剥夺和对黑人奴隶的压迫具有原始资本积累性质，为早期资本主义发展创造了条件。

上述原因论说的均有根据，也有见的，其中核心因素还是美国人自己为自己创造了很多的优势，这些优势又在欧洲工业化这一外部条件及所提供的机遇下迅速扩展成为全球注目的态势。所以现代化进程的一个重要课题就是发现并发挥国家和民族的优势。

> 美国人自己为自己创造了很多的优势……现代化进程的一个重要课题就是发现并发挥国家和民族的优势。

从进程上看，美国的优势不仅包括上述各因素，还包括其经济体制与政治体制之间既相互独立又相互促进的关系。其相互独立使经济与政治彼此保持合目的、合法的自律，从南北战争以后的历史来看，其相互促进是以对创新的激励、对社会改良主张的认同为标志的。于是经济在创新中发展，政治在改良中生存。任何社会政治体制与经济体制之间互动关系的关键是这个互动的导向。封建大一统的农业经济是导向趋于静态的超稳定结构，而新的工业化经济是导向趋于动态的非平衡的稳定结构。这种结构既能及时扩充社会容量以满足国民需求，又能调整社会张力，使社会在协调中求得稳定和进步。

26.4 美国的工业化、现代化与改革

现代化发展的社会学理论及经济学、政治学有关理论均认为工业化是现代化的基础和先导，是不可跨越的阶段。笔者不想纠缠这两个概念，其实布莱克特、亨廷顿等人已给出其经典的解

释。而我们看待两者之间的关系主要还是从其在历史的脉络中的种种联系出发。

笔者采纳的观点是,早期的现代化进程是工业化社会化的过程和后果;而对于后起国家现代化的进程是较复杂的,它可能是工业化及政治现代化并行的,或是交替振荡的。早期产业及工业化的发展表现为技术的专门化、职业分化、组织科层化、社区城市化都市化,到后来科技教育、大众化传播、普遍参与就成为社会活动的普遍基础。在很多理论家(赖肖尔、富永健一、列维等)看来工业化既是现代化的历史前提,也是逻辑前提。而分歧在于作为与产业化、工业化互动对象的社会体制及价值观的具体表现形态是怎样的。

当然,人们也认识到,随着工业化、现代化的深入,这些体制及价值观势必要走向多元化、多样化、大众化、民主化,而在其背后的整合机制如何发挥作用就是一个公开的问题。有美国式的个人主义整合机制,有东方式的集体主义整合机制等。它们的功能与发挥的效果有待分析。这个机制的形成与运作是很关键的,它关系到整个民族能否以稳定的步调和方向迈向自己现代化的目标。

> 一个国家政治现代化的选择实质上可归结为社会改革或改良的道路和方式的选择。

一个国家政治现代化的选择实质上可归结为社会改革或改良的道路和方式的选择。美国的历史不算长,但社会改良运动却不少。南北战争之前就有过从汉密尔顿到杰弗逊,以及从杰克逊到林肯的两次重大改革运动,对美国两党制的确立、民主思想的传播、农业和制造业的发展、官员终身制的废除、选举制度的改革及精英管理制的确立等起到积极的推动作用。第二次世界大战后经济的高速增长又一次推动社会政治改革的浪潮,使美国在工业化的同时政治的现代化、文化的现代化变成了民族成熟的自觉过程。

在讨论美国南北战争后的改革问题前,我们先做一个概念分析。改革是指社会政策与体制大的调整。改革是针对社会内在矛盾的,而社会政策是针对社会问题的。社会问题只是社会矛盾的具体体现。社会内在矛盾是指人与人、团体与团体、人与社会之间利益和权力等矛盾关系的综合体现,是生产力与生产关系、生产水平与需求之间的矛盾在社会结构和环节等方面的体现。所以说社会改革不是根除社会的内在矛盾,而是改变矛盾的作用方式与程度,使上述各种关系真正变成社会发展的动力而不是什么障碍。社会改革总要在一些社会矛盾范畴的取向上,诸如平等与效率、个人与组织、分化与整合、竞争与调控等方面进行战略的、价值观方面的抉择。社会问题则是指社会结构和社会发展之间失控失衡的表现,如失业、犯罪、腐败、浪费、通货膨胀、环境恶化、种族歧视、妇女儿童权益受损和老龄化等问题。例如,美国工业化之前是大量技术工人短缺,而工业化之后工人又大量失业,这是不同的社会问题,采取的社会政策也不一样。而社会改革根源于社会矛盾,而直接诱因可能是社会问题。社会改革既要解决社会问题,尤其是焦点和热点问题,同时又要缓解社会基本矛盾。

> 社会改革总要在一些社会矛盾范畴的取向上,诸如平等与效率、个人与组织、分化与整合、竞争与调控等方面进行战略的、价值观方面的抉择。

南北战争之后,伴随其高速经济增长,美国社会体制及社会形态在生产方式、生活方式、组织管理方式、价值观念等方面发生了重大变化。我们可以称这一时期为转折期或转型期。这一时期先后又集中了3次重大的社会改革或改良运动:平民运动、进步主义运动和"新政"。纵观这几次改革有以下特点:

①改革一般针对社会焦点问题,但不一定是当时社会矛盾的焦点。例如,企业主与农场主之间的利益划分,城市居民的福利,政府和国会如何保证对大公司行使权力。又如,第二次改革是针对当时的腐败问题,而当时的迫切问题是由工人运动所提出的社会福利问题。

> 改革一般针对社会焦点问题,但不一定是当时社会矛盾的焦点。

②自下而上的改革关注的是利益方面;而自上而下的改革关注的是权力方面。

③尽可能以立法来保证改革的成果。

④采取渐进的、公开的方式。

⑤"民主化+两党制"使改革运动具有广泛性和自发性,使改革既有群众基础,也有自己群体利益的代言人。

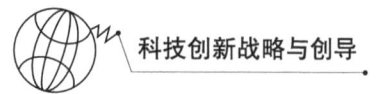

⑥改革标准不是系统的，但均强调实用主义的理性、社会公正和进步的价值观。

⑦培养和发挥公民的自觉，是改革成功在操作过程中的重要因素。

用本章动力关系理论图式来看，这几次改革运动都是在以政治、法理、规范作为社会张力解决社会子系统容量间的不均衡状况，解决人与人、团体与团体、组织与国家间的不协调关系。

26.5 美国模式：特点与评价

美国工业化、现代化的道路和模式是独特的，它开始时没有自己的传统，后来又融合很多民族政治、经济、文化的长处，加上不断的自我创新，使美国现代化走出一条不同于欧洲的道路。

从深层意义上看，只有英国的工业化是内生的、自发的，其现代化一方面受工业化的推动和本国经济文化等因素的制约；另一方面也受国际环境的影响。而美国工业化与英、法、德等国有类似之处，都是第一次工业革命浪潮波及的结果。其产业发展的模式都是先从轻工业到重工业。但它们走的道路不尽相同。法国、德国的工业化道路在经济战略上并没有彻底追随早期英国的重商主义路线，在政治上也没有走英国式渐进改革的道路。而走了一条振荡于传统与现代、集权与民主之间的道路，几经波折和民族的苦难，才达到今天稳定的民主政体。而在意识形态与文化上又极其重视本民族的文化传统观念。美国道路一开始就表现出其特点，尽管处在英国工业革命、欧洲政治革命的直接影响之下，美国人还是为自己的成长选择了一条有自己特点的道路。笔者对美国发展的特点总结如下。

26.5.1 大开放格局，构筑了美国现代化的国际空间

开放在美国的社会进程中是自发的选择。在无劳动力、无资金、无建设经验的情形下，内外因素都促使国家开放成为必然的

选择。而美国的开放无论在规模上、时间周期上、开放要素上，还是在开放的自我控制上均超乎英、法、德这些先行的发达国家。当然国土广大、资源丰富、无历史传统负担等因素提供了相当大的便利。而美国获得的益处在于把自己定格于大开放格局之下，使自身的内外政策有一个主动响应的前提条件、一个内外沟通的互补机制。早期的开放是为了从世界各地获得劳动力、技术信息及大量资金，而后期的开放则着重于为美国产品寻求市场，发挥政治影响力。

26.5.2 依法分合制约的政治体制，为美国社会经济发展提供了长期的政治稳定局势

美国政府中的传统势力在相当长的时期内属于正在形成阶段，所以一直没能出现德国、法国历史进程中传统保守势力军权在握的局面，在其资本主义进程中没有出现德、日、法等国历史情形中阶段性复辟或倒退的局面。再加上得益于地理上的有利位置，较少受到外部的直接威胁，为军政分开提供了有利条件。另外，军政分开加大了政治自身自律的动力，促进了政治为自身改革和完善寻找机会和支持，而不需要政治与军事的特殊纽带。

美国两党制的形成也有其特定的历史背景。两党制的运作并不是实现民主化的政治前提。两党制的直接作用在于其对美国社会的稳定。因为两党竞选体制导致的竞选成本和规模是十分庞大的，一些小党和新党由于筹措不起这样的巨资，于是它们的影响、意见、呼声很快就被大党同化或吞噬掉，或者是被忽略掉。在大转折时期，随着改革运动的深入，涌现出很多新党和小党，如平民党和进步党，在竞选中很快就加盟了两党中的一党。而且两党制可借力的地方在于为及时修订、修正经济社会政策、完善社会制度提供了主动的政治机会。但两党制的弊端也很明显，容易将具体政策修订演变为政治角力的游戏，虽然很多新政策或改革能及时进入议程，但不知何时能进入实施阶段。

至于三权分立与中央和地方合法分合，这首先取决于美国人

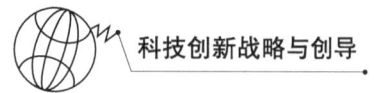

民的选择,其次取决于两党间的认同,最后取决于对政治权力制衡的功能设计。"没有制衡的权力是危险的权力",早期美国政治家就是以制衡的理念来构建他们的国家运行体系。这样构建起来的制衡体制是否有效,在理论和实践两方面都引起了种种讨论和批评,而且仍在完善之中。但这种构建产生了这样的效果,即今后政治改革的目标是改进这种制衡的方式,而不是人与权力的关系成为政治进程的主题。

26.5.3 实施工商并重的体系化立国经济策略

在经济发展上采取以商业促进资源及经济要素的社会化,以技术进步促进生产效率提高,以产业领先和完善促进经济水平提高,以产业部门结构关系的协调来促进全社会经济发展与繁荣的发展取向。

在美国经济发展战略中可以看到,重商主义、技术决定论、效率优先、产业结构均衡化等思想观念在相当长的时期内交替占据着主流位置。

在美国经济发展战略中可以看到,重商主义、技术决定论、效率优先、产业结构均衡化等思想观念在相当长的时期内交替占据着主流位置。美国政府的经济策略有两个基本的核心:一是如何增加和保持美国公民的个人财富;二是如何增大和保持美国的整体实力。在策略的实行和操作上又注重实用性和灵活性。一个时期鼓励个人和公司不惜任何手段占据经济资源来致富;而另一个时期又要限制个人与公司的权益和影响,这都取决于国情、时势和民众的需要。所以美国的经济发展道路在发展取向上既有自发性,又有发展意识上的自觉性。区别于后发国家,为了获得某些标准既定的发展,只能采取必需的或唯一的道路与模式,于是在这种发展框架下体制和策略的选择受到约束,其自发性和创新活力也必然取决于这些约束。

美国式的发展道路旨在发展取向上有所针对,把发展作为结果而不是前提来对待,其自发性和创新活力受到更多的是鼓励而不是限制。这就是为什么美国人区别于英、法、德等国又走出一条从工业化到现代化的道路。美国人(无论是个人还是公司)能在很短的时间内聚集起超过先前发达国家的资源和财富,能够在很短的时间内拥有自己的领先技术，能够在很短的时间内把这个技术变成一种产业，又能够在很短的时间内使这个产业影响世界经济市场，靠的就是这一套做法。

后来的日本及亚洲"四小龙"在其"技术—产业"政策方面主要是师从于美国。政府越来越注重在价格、利率、技术进步、资源配置、关税、就业和福利等经济要素和环节上发挥宏观调控的功能。经济问题靠经济手段来解决，这样能促进经济发展本身的自律和自控，减少盲目的干预和决策，避免不必要的浪费。

26.5.4 注重产业结构发展的良序化

工业化过程同时是一个新旧产业交替、产业领域多样化并日趋合理的过程。从农业国家向工业化国家过渡过程中，产业发展序列的选择及最后的结构定型是很关键的。不少后发国家由于选择不当，使自己在二元经济结构中长时间徘徊。对于国土较大、资源也很丰富的国家，美国的产业发展序列可提供参考。

一是要确保农业的基础地位。各个时期国民经济的支柱产业可能会发生改变，但农业永远是支柱产业。美国农业基础地位的确立来自南北战争后，平民主义运动要求对工业化、城市化过程进行政府干预，通过立法确保农业预算、农产品价格和农场主的收入。例如，1920年的农业预算是1890年的30倍；1916年7月国会通过《联邦农业信贷法》，在全国建立12个信贷银行，由农业信贷局控制向农民提供贷款；1914年《史密斯—利弗法案》开始精心为农场主建立教育体系；1917年《史密斯—休斯法案》给农业职业学校提供资助。又如，1906年《肉类检查法》、1907年《粮食标准化法》、1916年《棉花期货法》、1916年《乡村邮政道路法》[1]，这些法案与政策对繁荣农业、推进工业化城市化、扩大出口、增加进口购买力、促进美国对外援助起到积极的作用。

二是优先发展交通运输业。美国运输业的发展受惠于早期重

---

[1] 理查德·霍夫新塔特.改革时代：美国的新崛起[M].俞敏洪，等译.石家庄：河北人民出版社，1989：97-98.

商主义经济政策和传统,而铁路被引进美国之后,是当作支柱产业被支持而领先发展的。在罗斯托看来,铁路的发展降低了运费,开发了新地区,拓宽了国内市场,促进了对外贸易和外部资本的输入,同时铁路最重要的意义在于它是美国经济腾飞的一个重要组成部分,它带动了煤炭、钢铁及制造业的发展。在塞利格曼看来,铁路业的发展还为即将来到的大企业时代做了必要的组织上和管理经验上的准备。

三是产业发展的选择,首先要联系社会需要;其次根据国情及现有的经济资源;再次要考虑到产业的带动效果和支柱作用;最后还要使领先的技术优势变成产业优势。

26.5.5 科教并举,注重集聚高素质人才

在美国工业化的进程中,随着经济的崛起,其科技和教育在数量、规模和质量上也成为"巨人"。这一点深为众多学者所乐道。科技的崛起使美国领先于欧洲完成了第二次科技革命和工业革命,使美国的经济全面领先。

在教育方面,到20世纪初,美国的中学生、职业生、大学生在人口中的比例均超过了欧洲的总体水平。第一次世界大战前后美国在当时的世界科技学术中心德国的留学生相当于其他国家的留学生总和。这些因素为美国民众总体素质的提高及经济的进一步发展提供了大批高质量人才。把美国的运气全部归功于两次世界大战,以及希特勒对犹太科学家的迫害使得很多科技学术人才流向美国,这并不能说明全部的问题。在南北战争刚结束时,美国大约有52 000名学生在高校就读,而到了50年后的1920年,美国高校总数已达1041所,学生达60万名之多,超过了欧洲大学生数量的总和。美国宁可把铁路公司和其他大公司的股票卖给欧洲人,向国内外大量举债发展企业和经济,也要把节省与积累的资金的相当一部分用于教育和科技,这是很值得深思的事情。

26.5.6 培植多元化、实用化为取向的改革与创新传统，采取渐进式的改革模式

一个国家的工业化、现代化最终要解决的问题就是如何在世界这个大市场面前获得决策和选择的主动权。这个大市场既包括国内的，也包括国际的。要获得主动权，首先要有实力，其次要有变通的方法和价值取向。传统若能够提供这样的实力和方法，那么，只需要沿着传统提供的轨道走下去即可；若不能提供，就需要改革，需要创新。传统只有在变化中生存，也必须在变化中得以培育。

在美国政治变动的源流中，每次两党轮换执政、每届总统上任都会对不适宜的政策进行修订，并且求变求新。南北战争之前，有杰斐逊、杰克逊两次重大改革，这期间还有诸如教育改革、文字改革、刑法改革、监狱改革、废奴运动、土地改革等运动，汇成一股时断时续的社会潮流。贯穿这些改革的思想主线乃是人道主义。在南北战争之后到第二次世界大战又有平民主义、进步主义和新政等重大改革。这一时期改革的主题是人、工业化组织和社会之间的相互关系，是公平与效率、个性与组织等矛盾关系的不断调整。如李剑鸣先生所言："如此说来，美国历史上确乎存在某种改革的传统。因为美国社会一直是变动不居、生生不息的，与此相应，社会与政府对待各种问题的态度和政策，也就处在不断的改变之中……于是，美国成了世界上历史不长，却改革不少的国家"[①]。

汇聚成为改革洪流的正是各个领域和职业中创新活动的盛行。美国自由放任的经济制度取向导致的结果是生产方式和生活方式趋于多样化。所以在美国工业化、现代化的进程中，从技术创新、生产方式创新到组织创新、制度创新和观念创新总带有自发的色彩。从马克思到熊彼特，经济学家一直称赞资本主义是技

---

① 李剑鸣.大转折年代——美国进步主义运动研究[M].天津：天津教育出版社，1992：90.

术进步的发动机。到目前为止，美国仍然是世界上最多的技术专利国和技术输出国。列宁既批判了泰罗制对工人剥削的加重，也认同了这个管理制度对提高生产效率所起到的作用。在20世纪里，我们看到美国开发的许多技术主导着后工业化技术和产业的发展走向，许多企业、公司的生产经营是美国化的，如生产线、规模经济、量化的科学管理、连锁店、分销经营等。而美国人的这些成就又得益于美国在建国以后，从生活到政治所养成的求新、求变、个性化的心灵习性。

26.6 发展后果及社会问题

笔者给出的评价也是事后评价，是从借鉴的角度来谈美国工业化及现代化的政治、经济和文化后果。

大开放格局还造成一个显著后果，就是使得美国经济特别依赖国际市场。到了大萧条时期这个效果达到极致。这与当时苏联的高速增长形成鲜明的对比。第二次世界大战后美国强化用政治军事力量来开辟和保障其国际经济市场，也是这一后果的反作用。

市场经济取向对生产效率的提高、资源的优化配置能起到积极作用，但它导致的短期行为如对自然资源的破坏性开发和浪费性使用，以及由工业化所造成的城市化问题、环境污染等问题，其教训也应记取。还有政府主导的经济取向刺激了唯利是图、"金钱拜物教"等观念的盛行，使得对消费者侵害的行为和破坏正常经济秩序的行为，如垄断物价、股票掺水、收买政客、操纵立法等现象屡防不止，所以经济学家和政治家无论在理论上，还是在实践上对自由市场经济总是有相当多的批判意见。

贫富不均、差距悬殊的情况越来越严重，使阶级、阶层利益群体固化，潜在对抗加深，城市犯罪率居高不下等。这是工业化在资本主义制度下生长所得到的一个普遍后果。

两党制的确是美国的特色，但它的运作方式导致选举代价高，政策执行的代价及风险也相对偏高。这使得政党、政府所主张的一切都在选举经济高昂代价的挤压下变形、变质。

经济的膨胀、政治的扩张得不到有效的自我控制,致使美国不得不选择用强权政治和军事来保护其政治空间、经济利益,这已促使美国走向人们普遍批判的霸权主义,使其发展国际关系的成本及风险双双加大,不得不以庞大的军费开支和巨额财政赤字来维持。

由个人主义、自由主义、拜金主义及实用主义所主导的美国社会的意识形态导致不断显现的无政府主义、极端教派等社会问题,以及自恋情结和极度焦虑等文化矛盾和精神危机,这些已成为典型的难以克服的社会症结,并且在价值观上个人对社会问题不负任何责任。

美国还有一个明显的社会问题就是种族矛盾。各民族、族群之间所要求的普遍平等和公正,这在一个以西方价值观为中心、资本价值导向优先的条件下很难顺理成章地实现。

虽然有些问题随着时代发展已逐步得到缓解,如移民、环境和城市化问题,但相当多的问题仍是美国人民和政府日益关注的大问题、老问题。当然,我们还要深入分析这些问题哪些根源于资本主义制度,哪些根源于工业化和现代化的内部矛盾性,哪些又是根源于人类自身在工业化、现代化进程中错误的认识和操作,从而在借鉴中择善避谬,真正找到可用的经验。

但不论什么样的国家和民族,也不论在什么样的自然及历史条件下开始,建设本国的工业化、现代化,要想从美国的工业化、现代化道路及历史进程中汲取经验,就必须面对这样一个抉择:她能否像美国那样开放。开放是发展、进化的前提,是在发展中求得动态稳定和有序的前提。积极开放就会在开放中把握吐故纳新的主动权。开放不等于不要或抛弃自身的特色。所谓特色就是在现有条件和基础上,为迎接开放的挑战而进行的自主创新。因此,在新机制的构建、道路的选择、模式的定型及边干边学过程中,就要自觉地保持传统的创新或创新的传统。

> 积极开放就会在开放中把握吐故纳新的主动权。开放不等于不要或抛弃自身的特色。所谓特色就是在现有条件和基础上,为迎接开放的挑战而进行的自主创新。

第二十七章　世纪之交的中国研发（R&D）之路[①]

27.1　我国研发投入态势

27.1.1　研发投入总体情况

2001年，全国（不含港澳台）研发支出已达到1042.5亿元（以现价约合126亿美元），首次超过1000亿元大关。从科技人力投入看，1996年全国科技活动人员有251万人；投入研发活动的人员为66.56万人，其中科学家和工程师为42.27万人。

27.1.2　研发投入结构

近年来，我国基础研究、应用研究和试验开发投入的经费比例一般稳定在6∶30∶64，但在最新的清查数据中显示，该比例为5∶17∶78，其中基础研究所占比例偏小。从研发活动的执行机构来看，1995年在各类研发执行机构中科研机构占44.0%、企业占31.9%、高等院校占13.7%、其他机构占10.4%。这一点同发达国家相比，它们的执行机构比例大体是这样的：科技机构占10%~20%，企业占60%~70%，高等院校占15%~20%，其他机构占2%~8%。我国科研机构大多隶属于政府部门。相比之下，企业比例偏低，而中国其他类执行机构可以说是对企业类的一种补充。

[①]　根据2002年为参加研讨会议准备的材料和博士论文《R&D收益率与经济增长研究》最后一章改写而成。有关统计数据根据当期统计年鉴或报告（个别亦有所更新）。本文列举大量统计数据和问题，旨在记录当初中国科技、研发和创新活动及事业走过的艰难历程。

从研发经费总额来看，部门属研究机构占全部的67%，企业占23%，高等院校只占10%。可见，目前我国研发活动主要是在部门所属的研究机构中进行。

从研发经费的来源来看，国家财政占60%左右，企业和科研机构自筹占40%左右。我国科技投入有两级财政支出，即中央财政和地方财政对科技领域的投入。1991—1995年，中央科技财政支出为地方科技财政支出的2.40~2.89倍，自1995年起地方科技财政投入开始提高。

在工业领域，1995年大中型企业的技术开发经费支出为365.8亿元，其中研发支出为90.6亿元。大中型企业的研发支出占全部企业的90.6%。全部企业的研发经费占销售额的比例平均为0.18%，其中大中型企业的研发支出占比为0.30%、小型企业为0.02%。在产业部门的研发支出中，石油和天然气开采业的研发支出比例最高，平均为销售额的0.75%；其次为武器弹药制造业，为0.71%；最低为石油加工及炼焦业，为0.18%。

27.1.3 国际、国内研发投入比较

由于我国经济发展水平不高，研究开发经费的基数和规模还很低。以2000年为例，我国研发支出为896亿元，约合100亿美元（以当期汇率折算）。1991—1993年，我国研发支出水平始终排在西方七国及澳大利亚、荷兰、西班牙、瑞典、瑞士、俄罗斯和韩国之后，而研发支出占国民生产总值（GERD/GDP）的比例除排在上述国家之后外，还排在一些东欧国家、北欧、印度、巴西、新加坡等国之后。我国现处于人均GDP和人均研发（R&D）支出双低的国家之列。

虽然中国科技人员占全国人口的比例不高，但中国科技人员的绝对数量在世界上是名列前茅的。按全时统计，1995年中国投入研发活动的人员为66.56万人，其中科学家和工程师为42.27万人。而美国在1993年为96.27万人，同期的日本为52.65万人，德国为22.98万人，英国为14万人；印度在1988年是12万人，

韩国在 1990 年是 13 万人，近几年间，中国排名大体居世界第 4 位，排在美国、日本和俄罗斯之后。

27.1.4 科技投入的效益

从研发活动的产出方面看，近年来全国每年共发表的科技论文可达到 10 万篇以上（1996 年为 11.6 万篇），每年产出重要科研成果 3 万多项，年专利申请受理量为 83 045 件（1995 年），获国家级科技成果奖数为 647 项（1996 年）。高技术产业增加值占工业增加值比重 1996 年已上升到 10.96%，高技术产品出口额占工业制成品出口额的比重最高年份（1995 年）达到 7.93%，大中型企业的新产品销售额占全部产品销售收入的比重已提高到 10.08%。在经济高速向前发展的过程中，工业企业的科技水平也不断得到提高。现在我国工业企业的主要设备中，20 世纪 80 年代以后出厂的已经占到 90%，在个别领域我们与发达国家的技术差距已有明显缩小。

上述所列举的还只是科技投入的直接效果，很多间接或潜在的效果还要等若干年以后才会看得更为清楚。

新中国成立以后，我国科技投入情况大致可分为 3 个时期：其一为 1953—1978 年，是科技投入增长率大起大落的时期；其二为 1978—1995 年，是科技投入随经济增长小幅波动时期；其三为 1995 年至现在，是科技投入稳定增长时期。这期间国家财政科技投入的增长率基本上高于经济产出的增长率。从体制因素上说，我国研发投入又可分为两个时期。以 1985 年中共中央《关于科学技术体制改革的决定》为标志，我国科技投入体制发生了深刻变革。1985 年以来，随着科技体制改革和经济体制改革的深入，科技投资已改变过去单一的、"供给制"式的财政无偿拨款，开始出现计划和市场经济相结合的拨款体制，引入了无偿拨款和有偿使用资金、中央和地方财政拨款和自筹经费等多渠道、多形式、多层次的方式，引入了竞争和择优支持相结合的机制，使科技投入或研发资金在来源、渠道、支持机制和投入方式等方面都已开始发生了变化。

另外，我们还可以看到这些年来科技所所取得的成效：在基础科学、高新技术等重点领域取得了令人瞩目的新成就；企业的技术开发能力有所增强，特别是大型企业的技术开发能力；研发基础设施得到加强；加快了科技成果向现实生产力的转化，为工业、农业、流通业和服务业的技术进步提供了技术支撑；在高新技术产业、乡镇企业和民营科技企业方面培植了一批新的增长点。

27.2 我国开展研发活动遇到的主要障碍

在过去的近20年里，我国在经济和科技发展方面取得了长足的进步。但不论是经济还是科技，都是一个矛盾的统一体，所以在向前进步的过程中，既包含发展，也显现出一些问题，遇到一些障碍。

27.2.1 研发本身方面的障碍

第一，能力障碍。

从综合科学技术水平来看，我国总体产业技术水平相当于发达国家20世纪80年代中期水平，在个别领域达到90年代水平，少数单项技术处于与世界先进水平同步或更先进的水平上。可是我们的市场需求在总体上远不止是80年代水平，发达国家在其工业化、城市化、信息化和可持续发展进程中遇到的所有问题，中国现在都不得不直面挑战。我们是用10～15年前的技术来满足中国这样一个巨大而复杂的需求，这样一种矛盾将在一个相当长的时间里困扰着我国的研发活动。

能力不仅是一种资源，更是一种资本；而资本必须靠累积起来才更有价值和意义。能力障碍的一个侧面就表现为我国科技系统内人力资本的总体质量比较低。这表现在：虽然我们有一个在发展中国家的队列里还算庞大的科学家和工程师队伍，但这个队伍整体上还不能完全熟悉20世纪90年代的前沿技术和科学的最新发展，因而面对上述要求和矛盾，也就无法以最先进的技术来

> 能力不仅是一种资源，更是一种资本；而资本必须靠累积起来才更有价值和意义。

满足要求,解决矛盾。

第二,基础结构和知识系统障碍。

我国科技系统的构建经历几次调整,在改革开放以后研发的基础结构才开始一个新的建设时期。正是从那时起,我们开始逐渐引进一些新的科学仪器设备,缩短在仪器设备上与国外水平的差距,同时也为科学研究奠定新的基础。但我们这方面的建设还落后于科技进步的速度,主要仪器设备还有赖于发达国家。而且我们在仪器设备配置方面既有不连续的一面,也有重复建设的一面。据一份关于部分城市科学仪器的统计报告显示,我国主要科技发达城市所引进的先进仪器,平均使用期为 7 年。这还是由于 1995 年、1996 年 2 年的大量购置,才降低了平均使用期。大家知道在智能化仪器仪表成为现代科学工具的今天,科学仪器的进步速度也是很快的,像集成电路芯片的性能每 18 个月就提高 1 倍,巨型计算机大约每 5 年其计算能力增加一个数量级等。从这些现象中,我们可以看到中国现有的科学仪器(多为国外产品)总体水平与国外最先进的科学仪器相比约有一代甚至一代以上的差距。在这样的研发基础结构之上,向科技前沿探索或要做出一流的贡献难以得到保障。

另外,我们的知识、信息系统也存在着不利于研发活动提高效率的问题。就研发活动本性来说,对研发活动中问题的解答和求解有时只是一个时间问题。时间问题就要涉及一个效率的问题。很多学校的教材多少年一贯制,科研上的成就要经过若干年才可能反映到教学内容中去,这就减缓了知识进步的速度。在信息资源方面,我国科研信息资源分布极不平衡,很多地方要获得世界最新的科研信息都要到北京图书馆等为数不多的几个信息中心去查询,且查询、检索等信息辅助系统的效率也不高,这都使总体研发活动维持在一个低效率的水平上。

第三,体制和管理障碍。

我国经济现在处于向市场经济体制转轨过程中,那么,旧的计划体制因素给研发活动造成的影响仍然存在。这反映在原有的研发活动主体——科研院所与政府科技发展在目标和行为方面的结合关系上。科研院所和大学的研究机构都愿意承担政府的研究课题，而不愿到企业中或市场上去寻找课题资源。有一种普遍认同的说法是，我国原有的科技和经济是两大分立的体系，在过去的计划经济体制下没有得到很好的结合，现在是为这种结合付出必要的成本。

在研发管理方面有两个障碍：一是研发机构的自我管理；二是研发机构与其他性质的组织上协调管理。第一个障碍实质上与旧体制有关，这主要是由于长期计划体制的惯性，使研发机构即使成为创新活动的主体，但其主体意识和行为都难以摆脱被动适应市场的状态。例如，为了适应市场，有的研发机构实行课题总承包制或分包制，这又带来了一系列新的问题：课题立项迁就短期目标，科技进步需要的长期积累则少有人来关注和投入。第二个障碍表现在很多经济领域和部门缺少有实力的研发机构，而即使存在研发机构的经济组织由于协调管理所存在的问题，使其作用难以有效发挥，如没有现代企业中的研发与营销的界面管理或者高科技企业的科技战略管理，企业的研发机构几乎不能自主决策来开展一些有助于技术水平提高的基础研究。我国企业的研发水平总体上要低于研究院所和大学，蹩脚的产学研机制难以使各方获得长期合作及提高自身水平的机会。

27.2.2 经济方面的障碍

我们在很多公开的媒体中经常这样来描述目前经济和社会发展所遭遇到的障碍和问题：国民经济整体素质不高，产业结构不合理，农业基础仍然薄弱；部分国有企业经营困难，企业经济效益仍处于较低水平；下岗职工多，就业压力加大；金融监管体系不够健全，金融秩序在某些方面比较混乱；在收入上，低收入群体生活比较困难等。这些问题中，大部分都与技术进步问题是相关的，有些问题的根源也在于我国的研发总体水平不够高、自主创新能力不足。但上述问题从与研发活动的关系上看，笔者将其

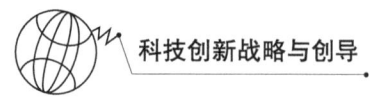

概括为以下几点。

第一,市场发育。

生产力对生产发展、经济发展起决定作用,而需求则以市场的力量对生产和经济起主导作用。中国经济正在加速转向市场经济,若将市场的力量作为配置资源的主要力量,那么,中国这个大市场本身的发育就确定并决定了中国经济的很多特征。①市场容量的扩张落后于生产规模的扩张,迅速的产能过剩又反作用于市场发育和高质量发展;②在市场的发育中,中国厂商面临着日益突出的多样性问题、结构问题和需求水平提升的问题,如果厂商自己的研发能力不够,就难以有效地占领市场,也难以快速对市场变化做出反应;③市场的正常发育受到一些非正当行为和信息的干扰,如回扣、寻租、夸大性的广告和假冒伪劣等,这些行为和信息使靠研发高投入的厂商难以进行正常的市场竞争。

第二,企业进化阶段。

通常情况是,在经济和社会水平发展到一个相当高的阶段研发活动才进入经济体系,并持续发挥特定的作用;或者是在一开始,较高级阶段的经济系统有可能就是从研发机构起家的。而对于中国的情形,人们常说的事实就是企业的研发机构少、研发投入低等。这种状况除了源于计划体制的影响外,其总的问题还是我国企业当下发展的阶段性问题。我们可以通过观察印证这一点——中国的企业在规模、研发能力和水平、市场开拓能力、管理水平等几方面,基本上均衡在相近的水平线上。特别是在研发能力上,人们可看到更多的情形是国内企业的总体水平决定着其研发能力的建设(当然在有的产业里是研发或科技引导企业的发展,如中国石化产业、微电子产业和一些高新技术企业及民营科技企业),再加上中国国有企业在体制转轨中投资机制、决策机制等还没有健全,因而现在很难完成企业向研发引导型转变。将来的可能情况就是或者企业实现了这种转变,或者是新出现的企业越来越多是研发引导型的,从而也就使整个产业能力和水平得到进步。

第三,经济动力。

本文使用的经济动力的概念是指影响经济主体为获得经济收益而做出决策、采取行动的驱动力量。这个经济主体可以是厂商，也可以地区或国家。这种动力成为经济发展的障碍主要表现在对经济主体的影响已有很大的惯性，难以在短时间里得到转变。例如，旧体制下人们对资本扩张和劳动力大量投入的经济增长方式已经习以为常，对把经济增长或发展转移到依靠科技进步或研发、人力资本方面有所不适应。从厂商方面来说，由于过去技术进步或创新的主体地位并没有得到实质性的确立，都是依靠政府的计划进行技术改造和技术创新，依靠外部力量进行研发活动，如政府投入、科研院所和大学的科研力量等，在面对新的经济增长方式转变的要求、面对知识经济的挑战时，过去的习惯和动力已部分地成为阻力。

第四，结构调整和经济秩序。

我们在经济结构和经济秩序方面所遇到的困难主要表现在：①产业结构处于低级阶段，技术密集型产业、高技术产业的比重还比较低；②市场结构中，有现代意义上资本规模大的企业的比重小，在开放型经济中抗冲击能力不强；③市场上产品结构不合理，品种的更新换代滞后于市场变化；④区域工业生产结构基本雷同，形不成合理的分工和布局。

经济秩序对经济发展的阻碍主要表现在市场经济条件下投资、金融、流通或交易等秩序还没有完全建立起来，经济活动中经济主体的自我约束力不强，缺乏使企业依靠技术进步和自我创新以求发展的必要的外部环境，从而影响总体经济效率的提高。

27.2.3 科技与经济共同的问题

第一，科技与经济的关系范式。

从科技与经济的关系来看，我们正从旧的范式向新的范式转变。这里范式是指科技与经济结合的关系类型，它左右着人们如何用经济来支持科技，以及如何用科技来解决经济发展中的问题，它决定着国家或企业的技术进步和创新的方式，决定着在一个经济系统中的技术扩散和技术选择。我们现在的问题就是旧的范式已难以满足"两个根本性转变"的要求。范式的转换总是突变性的,新的范式不是从旧的范式逐渐转变得来的。新范式的成熟是一个过程,标志着科技与经济结合的各种新机制从萌芽发展到健全的体系。在成长过程中要经过市场的淘汰,最后形成一个科技与经济的新范式。改革开放以来,中国从技术、产业到体制机制经历了许多改革,而且还不断涌现出新的改革和创新,但是,这个新范式还没有定型。我们现在不仅面对新与旧的矛盾,还更多地面对各种"新"与"新"的矛盾和竞争。

第二,技术支撑和技术选择。

从新增长理论视角来看,技术是生产力函数中重要的变量之一。经济系统必须有其技术上的支撑条件,这就是一个技术选择的问题。在经济增长或发展方面,我们常常是直接想以怎样的速度去接近预设好的总量目标,对未来经济总量所需要的技术支撑有时候缺乏系统的设计,尤其对技术来源没有充分的估计,这样在技术选择时就只能选择最快的来源,且多是来自外部的技术。但自身系统的技术源和经济要素没有得到很好的衔接,这样就使众多产业的增长或发展是沿着外部技术所提供的路线和方向发展的。中国彩电行业就有这样的情形,我们有一个庞大的行业生产能力,但不能决定该行业的未来。

第三,战略调控。

发展中国家在发展经济时,既重视市场前提,也注重政府的作用,特别是国家战略或发展计划的引导作用。在经济发展过程中,科技或经济或其他因素如政治、文化等其优先次序是随时间变动的,特别是应随着全球经济大体系中技术革命浪潮的起伏,产生相应的变动。可由于计划体制刚性结构的延续,我们在战略应变上还是不够。欠发达国家在战略设计中多是为了应对外部环境的挑战而将内部要素进行必要的重组,但是环境的挑战已经是显在事情了,如发达国家已将技术变成了产业,欠发达国家才开始准备应付其挑战。这样在战略上就已经有一个滞后期了。所以对于追赶型的国家经济来讲，战略的超前准备有一个最优度的问题。战略调控就是围绕这个最优度进行管理和调整。但若偏离这个最优度，战略的积极作用就会降低，甚至会走向对立面。

第四，问题的影响及后果。

上述所谈的经济发展中的障碍或问题有经济性的、有管理性，还有其他类的。这些障碍有暂时性的，也有长期的。这些障碍使我国的科技事业发展在速度上一时跟不上经济的快速发展。而经济发展由于效益和增长质量都不理想，造成经济发展的非正常波动，这也对科技有所增加的投入产生了负面影响。例如，价格的波动或通胀因素会大大降低实际对科技系统的投入，从而影响科技产出，又会潜在地影响未来的经济增长和结构调整。

第五，难点或焦点。

经济的难点在于其复杂性。笔者认为，中国经济有一个难点问题就是经济的超复杂性问题。就中国经济而言，发展不平衡，多元经济结构、多部门经济格局、多种经济体制、多档次技术水平、多种生产和经营方式并存，市场和产业格局尚处在大的变动之中。由计划经济衍生过来的一些体制因素，如政企不分、企业与事业单位性质不分等，使得中国经济大系统的变量是多种多样的，而且每种变量还有层次和结构之分。这种复杂性给理论分析带来的难度还是次要的，主要是给管理带来了难度，给科学技术的产业化、社会化带来了难度。

> 中国经济有一个难点问题就是经济的超复杂性问题。

焦点问题在于研发投入。当前人们常说我国研发投入的主要问题是投入严重不足，投入渠道不多，还未形成鼓励、吸引、扩大全社会多种形式、多种渠道投入的体系和良性循环的机制。

> 焦点问题在于研发投入。

笔者认为，我国目前研发的实际投入数字与公开的统计数字是有一定差距的。因为公开统计的数字只包括预算内的投入，只包括研发机构、企业和高等院校的数额，有相当大的数额并没有列入统计口径之内，如民营科技企业的研发投入、高新区的研发投入、乡镇企业和外资企业的研发投入，还有自改革开放以来，各行各业、各部门、各种民间或政府的组织机构及外来机构以各种形式筹集的支持研发或广义科技活动的基金等。这些投入统合起来不是一个小数字。但其中主要的构成部分民营科技企业或高新区的研发投入（两者有85%的重合）多是投入开发方面，这又凸显了我们在基础研究和技术应用基础方面的投入是极低的，特别是基础研究要比现在的6%更低。这使得中国研发与中国经济增长的纽带关系面临更严峻的挑战，技术供给不足将是一个较长期的问题。

27.3 问题析因

27.3.1 历史原因

上述一些障碍或问题有相当一部分是旧体制下形成或遗留的。例如，科技与经济在体制上的脱节、部门和地区分割、研究机构重复设置、课题小型化、分散化，使得本来就不多的经费不得不分散投入，有时又难免重复，在部门之间特别在地区之间，要在研究与开发活动上做到协调配合是不容易的，致使研发经费的有效利用率受到很大影响。

科学家和工程师的人均经费过低，极大地制约了中国科技人员积极性和潜力的发挥。这种过低现象首先是受我们现在的经济实力制约的；其次原有科技投入体系较为封闭，接受投资的渠道多是单一性质的；最后，我们在科技发展上也受传统计划经济发展某些观念的影响，注重人力投入，不注重科技系统其基础结构的系统化发展，再加上社会保障体系尚未健全，使后期资金投入多用于先期的人力投入上，从而使当前的研发资金落实不到当前的研发人员头上，因而也就无法行使研发和创新职能。

受社会体制总的演变的影响，我国科技体制在相当长的时间里处于封闭或半封闭（至少还要了解外国的科技发展）的状态，但近二三十年来，随着新技术革命的波及，在发达国家中科技和经济的关系产生了新的变化，其科技体制和研发机构的设置、各种社会要素对研发活动的广泛参与等方面的变化，使研发的含义和活动边界也都发生根本性的改变。这使得发达国家研发机构的投入环境有较大改善，如企业对各种研发活动（在一段时间里）持续增加投入。这种情形与我们的研发机构几乎全部依靠政府的投入形成鲜明对比。

另外，我国研发机构在功能设置上与政府目标是拟合的，主要是为政府的科学技术研究计划、战略目标服务。而随着时代的变化，如冷战结束，政府的目标也有新的转变，其研发机构职能的转变是缓慢而滞后的。政府部门由于战略调整和目标改变，势必会影响到有关研发投入强度的改变，这就会导致原来目标定向型研发机构在其产出和效率方面都会有所改变。

27.3.2 研发资本化、产业化程度低

过去由于体制和观念的约束，人们对研发可以资本化、商品化、产业化的认识是不够的，这也限制了研发可作为一种经济资源、要素、行为等作用的发挥。

研发资本化可分为两个部分：一是研发系统内的资本化；二是对外部的资本化。研发的商品化和产业化是外部资本化的具体表现。内部资本化程度低表现为：①受科技体制结构和学科结构设置的影响，原有研发支出形成的资产和研发的人力资本流动性较差。当一个机构知识产出降低时，它的资产无法为相关机构所有和处置。尤其在跨学科发展的年代，一个研发机构的资产完全可以经过有效的重组为别的机构所用。②我国在 R&D 活动中对人力资本或仪器、信息、战略政策等类别的投资是不平衡的。美国有一个较好的社会化科学技术基础结构，这样它可以将近 1/3 的研发投入用于科学家和工程师的收入，而中国用于科学家和工程师收入的部分只占研发投入的 1/8。由于我们没有一个较好的科学技术或研发的基础结构，这就迫使研发机构不得不自己拥有一些仪器、信息和资源储备。这种投入不仅挤占了对人力的投入，而且又将资金投入容易折旧还需加人力维护的物品上。③研发活

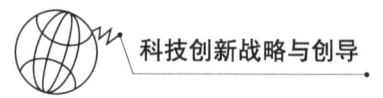

动成果的产出存在难以商品化、货币化的成分。但是在过去，政府科研机构的科研目标只是体现科技的先进性，忽视其经济性的价值层面，也疏于计算其应有的或潜在的经济价值。④在过去，不论是政府部门还是企业，由于没有将研发当作资本性投入，因而在最终产品和生产过程中研发的贡献难以体现，也就难以取得相应的收益。正是由于研发资本化程度低，从而导致了后续的过程，如商品化和产业化就缺乏一个很好的经济意义上的起点。于是，人们不难发现产业界、金融界与科技界对科技成果的看法常常是不同的，也会看到许多科研单位不愿意转让成果，主张自行商品化，这期间成功者有，失败者也不少。但有一点是不可回避的，就是要为资本化付出代价。

> 正是由于研发资本化程度低，从而导致了后续的过程，如商品化和产业化就缺乏一个很好的经济意义上的起点。

研发的外部资本化是指研发系统作为一种要素参与经济活动、社会化服务的过程。在过去，一个研发机构承担国家项目或课题，课题拨款与实际研发过程的经济费用不是等值的。我们的研发机构在过去几乎很少利用现有的资产参与经济活动或社会化的服务活动，如出租仪器、提供科技服务等。也有人对此表示不解，国家的投入或资产，为什么可用来收费呢？这就使这些研发资产难以形成正向积累和增值，并令研发机构或研发活动的作用变成非经济性的了。

27.3.3 产业领域中缺乏一体化创新机制

一体化创新机制是从技术创新所固有的科技与经济结合的本质出发，将产前研发与生产和市场营销反馈作为同等权重的管理要素予以设计和管理。在创新全过程中，以创新主体内部信息交流为主要手段，不断增进创新各类人员，特别是研发人员与营销人员的交流，保证创新行为与市场需求耦合，使企业进入创新增长的良性循环之中。创新的成功实现是企业内科研、生产和销售部门都充分参与的过程。在我国工业企业中，销售人员直接参与创新的功能相当薄弱，缺乏一体化创新是我国工业企业技术创新实施不力和效果不佳的重要原因之一。造成我国工业企业缺乏一

> 缺乏一体化创新是我国工业企业技术创新实施不力和效果不佳的重要原因之一。

体化创新的原因是多方面的，主要原因有：①企业并没有进入科技创新或技术进步主体这一角色；同时我们也缺少能从事创新、担当创新风险的企业家；②企业研发机构持续创新能力不够，不具备引导市场的能力；③一体化创新组织协调能力不强，增大了创新的内部风险；④企业的学习能力和同化外部技术能力弱，使企业越来越静止于自身孤立的技术开发，逐渐失去与外界抗争的能力。

27.4 对策和建议

根据对以上现状、问题和原因的分析，着眼于我们的发展目标要求，本文对我国研发投入和经济增长有关问题做以下考量。

27.4.1 确立研发是中国未来经济增长决定性要素的经济观念和政策指导思想

新时代科学技术是历史进步的决定性力量。研发就是科学技术具体过程化、系统化和实体化的表现。

这一决定性力量的经济学理论根据是现代经济增长理论。它将知识要素引进生产系统，提出知识或技术上的进步可以使经济系统实现收益（报酬）递增的效果。这个递增效果则是当代经济增长的一个新特质，知识和技术给经济系统带来的收益和增长效果是土地、资本和劳动力等传统要素无法替代的。

这一决定性力量的环境因素的根据是当前全球经济一体化、信息化的作用，将发达国家连带着许多发展中国家正走向知识经济的新时期。在知识经济条件下，知识的生产、使用、消费和更新都离不开科技研发，其中创新的作用更为关键，研发的实质就是知识的生产和更新，研发就是创新的源头。

> 研发的实质就是知识的生产和更新，研发就是创新的源头。

这一决定性力量的现实根据是在中国正在实施科教兴国战略，正将经济和社会的发展转移到依靠科技进步和提高劳动者素质的轨道上来。国家和企业都在采取有效措施以提高研发活动在国民经济或企业发展中的地位和作用，以此使我们的经济增长方

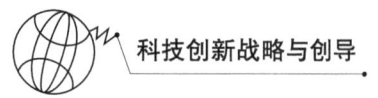

式尽快转变到集约型增长方式的道路上来。

27.4.2 针对中国经济的超复杂性，要有一个长期的、指导性的科技和经济战略框架，为研发发展定向、导航

我们需要市场来引导研发活动，特别是企业的研发活动要完全市场化。但我国是发展中国家，是一个有特殊经济和政治觉识的大国。我们所处的经济环境，现有的经济基础和条件，以及我们所面临的经济压力和挑战，都迫使我们对经济增长路径的选择有一个系统的战略思考。针对我国经济特有的超复杂性，如果从经济发展战略角度着眼，我们还会看到中国的经济是"总体追赶型+局部创新型"的经济、是"市场+国家战略"推拉的经济、是"速度型+结构调整型"的经济、是"开放型+自主发展型"的经济、是"多元结构+不平衡发展"的经济、又是集"资源型、技术型、资本型和知识型"于一体的经济。我国经济发展的战略设计要保证这样一些基本要求：一定的相对较高的速度，一定的经济结构调整的灵活性，足够的国家经济安全，稳定的人民生活水平提高等。上述经济性质和战略设计的各种要求使研发活动面临许多不同的目标要求。实质上对全社会的各种应用于经济发展的要素都有不同的要求。因此，制定好一个战略框架，明确各种经济成分和要素对研发的要求，突出研发是强目的性系统这一性质，引导科技要素与经济和社会发展要素的有效结合，亦即追求效益的极大化、效率的最佳化，从而缩短中国步入现代化、长入知识经济的时间。

27.4.3 以增加研发资本有效积累为前提，加大投入，提高质量，逐步建立市场经济体制下的全社会科技（研发）投入体系

研发与经济增长的关系是一个接近正反馈的关系，先有投入，后有产出；有新的投入，然后才有主要指标新的产出。促进科技与经济的进一步结合，关键在于建立一个市场机制能起到有

效作用的研发投入保障体系。

全社会科技投入体系的资金来源方有：①政府财政科技经费；②银行和金融机构的科技贷款和流动资金；③企业、科研院所、高等院校等单位的自筹科技经费；④风险投资机构的风险资金；⑤用于高新技术企业孵化的创业投资资金；⑥国外金融机构的科技贷款；⑦民间资金或私人投资；⑧国内外机构和民间捐赠。

为使我国的研发投入面临良好的投资环境，人们必须从以下几点去考虑如何增加 R&D 的投入：

（1）增大财政科技投入。特别是增加地方财政的科技投入。

（2）运用市场或其他经济杠杆、政策手段，引导、鼓励各类企业增加科技投入，使其逐步成为科技投入的主流部分。拓宽科技与金融结合的渠道；开辟风险投资资金业务；鼓励创设用于有益于科技进步的研发活动的社会基金。

另外，我们还要认识到能使研发系统有效运行的不只是资金的问题，还要有其他要素。研发支出应该包含多要素、多渠道的投入。这里其他方面的要素是指知识和信息要素、有关国家发展的计划或战略信息要素、智力或创造力要素等。

对研发系统的投入一定要考虑质量因素。因为对研发系统的投入与对土地的投入或对机器的投入其过程不可类比。对于简单生产系统而言，同等质量的投入可能对应同等质量的产出；而对于高级复杂的知识加工系统而言，如发射卫星，低质量就意味着失败，意味着什么也得不到。所以在给研发系统配置资源时必须投入高质量的要素。

使研发要素或活动资本化、商品化、货币化，增加研发资本的有效积累。一是如何促使研发资产或资本流动起来，其中包括人、财、物的流动；二是完善一定的政策环境，可使研发资产有更多的机会参与社会范围内的生产和服务；三是加强无形资产的评估和知识产权的保护，确保研发资产的增值；四是可通过多种金融手段或金融创新，使研发投入以多种方式实现其回报；五是完善社会保障体系，使对科技系统的投入尽可能多地转变为对研

> 使研发要素或活动资本化、商品化、货币化，增加研发资本的有效积累。

发的有效投入。

调整好研发内部的结构比例。这个没有什么理论来说明某个固定的比例是最好的。但从发达国家和新兴工业国家有代表性的基础、应用和开发3类研究经费比例来看，三者大体上呈现这样的经验性规律：1∶3∶6，而我国3类研究经费比例大致为1∶5∶10（0.6∶3.0∶6.4）。显然，我国的基础研究经费在研发经费中所占比例长期偏低。应尽快改变基础研究投入过低的严峻状况，调整好研发内部的结构比例，也是增加研发资本有效积累的重要途径。另外，还要调整好研发活动执行机构的比例和用途的比例，也就是说要加大企业和民事研发活动的数量与规模。

选择好增加研发投入的路径。前文已经谈到过，我国现处于研发投入和人均GDP双低的位置，这就是我们最现实的国情。人均GDP低表明生存或温饱的问题仍然对我们的发展有着直接影响，同时还表明在这样低的水平上，其国民经济的基础和产业整体水平也不够强大。这也提示我们要根据经济实际来选择增加R&D投入的路径。笔者通过图27-1来表现各种可能的选择。

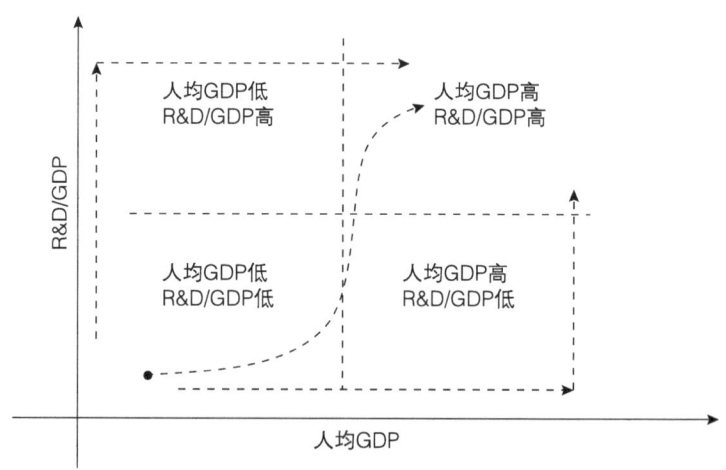

图27-1　研发支出与设想的增长

从图27-1我们可看出，从双低到双高，一般都是经过双低—人均GDP高、R&D/GDP低—双高的路径，然后到了适当的阶段才大幅并迅速提高 R&D/GDP 的比重，很少有经过单纯提高 R&D/GDP 的方式。但中国是一个政治和地理意义上的大国，那么，R&D 在国家政治、军事、经济、文化中的作用是有特殊意义的，所以中国的情形又不能像中国香港或中东地区国家那样走一条 R&D/GDP 很低的路径。从国际经验上看，日本 R&D/GDP 1957 年为 0.7%，1962 年增至 1.5%，只用了 5 年；同样的指标，韩国 1978 年为 0.63%，到 1985 年增至 1.48%，用了 7 年；中国台湾 1978 年为 0.68%，增至 1990 年的 1.65%，用了 12 年。印度增长相对迟缓，从 1978 年的 0.53% 增至 1987 年的 1.0%，花费 10 年。中国也许不需要这么长的时间，但中国应避免的是对科技投入的大起大落。因为在日、韩等国虽然有一个研发投入的高增长期，但后来也出现了人员投入相对不足的情况，而中国有能够保证人员充足投入的条件，所以，中国应该走一条 R&D/GDP 相对较高的、稳定的发展路径。

27.4.4 确立助力研发效率的新型宏观管理体系

一个新型的研发宏观管理体系应是体现科技和经济因素共同参与的体系。我们在前面章节已经提出研发系统是一个强目的性系统，又是一个非稳态的行为系统，这就使加强研发宏观管理体系显得十分必要。这种研发宏观管理体系不是科技管理或经济管理体系的简单叠加，也不是科技因素和经济因素的简单汇聚。它应该是一个开放和动态的管理，特别是能够针对研发系统的特性，能够突出研发的目标管理、方向管理，突出与国家或企业的战略目标的接口管理，突出研发与国家或企业的技术创新体系，以及其与生产、市场服务、教育培训等体系的界面管理，突出对研发系统运行的督导。这样研发对经济和社会发展的引导作用、促进作用、支撑作用等才能得以有效地发挥。

> 一个新型的研发宏观管理体系应是体现科技和经济因素共同参与的体系。

27.4.5 完善市场化的研发运行机制，提高研发活动的效率

完善市场化的研发运行机制，提高研发活动的效率，是提高

完善市场化的研发运行机制，提高研发活动的效率，是提高研发投资效益、推动经济增长的一个必由之路。对研发的投入总要落实到研发机构来执行，那么，研发机构的活动效率就成为提高投入的经济收益，使潜在生产力转变为现实生产力，使科研成果尽快转变新的经济增长点的关键。完善运行机制，提高研发活动的效率，要关注以下一些问题。

（1）给研发机构的创新发展定位定向，分类建好研发活动与管理的运行机制。

（2）按市场价值规律，强化资金、项目、人才的配置或结合。

（3）完善有利于研发系统发展的政策法规体系，使各种承担创新功能的研发机构得以发展，并对低效率的研发机构予以淘汰或改造。

27.4.6 促使研发直接长入经济，加快中国迈向知识经济的步伐

面对知识经济涌动的浪潮，我们要有两点清醒认识：其一，中国必将走向知识经济；其二，中国的知识经济之路不可能重复发达国家的老模式。鉴于我国国情，国家应统筹安排，合理规划。这包括以下几个方面：①加快我国的信息化进程；②积极应用高科技、信息技术、智能技术改造我们的传统产业；③以体现知识经济特征的有效政策来支持与知识经济相关的产业，促进其快速成长。这些产业包括高科技产业、软件产业、信息产业、环保产业、金融产业、智能服务业、科技咨询业、教育和培训产业等；④加强基础和高技术领域的研发，重点向知识的增量部分有意识地投入；⑤重视人力资本，提高劳动者素质，使研发资本与人力资本形成互动式的有效积累。

所有新的政策只有一个核心目的，即尽快提高我们自己的研发活动实力、能力及活力，造就一个有效的科技和经济的纽带，造就用研发引导经济增长、发展和经济结构调整的机制，这样我们才为我国未来的经济增长找到了真正的动力。

第二十八章　全球化中的新科技变革[①]

人们常常在长周期和短周期两个尺度上论及全球化。长周期的全球化是指一种生产方式或相应社会形态的生成并在全球蔓延，如农业的全球化、工业的全球化等，是指一个历史过程的全球性演变。短周期的全球化是指一项技术变革、一项业务或一个议题，甚至可以是一个产品、一个运动的全球化，如金融的全球化、应对气候变化的全球化、一款新产品的全球营销等，本质上是指全球联系的格局或机制。一般而言，长短周期的全球化过程，两者之间相互嵌套、相互影响、相互推动。其因果逻辑如"鸡与蛋"的关系一样，谁先谁后、谁决定谁一时无法分清。但总体格局上是长周期影响短周期，如许多专家学者所指出，人类尚处在工业化的长周期进程之中或者在后工业化阶段。短的周期也可引发或延伸为长的周期，如应对气候变化正在酝酿新的低碳经济模式，网络技术及电子信息产品所提供的新交往模式正迅速在全球范围内催生新的行为方式。

连续的美欧金融危机给上一轮某些议题的全球化画上了一个分号，同时开启了新一轮新议题全球化的帷幕。新一轮全球化已无法是上一轮议题全部内容的延续，有些新内容正成为新的全球性议题。其中一个重要议题就是新科技变革及它将要带来的种种影响。

> 长周期的全球化；
> 短周期的全球化。

[①] 本文发表在《全球化》2013年第10期。

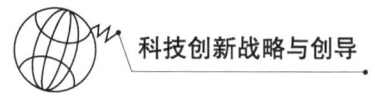

28.1 科学、技术和全球化中的科技变革

任何议题的全球化总可以还原为某种新思想或新生事物的产生、传播及全球性迁移演变,即一种创新的生成和创新成果的蔓延。在第一次科学革命、第一次产业革命以后,凝结着新思想、新知识、新方法的新技术、新产品,加之市场和资本的力量在全球范围内传播、转移,成为近代历史全球化展示的主要场景。[①]这时候全球化的动力主要来自新事物自身不可阻挡的力量。工业化过程并没有从先前农业经济发达或技术领先的国家产生;可一经产生便在一国之内催生新的市场、引发新的经济格局。不过对于众多的创新事物,人们在关注其全球化、享受其全球化、推动其全球化的过程中,常常容易忽略其生成和蔓延过程中最开始的关键几步。人们关于科技革命、产业革命的发展史已有很多研究,一些研究显示,越是对科技和产业革命的过程进行溯源,越是发现其早期脉络越发细小,一些很不经意的小变化就产生了日后带来革命影响的"蝴蝶效应"[②]。

> 工业化过程并没有从先前农业经济发达或技术领先的国家产生;可一经产生便在一国之内催生新的市场、引发新的经济格局。

随着历史的发展,人类的知识谱系始终与时俱进,不断变革。在早期历史中,是神话、巫术发挥着主导作用,接着是经学、经验类的知识发挥着主导作用。现代科学技术自第一次科学革命和产业革命后开始形成体系,只是在 20 世纪的发展中其主导作用才越来越显著。越是接近当代,科技变革对经济社会文化的基础性、引领性、主导性作用越发突出,同时科技变革本身的内容、形态和节奏往往成为成下一段历史进程的晴雨表和风向标。

科技是科学和技术的统称。科学和技术分开讲与统一在一起说意味并不完全一样。科学体系是命题性知识的汇总,讲究认知

[①] 参见伊曼纽尔·沃勒斯坦《否思社会科学》、乔尔·莫基尔《雅典娜的礼物——知识经济的历史起源》、赫尔南多·德·索托《资本的秘密》等书中对工业化和资本主义发展过程的描述。

[②] 这方面的事例和分析可参见杜君立《历史的细节》、詹姆斯·伯克《圆——历史、技术、科学与文化的 50 次轮回》等书。

第二十八章 全球化中的新科技变革

性、归真性和正当性[①];技术体系是指令性知识的集成,讲求的是实现、编码和操控。由于当代科学和技术两大体系深度嵌套、全面融合、互为前提、相互助力,于是在善于筐式综合思维的中国文化语境下,人们很快习惯于以科技统称。把科学和技术割裂开来显然与它们自身的发展规律和历史潮流相悖,但漠视、模糊两者的差异也会带来从文化思想深层到经济社会应用层面的一系列问题。如当下凯文·凯利有一本书 What technology wants?,被译成《科技想要什么》。这很能体现中国人对科学和技术特有的、倾向化的认知。对科学和技术不加区分所带来的后果是:人们往往会以技术的解释替代科学的认知、以技术的工具理性替代科学的理性精神、以技术的优势和差距替代整个科学技术的优势和差距。但真正需理性关注和反思的是科学上的弱势与差距,科学理性的生成和运用。

科学和技术两者的发展变革都受内在动力机制和外部环境影响,都有着连续性和间歇性。在间歇发展阶段,有断裂、有巨变,自然就有大的变革或革命。科学观念、理论的变革是长周期的,在短周期里更多的是技术变革议题。科学和技术革命的本质,我们暂且以越来越多的人接受的范式变革为基本描述,那么,科学革命的重要标志是基本观念和相应理论范式及实践的更迭。技术革命若以范式的观点看也应如此(但其中不仅是指基本观点和理论,也包括基本操控方式方法、手段工具的更迭)。但范式理论有一个特点:科技概念的尺度越大,涉及的因素越多,变革或革命的过程也就越多、节奏也越快。也就是说,只谈物理学革命、生物学革命,或者论及科学革命、技术革命,结论自然会不同。到了经济学领域,有一个专家们爱用的概念"技术—经济"范式,它所涵及的因素就更多了。按现在的技术和产业变动

> 科学体系是命题性知识的汇总,讲究认知性、归真性和正当性。技术体系是指令性知识的集成,讲求的是实现、编码和操控。

> 科学观念、理论的变革是长周期的,在短周期里更多的是技术变革议题。

---

① 参见乔尔·莫基尔在《雅典娜的礼物——知识经济的历史起源》中提出了不同于已往的认知当今科学技术知识体系新的类型化图示,并分析两类知识进入经济社会的种种遭遇和前景。其分析和相关论述参见该书第一章"技术与人类知识问题"第1~28页;第六章"知识的政治经济学:经济史中的创新与抵制",第222~289页。

的节奏，几乎谁都可以主张，有若干产业的"技术—经济"范式现在正发生革命性的变化。人们对长周期的事情更愿意拿望远镜去看，对短周期的事情则用显微镜来观察，结果自然也会不同。

经济社会背景下的技术革命与文化思想背景下的科学革命有着不同表现方式。技术革命更多地表现为一些暂时不被注意的技术革新有意无意地汇集在一个经济社会所注目的突破点上。从技术到产业的变革总是体现在细节的演变上：一个领域不经意的技术革新，在另一个领域往往就会引发革命性的变革。例如，内燃机相对蒸汽机而言是革命性的变革，而火花塞技术对于内燃机的发明是关键之关键；随着电现象的实验室再现，人们早于内燃机一百多年就知道了火花塞的技术原理，并且还初步用于大气探测监测。技术变革经常地汇集起来，带来难以计数的技术及产业变革或大大小小的革命：蒸汽机革命、内燃机革命、电动机革命、种子革命、化肥革命、高分子化合物革命、原子能革命、激光革命、电子管革命、晶体管革命、集成电路革命、工程塑料革命、碳纤维革命、网络革命、移动革命等。所以，大家对历史上发生的科技革命和工业（产业）革命，除第一次科学革命、技术革命、工业（产业）革命少有争议之外，第二次、第三次等技术和产业变革在内容及范围上都有争议。现在大家谈到的技术变革或革命往往是指新技术新产品产生了不可逆的技术替代效应或颠覆性的市场结构效果，如U盘（闪存技术）对硬盘（磁存储技术）、光盘（光存储技术）的替代；触摸屏对键盘和鼠标的替代、疫苗对药物的替代，诸如此类。在市场情景里谈革命和在历史脉络里谈革命终究不是一回事。

由于当代科学在基本观念和理论上较长时期尚无实质性的突破（如科技史家的描述，"科学的沉寂"已达60余年），当今大家谈论的科技变革或革命实质上是指技术意义上的变革或革命。如前所述，在中国语境下科学和技术是不区分的，即新科技变革或革命。现在的技术变革或科技变革一大重要特征表现为由连续的小变革与间歇的大变革组合而成。按照很多人的估计，现在又到了间歇的大变革阶段。

尽管科学技术的知识体系及其与社会的关联存在着种种变化，甚至显著的大变化，但静观其变，还是能看出一些比较稳定的特点。从科学和技术知识系统来看，第一，基于相对论和量子论的宇宙物质时空观、结构观、动力观和基于复杂生命系统的遗传、进化的生命观、生态观基本没变；第二，科学和技术的知识系统以基础问题为方向、以前沿突破为引领的创新模式基本没变；第三，科技知识体系超量、有序发展的模式基本没变；第四，科技发展中领军人物、关键人才的核心作用基本没变。从科技与经济社会发展外部关联来看，第一，科技创新加速发展甚至直接商用化、社会化的趋势基本没变；第二，科技创新全球化持续进展的态势基本没变；第三，科技在经济社会增量发展中的先导甚至主导作用基本没变；第四，科技创新持续对经济社会文化政治的辐射、渗透作用基本没变；第五，经济社会文化政治多变量影响科技发展的格局基本没变。

从对历史的多层面分析中，大家还深刻认识到，科技革命不仅取决于科技自身的变化，还在很大层面上取决于社会选择和建构，也就是说，科技变革或革命还是社会建构的结果，受科学和技术共同体、科技向社会的传播模式、社会对科技的需求等方面因素的影响和制约。相对于科技史上大的变革时期，现在不是科技平淡了、革命性的创新少了，而是在人们更高的期望下指望连续产出具有全球意义、革命意义的创新是不现实的。的确，牛顿的数学论文、达尔文关于进化论的论著、爱因斯坦关于激光的预言等都产生了革命性影响，但让每篇科技论文都产生革命性结果，这绝不符合科技和创新的规律。历史给我们的警示是：一旦人们意识到科技革命即将到来，实际上促成科技变革的知识革新、技术突破、市场应用等过程早已发生了。所以，科技变革不是被期待的结果，而是谁参与、谁建构、谁获得。"李约瑟之问"——近代科技及工业革命为什么没有在中国产生？其答案之一就是：中国当时没有出现参与或建构这次工业革命的创新者群

> "李约瑟之问"——近代科技及工业革命为什么没有在中国产生？其答案之一就是：中国当时没有出现参与或建构这次工业革命的创新者群体。

体。需要提醒的是，不论科技革命还是工业（产业）革命，其产生和形成声势还需要特定的制度及文化环境。

28.2 科技变革影响经济社会的新维度

第一次工业革命以后，科技越发显现出强大的、无可比拟的经济社会功能。科技创新与变革不断催生新兴产业发展和形成新的经济形态，在推动经济发展方式转变、经济结构调整中的作用日益重要，随着新科技、新产品的出现，全球贸易和投资结构也跟着转变，从而全球竞争格局、国家财富获取积累的方式也跟着转变。在全球议题的形成和解决方面，本土的科技实力、创新能力是其主导权、话语权和制定博弈规则的基石。总之，科技创新在创造需求、改善民生、促进就业、保障安全、全球治理等方面的作用日益彰显，深刻影响着人们的生产和生活方式，以及人们的思维方式、交往方式。

过去科技创新与变革影响经济社会是间接的、慢热式的。例如，科学革命首先是改变了人类的知识体系，通过教育和科学传播，科学渐渐地改变人对自然、生产、社会的认知，然后再改变人们的生产和生活方式。在技术变革方面，技术—产业的创新逻辑是：新知识导致新技术、新技术带来新产品、新产品衍生新产业、新产业促成新经济。科技社会化的逻辑是：先影响科技共同体内部，然后再是影响科技体系外部；先直接影响一小部分人，然后间接影响一大部分人。在过去，新科学和技术对社会文化的改变更是一个漫长的过程。到现在，科学也不能说全方位地战胜了宗教和迷信。

第一次工业革命后，人们首先认识到机械技术、热力技术的革命性力量；再经过电力技术、化工技术、无线电技术、核能技术、激光技术、网络技术等的推动和示范，人们越发意识到由基础科学引领的技术变革，正成为人类历史新的引导力量。加上多次经济危机的考验、两次世界大战和冷战的比拼，世界性话题的

第二十八章 全球化中的新科技变革

热议，科技创新与变革对经济社会的影响在人们的注视中变成了直接的和快启动的。

今天科技带给人类最直接、最深刻的影响是其正在创设新的人工世界，亦即新的生态及新的生命存续过程，并把新的人工世界作为人类本质新的成分。试管婴儿技术已向地球输送数百万名新生命。到不远的将来，合成生命与人造子宫成为现实并规模化运作时，人类将全方位地开始人工世界的时代。与大的地质和生态周期相比，人工自然的历史还是太短了；但人类在较短的时间里，恰恰以科技创造改变着人和自然的关系。

科技带给人类另一直接影响是大大提升了人类的控制力，并将其作为人类遗产在传承和繁衍。凯文·凯利在《失控》一书中用了两句话很好地概括了这一趋势，"二十世纪的核心事件，就是对物质的颠覆""二十一世纪的核心事件，是对信息的颠覆"。前一句话是乔治·吉尔德说的，后一句是凯文·凯利引申的。从控制物质到控制信息，从控制有形到控制无形，凡是有新物质的地方就会有科技，凡是有信息的地方也会有科技。科技的渗透性真正实现了无孔不入。

近代以来，至少有两大力量改变了全球历史进程：科技与资本；近代欧洲主导的全球化核心议题就是使（西方的）科技无处不在、资本无处不在。在过去，科技和资本是两个各自独立发展的体系。在第一次工业（产业）革命后两者开始结合；后来的产业革命就是两者结合演绎的结果。到20世纪后期，科技拓展了资本的内涵和范围，充实了其财富性、扩大了其流动性、增强了其融合性，赋予了其更大的渗透性和辐射性。科技与资本的结合已成为当代社会新的平台式动力。可以设想未来新的科技变革将是科技与资本更大范围、更深度的结合。"五四"运动以来中国一直在补科技知识、技能的课；改革开放以后，我们又开始补关于资本知识、资本化过程及相应的商业知识、技能的课。当年关于新科技革命的大讨论让我们以新的视角重新认识了科技、资本及两者的结合。时至今日，全球范围内知识与资本结合的方式、内容又发生了新的变化。这正

> 今天科技带给人类最直接、最深刻的影响是其正在创设新的人工世界，亦即新的生态及新的生命存续过程，并把新的人工世界作为人类本质新的成分。

> 科技带给人类另一直接的后果是大大提升了人类的控制力，并将其作为人类遗产在传承和繁衍。

> 科技拓展了资本的内涵和范围，充实了其财富性、扩大了其流动性、增强了其融合性，赋予了其更大的渗透性和辐射性。

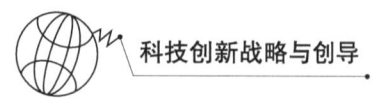

全球范围内知识与资本结合的方式、内容又发生了新的变化。这正是任何关注和分析全球化需要认真研判的事项。

是任何关注和分析全球化需要认真研判的事项。

今天的科技更是以直接影响个体的方式影响着当代的经济社会及政治和文化。全球化是今天任何事务、任何组织、任何个人无法回避的历史边界条件。因为相当一些影响生存和发展的资源从数量、规模、品类、内容、质量都要靠全球化的机制供给保障。考察当代个体的参照系，人们正在聚焦一个5C维度框架，即国家（country）、城市（city）、企业或职业组织（company or corporation）、集群（cluster）、社区（community）。5C分别给个体提供生存标签、生存平台、生存路径、生存脉络和生存文化。人们谈论全球化的议题，往往集中在上述5C的全球化。现在人们更多地议论硅谷的全球化，因为这里包含了上述5C全球化的所有方面。当前信息化、资本化与全球化融合在一起，为科技的全球化构建了很多新的条件和载体，越来越多的人已生活或工作在科技繁盛、创新密集的国家、城市、企业、集群或社区中。在推动全球化发展的力量构成方面，人们也会更多、更直接地感受到国家资本的力量、企业资本的力量（如跨国公司、企业网络）、城市资本的力量（诸如产业之都、金融之都、时尚之都、科技之都、文化创意之都，总是那几个所谓的中心在引领潮流、配置资源），以及正在兴起的集群资本或社区资本的力量。当前的网络社会形态、全球村或全球社区正是由集群或社区资本力量塑造的。随着科技进步和经济社会水平的提高，未来社会中科技知识、科技设施将成为一种标配，但创新的素质和能力将成为真正决定性的力量。而具备创新的素质和能力的创新者，其可以是个人，也可以是群体或组织。

在推动全球化发展的力量构成方面，人们也会更多、更直接地感受到国家资本、企业资本、城市资本、集群资本及社区资本等方面的力量。

28.3 科技、研发与创新相互交织又不相同的全球化

科技、研发、创新是3个高度相关又经常融合在一起的概念。每一个概念自身又是复合性概念，在描述和概括社会实践时视角又有所不同和侧重。科技侧重的是知识方法体系和社会建

制，研发侧重的是目标设定和资源组织，创新则侧重的是从创意到产品的总体整合和过程实现。同样谈及科技的全球化、研发的全球化及创新的全球化，人们也有着不同的侧重点。

当前科技的全球化体现在信息化对科技知识方法传播的推动、合作研究全球性议题、共建和开展大科学工程、扩大科技外交和国际科技合作等。研发的全球化主要是指跨国公司主导的研发全球化进一步深入，跨国企业间技术联盟、离岸研发外包业务持续扩大，小微企业或研发机构基于互联网虚拟平台协作研究加速发展。创新的全球化主要是指跨国企业的产品和市场创新，它们从创意的获取到创新产品市场实现，越来越多地依赖全球资源和全球同步的并行化组织过程。在科技全球化进程中，科技外交、国际科技合作、国际科技组织的价值日益凸显。在研发全球化、创新全球化的进程中，目前主要是指市场意义或企业层级的全球化，因而也主要是由有实力的跨国公司、创新网络掌控着全球化进程。

任何一个创新过程一般可分为创意生成、概念物化、工程化、商品化、市场化、产业化、国际化几个关键的节点[①]。过去，跨国企业的创新过程从创意到市场化基本上都是内部化的，而今从创意的获取到产业化的每个节点都可视情况放到企业外部及全球范围里进行；过去，从一个产品创意到产业化国际化实现要走很长的路、花费很长的时间，现在苹果公司开发的手机和平板电脑的事例给人们的启示就是这个过程可压缩到足够短，而且还能在全球择取最好的创新平台、研发团队共同参与。即使大家熟知的医药领域的研发，过去研发周期较长总是困扰着投资决策，现在由于研发外包和创新全球化也较理想地缩短了产品进入市场的周期。跨国企业正充分利用全球的市场和科技资源进行创新，这是上一轮研发全球化的结果，也是新一轮创新全球化的起点。

科技浪潮此起彼伏，由科技创新带来的经济波动在所难免。

---

① 可见本书第十一章和第十三章。

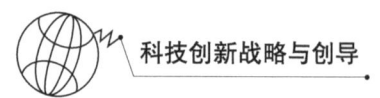
科技创新战略与创导

全球范围内的研发之争、创新之战是全球化时代产业经济、创新经济的典型特点之一。领先企业、先导领域、支柱产业的更替更迭已成为当代经济周期性的因素。这里笔者想引述一下,技术经济史上的卡德韦尔定律①、创新竞争中的克里斯坦森命题②。卡德韦尔定律核心意思是:没有任何国家能够保持技术创新的显著优势长达两代或三代,甚至更长的时间。克里斯坦森命题则提出:在竞争充分的市场中,再好的企业若只重复常规性、持续性的技术创新都难逃被颠覆性技术创新者打败的命运。而且随着人们对科技创新活动认识的深化,现在大大小小的企业都在主动谋划颠覆性创新策略,人们正迎来一个颠覆性创新大规模到来的时代③。这两个规律意在提醒人们,熊彼特的"创造性破坏"之魔咒随时会发生历史性作用,人们必须对科技创新进程中的企业治理、国家治理及全球治理给予重新关注和研究。这两个规律还提醒人们,创新过程、创新体系极为复杂,人们对创新规律探索和研究还处在初级过程中。两个规律都源自历史现象的经验总结,深层机制众说纷纭。但无论如何,首先要成为创新者,才能把握住创新所带来的机会。

熊彼特的"创造性破坏"之魔咒随时会发生历史性作用,人们必须对科技创新进程中的企业治理、国家治理及全球治理给予重新关注和研究。

首先要成为创新者,才能把握住创新所带来的机会。

28.4 全球化中的新科技变革与我们的对策

一进入21世纪,新一轮科技革命或变革就成为科技媒体、未来学者、智库专家热议的话题。几乎每年都有各种版本的"几大革命性技术""若干革命性创新"等内容充斥报刊或网站。有的文献我们还能体会到专家偏好,一些倡导者喜欢此类技术变革,同时缄口其他方面的技术变革(如里夫金在其《第三次工业革命》

---
① 关于卡德韦尔定律,在查尔斯·P.金德尔伯格《世界经济霸权1500—1990》、乔尔·莫基尔《雅典娜的礼物——知识经济的历史起源》等书中都有论述和分析。
② 见克里斯坦森《创新者的窘境》《创新者的解答》两本著作。
③ 见本书第三章。

一书中就避而不谈大家公认的生物技术变革）。对于技术变革甚至革命，人们不仅能做回溯分析，还能进行前瞻预测。受托夫勒影响，未来学者关于未来的描述、预测往往以能大谈特谈技术、产业、经济社会的显著变化甚至革命性变化为模版。尽管如此，很多技术变革的最终出现及其创新结果还是让大家意想不到。

着眼于全球科技创新态势，围绕新时期科学发展主题、转变发展方式主线的总体要求，走中国特色自主创新道路，实施创新驱动发展战略是我国必然而又现实的选择。党的十八大报告提出以全球视野谋划和推动创新，这对各类创新主体认识创新、组织创新和管理创新都提出了新的战略要求。笔者认为，我们可以从以下5个方面应对。

第一，面向全球化升级科技观、创新观。人们应从全球视角，以及推动、参与科技变革或革命挑战的要求出发，重新评价对当代科技、研发、创新有关理论及实践的认知，以"广谱、宽带、全频"的理念来认识及评价当代的科学知识和技术体系，以及从知识到产品或服务的各种创新活动。同时还要以同样的理念来看待科技创新与经济、社会、政治、文化等方方面面的联系，适时进行丰富和升级，倡导以人为本、原创优先、应用引领、开放共享的科技观、创新观，树立并完善与新科技观、创新观相适应的企业观、资本观、市场观、发展观等。

> 倡导以人为本、原创优先、应用引领、开放共享的科技观、创新观，树立并完善与新科技观、创新观相适应的企业观、资本观、市场观、发展观等。

第二，构建能充分发挥科技在经济社会增量创新中积极作用的体制机制。前文提到，科技在经济社会增量发展中的先导甚至主导作用基本没变，这一结论是相对于后工业化社会而言的。对处于工业化进程和深入发展中的中国而言，我们还需要加快构建能充分发挥科技在经济社会增量创新中积极作用的体制机制。科技是经济社会增量创新中最为活跃的成分；创新是一个经济社会以增量引导和升级存量的基本过程。在创新型国家，对科技、研发的投入都被视为对未来的增量投资。所以，一个创新驱动的社会不是科技资源或研发投入如何围绕经济热点转，而是经济和社会资本要围绕科技创新端来转。旧的全球化是发达国家的知识技术跟着资本和金融走，跨国企业投资成为主要带动因素和动力。

> 科技是经济社会增量创新中最为活跃的成分；创新是一个经济社会以增量引导和升级存量的基本过程。

新的全球化将是资本和金融跟着科技创新走,创新载体、创新人才是主要的平台和动力。我们应密切关注科技全球化与资本全球化结合的过程,特别要关注由科技变革如何影响甚至引导资本流动和资源配置。

第三,开发建设多类型的创新载体。政策总是鼓励人人创新创业,但政策制定者必须关注并知晓一个严酷的事实:最终成功的创新者总是少数,甚至极少数,创新者很难挑选、很难常规化培养。创新者什么样?他/她们会在哪里冒出来?与其关注这类问题还不如关注:创新者更愿意在哪里发挥作用?创新者的引领功能如何有效发挥出来?为此,积极构建和发展适应创新者栖息和发挥其作用的创新型企业、城市、集群和社区等系列创新载体至关重要。例如,能像硅谷那样,自发地形成创新者的栖息地,这会让人称羡;如有必要,还可着眼于全球,建设有全球影响力的科技(创新)综合体(technopolis),它可以是孵化器、科技城、科技园区、大学、科研组织或科技企业集群,但核心在于它能提供创新机制和环境。不论是科技创新还是产业革命,总是在寻找最适宜的地方率先发生。

第四,有效而正当地发挥科技共时性在全球治理方面的作用。科学理论和知识的普遍性,技术及产品的标准化,传播的信息化、网络化是当代科技共时性的重要内容,也是科技为社会共时性提供的重要资源和渠道。全球化与信息化的相互促进,信息化带来的全球协作,加上科技日益增强的辐射性、渗透性,使科技作用于社会的共时性因素增多、共时性效果增强。特别是在一个日益碎片化的社会中,社会治理、社会整合更是绕不开科技、信息化这类共时性方法与手段。发挥好科技共时性作用,一个民族、一个区域会更好地融入全球化进程,并在这一过程中能更加积极主动地发挥出应有的影响力和塑造力。

第五,提升谋划和推动创新的功力。我国的企业和大学、科研院所等创新主体在过去的创新中已表现出应有的竞争力,但从整体上我们的确存在自主创新能力的短板或瓶颈。我们在谋划和实施创新方面都要下功夫学习、追赶和超越。从谋划创新要求来看，需要提高3个方面的能力：一是面向不断变动的市场或产业格局对重大创新机会的识别、捕捉能力；二是面向日益复杂的科技发展态势对技术路径的选择能力；三是面向在竞争中生成的产业格局对重大创新技术或产品体系的架构能力。从推动创新要求来看，也需要提高至少3个方面的能力：一是在竞争和流动中对创新要素或资源的获取能力；二是面向开放创新对研发流程、商业化流程创造性的组织能力；三是根据竞争与合作需要对核心知识产权的运用能力。

在比较经济发展史、当代科技史、近现代中国历史时，人们常感慨中华民族数次与科技革命、产业革命失之交臂，错失许多机会，还似乎担心新一轮科技革命再次把国人甩掉。有变化就总是有机遇。上头班车是机遇，上末班车也是机遇。无论怎样，对于新的科技变革而言，大家都是观望者，又都想成为参与者。科技变革的很多云彩似乎已然飘在空中，哪片有雨？下在哪里？答案重要也不重要。重要的是要知道，为什么总是有很多云彩围着山系、水系、雨林在下雨？答案就是一个：生态使然。第一次工业革命不是同时发生在整个英国，而是先从当时英国几个新产业集聚地或集群起步的①。这启发我们，打造一个持续产生、推动和参与科技变革、科技创新的生态更为重要。

生态使然。

---

① 保尔·芒图《十八世纪工业革命——英国近代大工业初期概况》，Dean, Phyllis, 1979,《The First Industrial Revolution》，以及伊曼纽尔·沃勒斯坦《否思社会科学》等著作中都论说及这一点。

第二十九章 以自主创新不断增显中国道路的内涵和特色[①]

——中国科技改革开放 40 年的探索和实践

中国的改革开放，这一中华民族在中国共产党的领导下进行的伟大事业，即将开启新的发展周期。改革开放过去的 40 年是我国科技生产力获得大解放、大发展、大创新的 40 年。40 年来，我国已初步建立起适应社会主义市场经济的国家科技创新体系及治理框架，科技实力和创新能力显著增强，科技在国民经济快速发展、转型发展、绿色发展中发挥了关键性作用，为中国特色社会主义现代化建设增添了勃勃生机。

29.1 改革开放将中国科技推入快速发展轨道

20 世纪是中华民族命途多舛的一个百年阶段。新中国的成立掀开了中华民族历史发展新的一页。特别是改革开放以来的这 40 年，让中国各行各业的现代化建设迈出了更大步伐，其中科技事业发展的重大事件、重大举措尤为醒目且意义深远。

29.1.1 科技是先行开放的前沿

> 科技是先行开放的前沿。

"文革"以后，我国科技事业率先在国际合作中迈开步伐，并在开放中接入全球科技发展的大趋势。我国抓住了冷战阶段后期的有利态势，以科技交流为先导，迅速扩大国际科技合作领域和

---

① 文章发表在《全球化》2017 年第 11 期，为回顾改革开放 40 年、展望发展新阶段约稿而作。

空间。1978年1月，中法两国在北京签订《中国和法国科技合作协定》。这是我国同西方发达国家签订的第一个政府间科技合作协议，开启了对外交往中十分重要和富有活力的新领域。科技合作在一定意义上成为当时我国对外总体开放的先行者。同年，我国又相继与西德、英、意等国政府分别签订了中德、中英和中意等两国政府间科技合作协定；1979年1月，中美签署了政府间科学技术合作协定。由此，我国与主要发达国家的科技合作全面展开。

> 科技合作开启了对外交往中十分重要和富有活力的新领域。

29.1.2 在解放思想和改革中拨正科技发展的指针

1978年，党中央召开全国科学大会。这是在国家百废待兴的形势下召开的一次重要会议，是新中国科技发展史上一座重要的里程碑。大会向全国发出"树雄心，立大志，向科学技术现代化进军"的号召，明确提出"四个现代化，关键是科学技术现代化""知识分子是工人阶级的一部分"等重大论断，重申"科学技术是生产力"这一马克思主义基本观点，澄清了长期束缚我国科技事业发展的重大理论是非问题。此后中央在科技、经济、教育、文化等方面的系列改革和发展部署，先后打开了"文革"中禁锢科技界的桎梏，共和国发展迎来了"科学的春天"。同年12月，中央召开中共十一届三中全会，这是我国改革开放肇始阶段具有标志性的历史事件。此次会议做出了把全党工作重心转移到社会主义现代化建设上来的重大历史性决策，实现了新中国成立以来党的历史上具有深远意义的伟大转折。会议针对当时我国科技和经济发展实际，提出了要在自力更生的基础上积极发展同世界各国平等互利的经济合作，努力采用世界先进技术和先进设备，大力加强实现现代化所必需的科学和教育工作，并进一步为科技教育事业的大发展提供制度保障。

1983—1984年，理论界展开一次迎接新科技革命挑战的大讨论。这是继真理标准大讨论后又一次有关现代化建设和科技思想的大解放。特别是其中关于中国与前两次科技革命、产业革命失之交臂，中国古代为什么没有产生现代科学的"李约瑟之问"等问题的讨论，更是让在近代史尤其是"文革"中失去了发展机会的国人深受启发。

1985年，中共中央发布《关于科学技术体制改革的决定》，确定了"经济建设必须依靠科学技术，科学技术工作必须面向经济建设"的战略方针，推出了改革科研院所的财政拨款制度，扩大研究机构自主权，探索科学基金制、科研课题制、同行评议制、技术合同制，创建科技园区，开辟技术市场，鼓励技术入股及科技人员创办或领办企业等系列重大改革举措。

29.1.3　因应施策，始终把改革开放作为科技发展的根本动力

此后，国家不断根据国际国内形势，面向国计民生和科技事业发展，做出一系列的有针对性的深化科技体制机制的改革安排[①]。

1995年，中共中央、国务院召开全国科学技术大会，做出《关于加速科学技术进步的决定》，提出了实施科教兴国战略——坚持教育为本，把科技与教育摆在经济、社会发展的重要位置，增强国家的经济实力及向现实生产力转化的能力，提高全民族的科技文化素质，把经济建设转移到依靠科技进步和提高劳动者素质的轨道上来，加速实现国家的繁荣强盛。至1997年，党的"十五大"把科教兴国战略和可持续发展战略确立为跨世纪的国家发展战略。

1999年，中共中央、国务院召开全国技术创新大会，部署和贯彻《关于加强技术创新，发展高科技，实现产业化的决定》，提出进一步实施科教兴国战略、构建企业技术创新主体、推动应用型科研机构企业化转制、建设国家知识创新体系，加速科技成果向现实生产力转化、大力发展科技中介服务机构、促进科技金融及风险投资发展等系列改革发展举措。

2006年，中共中央、国务院召开全国科学技术大会，做出了

---

① 万钢. 中国科技改革开放30年[M]. 北京：科学技术文献出版社，2008：1-20.

第二十九章 以自主创新不断增显中国道路的内涵和特色——中国科技改革开放40年的探索和实践

《关于实施科技规划纲要增强自主创新能力的决定》，发布了《国家中长期科学和技术发展规划纲要（2006-2020年）》（简称《规划纲要》），确定了"自主创新，重点跨越，支撑发展，引领未来"这一新时期科技工作指导方针，提出到2020年使我国进入创新型国家行列的战略目标。《规划纲要》立足国情和远近需求，有所为、有所不为，选定了一批科技支撑发展的重点领域，瞄准国家战略目标筹措实施若干重大专项，从应对未来挑战出发超前部署了前沿技术和基础研究，同时在深化科技体制改革、建设国家创新体系、实施促进自主创新的系列政策等方面也进行了总体部署。

2007年，中央在党的十七大报告中明确指出，提高自主创新能力，建设创新型国家，是国家发展战略的核心，提高综合国力的关键，强调坚持走中国特色自主创新道路，把增强自主创新能力贯彻到现代化建设各个方面。此后，2008年针对当时的国际形势，国务院出台文件，将推动科技创新作为应对全球金融危机的四大举措之一。2010年，国务院决定立足自主创新大力发展战略性新兴产业；同年在《中华人民共和国国民经济和社会发展第十二个五年规划纲要》中，将科技创新作为促进加快国民经济转方式、调结构的根本性举措。

2012年，中共中央、国务院召开全国科技创新大会，印发《关于深化科技体制改革加快国家创新体系建设的意见》，围绕国家创新体系建设系统地谋划和部署了深化科技体制机制改革的新目标和新任务。同年党的十八大报告提出，科技创新是提高社会生产力和综合国力的战略支撑，必须摆在国家发展全局的核心位置；要大力推进创新驱动发展战略，要以全球视野谋划和推动创新发展，要牢牢把握新时期科技改革发展的战略任务，促进科技与经济结合。

2015年，中央全面深化改革领导小组发布实施《深化科技体制改革实施方案》，在建立技术创新市场导向机制，改革国家科技计划管理，推进军民融合创新体系建设，创建国家实验室，改革创新人才培养、评价和激励机制,加快科技成果使用、处置和收益管理改革,打造区域性创新平台,推动大众创业、万众创新(简称"双创")等方面做出了系列部署,提出了143项重大改革任务。

2016年8月,召开全国科技创新大会、全国两院院士大会(中国科学院第十八次院士大会、中国工程院第十三次院士大会)、中国科协第九次全国代表大会,发布了《国家创新驱动发展战略行动纲要》,提出了面向未来建设科技强国的宏伟目标,将科技创新摆在国家发展全局的核心位置,深化部署、全力推动,规划了到2030年新一批重大科技专项,系统部署了创新驱动发展战略的各项任务,向着创新型国家迈出坚实步伐。

大家看到,总体的科技体制改革一直伴随着这40年的科技事业快速发展。这40年又可大致分为3个阶段:前10年、中间20年和后10年。前10年是改革的启动部署阶段,也是改革的阵痛期;中间20年为改革深化推进阶段;后10年为国家新型创新体系建设探索阶段。前30年主要是以开放促改革、推创新、求发展,并且从中努力实现了"从被动改到主动改、从被全球化到主动参与全球化"的转变;后10年则是在学习和摸索如何以创新促进改革并引领新的开放。这个阶段也是中国特色自主创新道路探索期及新型国家创新体系形成时期。

尤其是后10年,根据全面建设高水平的小康社会目标、中长期科技发展规划纲要,以及迎接新科技革命和产业变革挑战的新要求,国家科技发展战略、政策、改革等重大举措又进入了一个密集调整期,以接近摩尔定律的周期对科技创新相关工作不断做出研判、调整和重新部署。这个阶段也是共和国历史上难得的科技实力和创新能力进步较快的一个时期。

29.2　改革开放使科技与国民经济同步壮大

近40年来我国科技实力明显增强,科技发展为我国经济发

第二十九章　以自主创新不断增显中国道路的内涵和特色——中国科技改革开放40年的探索和实践

展、国家安全、社会进步、民生改善和文化进步提供了重要支撑，在一些重要领域实现了跨越式发展，深化并丰富了中国的工业化、信息化和城市化进程，为增强自主创新能力和建设创新型国家、推进全面小康社会建设奠定了良好基础。

科技实力步入世界前列。一个国家的科技实力以要素总量、投入规模为标志。40年来，我国研发人员队伍持续扩大，2016年达381万人年，居世界第1位；科技投入规模不断提高，2016年全社会研究开发经费总支出达1.57万亿元，居世界第2位，占GDP的比例为2.11%，已超过世界平均水平。不断增加的科技投入使科研基础条件得到改善，形成了包括大科学装置、大型科学仪器、国家重点实验室、自然科技资源库、科学数据库文献库、行业技术平台、企业研发中心等较完备的科研基础条件，一批世界瞩目的大科学工程，如黔南世界最大单口径射电望远镜（FAST）、合肥"人造太阳"核聚变装置、上海同步辐射光源装置、大亚湾中微子实验室、西南野生生物种质资源库等相继投入使用，构筑起了中国科技发展的新基础。

> 一个国家的科技实力以要素总量、投入规模为标志。

科技创新能力实现较大跨越。科技产出和创新成果是创新能力的基本标志。2000—2016年，我国国际科学论文数从世界第8位提升到稳居世界第2位，被引用次数从第19位上升到第2位，材料领域进入世界首位，还有8个重要领域国际科技论文引用率世界排名第2位。如今，我国的基础研究在量子通信、光量子计算机、高温超导、中微子振荡、干细胞、合成生物学、结构生物学、纳米催化、极地研究等领域取得了一大批重大原创成果，并首次荣获诺贝尔生理学或医学奖、国际超导大会马蒂亚斯奖、国际量子通信奖等国际权威奖项。在战略高技术领域，载人航天和探月工程、采用自主研发芯片的超算系统、国产大飞机、载人深潜器、新一代核能技术、天然气水合物勘查开发、新一代高铁、云计算、人工智能等成就举世瞩目。对纳米限域催化、等离子激元光学操控、深紫外非线性光学晶体、特高压电磁环境、钢铁材料组织调控等重大科学问题的突破性研究，为国家培育战略性新

> 科技产出和创新成果是创新能力的基本标志。

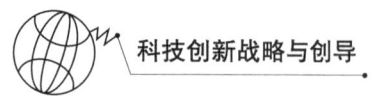

兴产业和颠覆性技术提供了科学支撑。近年来，我国发明专利申请量连续居世界第一，有效发明专利保有量居世界第三。在越来越多的产业技术领域取得群体突破，涌现出一批有创新能力、能运用前沿技术和引领产品创新的企业，如华为、腾讯、海尔、中车、国电等一批创新型企业跨入世界500强行列。由康奈尔大学、英士国际商学院（INSEAD）和世界知识产权组织（WIPO）共同发布的2017年全球创新指数中，中国已升至全球第22位，位居发展中国家前列。

科技创新创业活力持续迸发。创新主体的结构、市场交易量、活跃度等指标体现了一个国家创新体系的活力。目前，我国全社会研发支出份额中，78%约为企业的研发支出。2016年全国技术市场合同超30万项，成交额11 407亿元。政府支持的风险投资基金约有780支，为中小企业创新创业筹集资金达1.5万亿元（2015年）。国家倡导大众创业、万众创新的理念深入人心，"双创"活动密布各领域，遍及全国各地，以创业促就业正成为经济转型发展期最重要的稳定器。截至2016年，全国已发展各类众创空间达4298家，同已有的3200多家科技企业孵化器、400多家加速器、17个国家自主创新示范区和146个国家高新区互动互补，互联互通，形成了具有中国特色较完整的创业服务链条和良好的创新生态，为社会主义市场经济源源不断地输送新鲜力量。

科技支撑发展能力显著增强。在科技创新实力、能力、活力量质齐升的同时，科技对经济社会发展的贡献也大幅提升。我国在产业技术创新不断取得多方面突破，高新技术产业、战略性新兴产业规模不断壮大。基础工业、制造业、新兴产业、服务行业等领域技术创新能力持续增强，重大产品、重大技术装备的自主开发能力及系统成套水平明显提高，有力地支撑了三峡工程、青藏铁路、西气东输、南水北调、粮食丰产、奥运世博等重大工程建设和举国盛事。科技创新在调整经济结构、转换增长模式、解决"三农"问题、促进社会发展和改善民生方面的先导作用，

第二十九章　以自主创新不断增显中国道路的内涵和特色——中国科技改革开放40年的探索和实践

以及在应对节能减排、荒漠治理、气候变化、应急救险、传染病防治等重大问题方面的支撑作用都得到有力体现。据中国科学技术发展战略研究院测算，我国全社会科技进步贡献率已增至56.2%，科技创新已成为国民经济发展的主要驱动因素。

国家创新体系建设进展顺利。创新体系是国家或区域发展的动力总成。40年的不断深化改革，已将传统的科技体制转变为基本体现社会主义市场经济体制要求的国家创新体系。在新体系构建过程中，企业的技术创新主体地位逐步增强，在研发投入、科技应用、成果转化、高新技术及战略性新兴产业发展等方面已担当重任。高等院校在科学研究和知识转移转化方面，科研院所在前沿探索、集成创新方面的骨干和引领作用都有系统性地增强。在改革中应运而生的产学研协同创新、军民融合创新、产业集群创新网络、产业技术联盟、新型研发组织、科技中介组织、科技金融组织等规模日益壮大，功能持续完善，不断释放创新能量和活力，科技创新为经济社会发展提供了越来越多的源头引领和永续支持。区域科技创新空前活跃，北京、上海作为全球有影响力的科技创新中心、省会城市作为区域科技创新中心的地位日益凸显，广东、江苏、山东等地研发投入已超千亿级规模，成为建设创新型省份的先行方阵。我国已有61个城市提出了建设创新型城市的战略目标，国家高新区、创新型产业集群已成为区域经济发展的重要支柱，有效支撑和带动了地方经济社会的发展。

> 创新体系是国家或区域发展的动力总成。

国家科技创新的开放水平和影响力日益提高。我国已成为全球多极化创新版图中日益重要的一极，在主动布局和全方位融入全球创新网络方面不断迈出坚实步伐。国际科技合作的广度和深度进一步拓展，已与152个国家和地区建立了科技合作关系，积极参与了国际热核聚变实验反应堆（ITER）计划、伽利略卫星导航系统、人类基因组计划等一批标志性国际大科学工程。新近又启动实施了"一带一路"科技创新行动，同美国、欧盟等主要创新型经济体建立了创新对话机制，在国际高端学术会议、创新政策论坛、有影响的"双创"交流、重大国际科技合作项目等方面

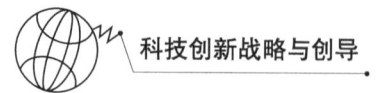

成功地主办了越来越多的重大平台性活动。我国的科技伙伴计划基本实现对发展中国家的全球覆盖,在国际科技合作中的引领和主导作用不断加强。

激励科技创新的政策法规体系及文化环境不断优化。40年来,我国的科技法规体系从无到有,由少及多,以《中华人民共和国科学技术进步法》《中华人民共和国促进科技成果转化法》《中华人民共和国专利法》《中华人民共和国科学技术普及法》《国家科学技术奖励条例》等为主要内容的科技法律法规体系不断完善,为科技事业在持续发展方面提供了体制性的框架支撑。围绕战略规划部署、重大发展、重大改革开放等议题的科技政策和管理措施系统性、针对性不断增强,为科技创新实践在全社会的深入开展提供了有效规制。不断扩大的科学普及、日益深入人心的"双创"活动,已然让越来越多的创客、爱好者及普通民众参与到科技事业发展的大潮中来,科技创新不再像过去那样单单是指科学家工程师、科技工作者这个群体的事情,正成为整个社会践行"创新、协调、绿色、开放、共享"五大发展理念的基本素养。

> 40年来,我国的科技计划管理体系经历了4次较大的改革调整。

政府科技创新治理能力和公共服务水平显著提高。40年来,我国的科技计划管理体系经历了1985年、1995年、2006年、2014年4次较大的改革调整(其中有些计划管理改革不是短期内调整完的),经历了科技计划从无到有、从破到立,经历了从主要面向科研或研发管理到面向创新管理的较大转变,正在形成适合科技创新规律、体现国家意志的新型管理模式。国家先后改革并完善了科技奖励、项目管理、评价监督、人才评价、创新激励等制度,建立起科技决策咨询、部门协调、国家科技报告、全国创新调查等系列新制度,正在建设统一的国家科技管理信息系统,推动完善国家科技信息共享、重大科技基础设施和科技基础条件平台开放共享等制度,使国家的创新治理能力和公共服务水平实现了空前的提高。

> 中国自主的科技创新原有初心。

中国自主的科技创新原有初心,在2006年借中长期规划纲要的部署和实施开始发力,加大力度追赶并适时弯道超车,科技创新能力和水平都进入了快速跃升期。总体水平与先进国家相比，我国科技出现了领先（跑）、并行（跑）、跟踪（跑）"三跑并存"的格局。根据"十三五"规划纲要编制前有关中外技术竞争的比对研究，在信息、能源、环境、生物、农业、海洋、交通、新材料、先进制造和公共安全等10个领域1149个技术群体中，我国已有17%的技术达到国际领先水平，31%的技术与国际先进基本同步，当然也有52%的技术与国际水平存在着或大或小的差距。[①]我国从改革开放之初的"基本跟踪、快速追赶"，到中期阶段努力"占有一席之地"，再到现在的"三跑并存"局面，中国科技发展态势实现了本质性扭转。目前最能体现我国技术水平的是越来越多的成套技术装备和系统性、平台性产品的出口，如超算系统、水稻杂交生产、青蒿素疟疾治疗、高铁系统、特高压输变电技术方案、新一代水/火/核电系列设备、定位导航授时（PNT）服务技术体系等，这也是我国在改革开放中向世界输出的创新贡献。

29.3　中国科技创新：40年间做对了什么？

中国特色自主创新道路自新中国成立之后就开始摸索。改革开放之后，正式开始了在全球化视野下的探索过程。中国科技事业40年取得如此进步和快速发展，主要靠什么？除了天时、地利、人和及中国特色等人所共知的因素外，以下的一些做法尤为值得记取。[②]

第一，始终坚持用正确的指导思想为科技事业发展进行战略定位。40年来，中国共产党作为中国现代化事业领导核心的执政党，始终能够正确认识当代科技创新的重大意义和作用，及时总结提出了"科学技术是第一生产力""人才是第一资源""创新是第一动力"等系列具有深远意义的思想论断，以此来统一全党、

[①] 参见中华人民共和国科学技术部主编的《中国科学技术发展报告2014》"引言概论"部分（科学技术文献出版社，2016年版，第1～14页）。
[②] 参见万钢主编的《中国科技改革开放30年》"导论——从科学的春天到建设创新型国家"部分（科学技术文献出版社，2008年版，第1～20页）。

科技界和社会各界的共识，在丰富和发展马克思主义关于科学技术和社会生产力的理论同时，为促进社会生产力的解放和发展创造了思想动力和社会基础。40年来，我国科技事业发展的实践充分证明，在全球和国家发展的重要时刻，中国共产党总是能够站在时代的前列，着眼现代化建设发展全局，做出有利于科技发展及科技生产力能力发挥的重大战略决策，并确保国家科技战略的贯彻落实和发展目标的顺利达成。

第二，始终坚持需求导向，持续推进科技创新与经济社会发展相结合。只有充分产业化、充分发挥其经济社会效能的科技才是第一生产力；而经济社会就是科技生产力实现其应有使命和价值的历史舞台。在改革开放中，我国科技工作迅速确定了服务于经济建设主战场的指导方针，并把解决国计民生发展中的重大战略问题、瓶颈问题、民生问题始终作为科技发展的优先任务。面向科技和经济社会的共同目标，**着力打造熔科技经济资源于一体的新型纽带和载体**〔如高新（技术产业开发）区、孵化器、新型研发机构〕，着力构建科技和经济要素充分流动、充分结合的体制机制，不断扩大及深化科技与经济社会发展结合的基本面，确保科技引擎作用和核心作用的发挥。

第三，始终坚持以人为本、以人才为首要资源，化人口资源特色为人才优势。在理念上坚持尊重人民的首创精神，崇尚"人才资源是第一资源"的理念，把激励和调动人的积极性、人才的创造力作为推动自主创新的政策前提。在方向上坚持科技为人所用、服务于人的基本要义，让巨大的发展需求成为科技创新的内在动力。在方式上坚持依靠人民，努力建设一支宏大的创新型科技人才队伍，把坚持以人为本作为推动科技事业发展的核心内容。在资源开发上坚持立德树人，始终把发现、培养、稳定和用好人才作为科技工作的根本任务，把培养造就创新型科技人才作为建设创新型国家的基础性工程。

第四，始终坚持以改革开放为科技创新动力，发挥市场机制和政府引导的积极作用。一是不断完善社会主义市场经济的体制机制，坚持发挥好市场的基础或决定性作用，为科技创新营造根本性的体制环境，从供给侧和需求侧两端发力，形成科技发展的根本动力模式；二是加强政策引导和法规建设，改革和完善现代院所、政府拨款、创新创业、技术市场化、科技产业化、科技奖励、科技评价等制度，努力保障改革重建后的创新体系常态化运行；三是推进形成了全方位、多层次、广领域、高水平的国际科技合作局面，充分利用全球科技创新资源；四是注重发挥社会主义体制机制优势，集中力量办大事要事。以"有所为，有所不为"来组织实施重大专项，充分体现了国家战略意志，力求实现目标领域的技术突破，以重点跨越带动系统升级。

第五，注重遵循科技发展与创新的规律，有效部署和推动科技事业发展。我国科技事业的决策者、管理者们坚持实事求是，深刻认识和切实尊重科学技术发展的规律、创新成果转化产业化及价值实现的规律，既超前部署基础科学和前沿技术研究，又能将多种政策举措、计划安排有机衔接。国家统筹"人才—项目—基地"建设与发展，以持续提升科研水平和创新能力；系统布局自由探索、国家目标导向、前沿技术引领、跨学科融合发展等各类别的研究，以有效促进国家的知识积累和应用；并行推进技术链、产业链、资金链、人才链、资源链等建设和发展，不断完善创新创业的平台条件。

第六，注重发挥文化的根本作用，构建良好的创新创业生态。文化是一个国家发展软实力的总体体现，对本土创新意识的孕育、创新主体的培植、创新策略的选择提供了最基本的资源。改革开放以来，我国始终把科学文化、创新文化、新科技文明放在文化总体建设和科技事业发展的突出位置，以强有力的政策手段形成合力，动员科学、教育、文化、经济、社会等多方面的力量投身到科学文化建设和科学技术普及中来。改革开放以来，我国的科普场馆、科普机构、科普服务都实现了长足进步，爱科学、讲科学、学科学、用科学的风尚得到根植性发展。同时包容创新的文化环境日趋完善，人人崇尚创新、人人渴望创新、人人皆可创新的社会氛围正加速形成。

29.4 继续深化科技体制改革开放面临的新态势和挑战

40年来，中国科技事业进行了较为系统的改革和深层次的开放，取得伟大的进步和举世瞩目的成就，必须清醒地认识到，与进入创新型国家前列和建设世界科技强国的要求相比，我国科技创新在发展中尚存在一些薄弱环节和深层次矛盾，有些是科技发展固有的矛盾，有些是在改革中不断积累的矛盾，有些是新生成的矛盾。总之，我国科技创新面临着新的局面和诸多挑战，主要包括以下方面。

新态势的挑战：一个持续的创新不平衡；两类瓶颈性的矛盾；三个系统性转型；四个逆势错位或缺失；五个能力方面的不足。

（1）一个持续的创新不平衡：我国科技创新发展长期面临着多方面的不平衡。一是区域间的不平衡，科技资源多集中于东部或南方省份、集中于沿海地区、集中于省会中心城市或改革开放较为深入的城市。北京、上海、广东、江苏、浙江和山东六地的研发支出已占到全国的近60%；而以国际专利申请的数量来看，深圳一个城市就占全国的40%之多①。二是创新主体间的不平衡。全社会研发支出结构中，企业的份额从2006年的71%上升到2016年的78%，已在全球范围内处于高位运行。三是企业间、行业间科技资源发展也不平衡。中国科技型企业发展报告显示，2011年543家科技型企业的研发支出占大中型工业企业研发投入的78.3%；而其排名前20位的投入已占到542家总规模的49.8%。制造业中，计算机通信、汽车、化工等7个行业的研发支出占全部企业研发支出比例超60%。但是，全国的专利成果又为大量的中小型科技型企业所申请和持有，大量的科技成果转化产业化、创新创业也是以中小企业为主完成的。

不平衡是任何创新体系都固有的一个特性或常态，全世界莫

---

① 《国家创新体系发展报告》编写组. 国家创新体系发展报告2014[M]. 北京：科学技术文献出版社，2016.

第二十九章 以自主创新不断增显中国道路的内涵和特色——中国科技改革开放40年的探索和实践

不如此。即便是在一个局部地方,一个规模较小的国家如瑞士、新加坡等,或者一个城市如北京、上海等,在其内部科技资源、创新活动的分布也是不平衡的。尤其是这类由科技创新带来的不平衡,又总是动态的、演进中的不平衡,亦即创新会持续产生新的不平衡,有的还是颠覆性创新产生更大的不平衡。当然,创新的不平衡是把"双刃剑",有些不平衡可以在进一步发展中得到消弭,但更多情况是科技或创新的不平衡正在被强化、被放大,而且目前还没有形成有效的对冲和平衡机制。

> 创新的不平衡是把"双刃剑"。

(2)两类瓶颈性的矛盾:一是不断发展的对科技的总需求与尚且来不及形成必要的科技创新供给能力的矛盾。这种需求的矛盾反映在两个层面:经济的需求与创新体系的供给矛盾始终在持续;在创新体系或创新链条上,原创性供给与成果转移转化、应用开发需求间也面临着长期供不应求的矛盾。科技成果的供给侧,即我国基础研究支出占全部研发支出的比例长期徘徊在6%左右,这就意味着1份原创性知识产出要对应着15～20份的成果转化需求。这一部分是现阶段我国科技创新体系的一大瓶颈制约。二是不断提升的实力、壮大的资源、丰富的内容与尚处在调整提升中的管理、治理和监管能力之间的矛盾。区域间、部门间、企业间各创新主体的分隔、合作困境依然存在。过去有的政府引导性计划,如火炬计划、星火计划,用了不是太多的投入就在高新技术产业化和农村农业方面营造出很好的创新局面。我们需要总结相应的经验。这其中最要紧的还不是投入的问题,而是如何实现有效的资源整合与不断优化的顶层设计。

(3)三个系统性转型:一是科技创新自身发展动力模式的转型。过去基本上以科技工作者为核心的动力模式,正在转向以全社会创新创业者为核心的创新驱动发展模式,就是现在常说的"双创牵引、双轮驱动"。二是科技与经济社会关系模式的转型。过去的关系模式是以经济问题、目标、矛盾为核心,科技创新只是辅助性、边缘性、后台性事务;而今正在生成的模式是以科技创新为核心并且需要进一步推动全面的创新,实现以科技创新为引领的全面小康，以及"五大发展理念"和"一带一路"等新目标。三是宏观科技创新管理或治理模式的转型，上述两个模式上的调整自然就带来管理或治理模式的调整需要，特别是在新的时期，科技创新要实现3个面向①（面向世界科技前沿、面向经济主战场、面向国家重大需求），就需要统筹好法律、规制、政策、信用、自律、传统等方方面面的治理工具，实现引领性、包容性及负责任的科技创新。

（4）四个逆势错位或缺失：一是关于知识生产及创新创业主体的认识。自被誉为第三次浪潮的信息技术革命以来，经由硅谷历练而成就的新型知识生产观、新型创新体系正为各国各界所接受，而我国在创新制度和政策安排上不再拘泥于或沿袭过去框架下那种科研主体已有的分工和角色。当今跨界、融合、共享、颠覆，以及创新创业与商业模式、产业生态一体化等新观念，要求人们重新认识实现创新驱动发展所必需的知识生产、分工与组织，给予适配其能的战略定位。二是关于强调创新要素还是注重环境生态。国际上的策略趋势是越来越强调创新生态整体的效能，这其中包括全社会创新创业热情、科研诚信、文化包容、法律规制等更为复杂的环境因素，而我们还在政策层面偏重于强调单个创新要素的作用与价值。例如，关于人才这一要素，已有相当多的、不同层面的政策分头予以重视，但政策叠加并没有使人才资源开发、作用释放的环境得到足够的改善。三是关于创新组织方式。国外企业、大学院所都已纷纷开始转型构建"开源、众包、社交化、并行式"的创新体系，而我们大量的企业和大学、科研机构（受历史发展阶段影响）正开始弥补创建中心化研发平台的"课"，有的企业想跟上趋势，构建开放的创新体系，可由于没有经历过中心化平台阶段，难以整合及掌控好来自外部的创新资源。四是关于创新模式与策略。科技资源丰富、创新创业较为先行的国家，已然在越来越多的技术和产业领域展开群体的、策

---

① 目前的新提法是"四个面向"，即加上"面向人民群生命健康"，作者注。

略化的颠覆性技术创新，而我们正在弥补面向机遇管理、应对变革管理、实施转型管理或组织再造等系列内容的短板。这些内容虽然不在颠覆性技术创新方案本身当中，但有这样的功力是有效实施颠覆性技术创新策略的前提；否则早晚会像柯达公司那样，眼看着被自己开发的新技术给颠覆了。

（5）五个能力方面的不足：一是科技创新能力特别是原始创新能力不足，影响着我国科技最终效果特别是引领能力的发挥。二是抓科技创新的机遇意识和能力不足，主要是针对重大创新机遇及颠覆性创新机遇，在识别机会、把握机会和创造机会等方面的意识和能力方面还缺乏足够的经验积累与主动而为；应对挑战、抢抓机遇的意识和能力制约，有的反映在思想观念上，有的则受制于深层次的体制机制障碍，动辄得咎，对参与新规则和新赛场构建反应迟钝。三是知识成果转移转化能力不足。我们还有很多基础技术、面向转移转化的工程化能力和积累都不够，重大产品或产业链主动架构设计能力不足，协同创新效率不高，致使一些领域科技基础仍然薄弱，关键领域核心技术受制于人的局面没有从根本上得到改变。四是面向时代要求的科技创新管理能力不足，主要在于管理意识、战略规划、运作体系和方法手段（虽有个别典型）总体上落后于需求和时代，富有创新思想又兼备专业与管理素养的高层次领军人才、高技能人才、高管人才十分缺乏。五是科技创新服务能力不足，这一系统性缺失表现在：市场化的科技创新服务机构定位不清，政策不配套，规模上不去；政府组织和提供的公共科技服务功能不全、共享不够，服务不深入；社会化的创新服务组织、第三方组织、非政府组织、志愿者组织等受重视度不够，发育迟缓。

在科技事业范围之外，我国发展还面临着许多其他方面的问题、矛盾和挑战。既然科技现代化是最为关键的现代化，科技是第一生产力，创新是第一动力，那么解决好科技创新面临的矛盾、破解相关问题，就是首先需要进行战略谋划的重大议题。特别是在新科技和产业变革进行期内，这些不平衡、矛盾及能力上

> 而我们正在弥补面向机遇管理、应对变革管理、实施转型管理或组织再造等系列内容的短板。

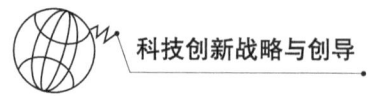

的不足，就构成了我们前进中的障碍。一系列矛盾、问题、困境与竞争、博弈、追赶、超越等因素相互叠加、交织在一起，我国科技创新面对的挑战从未像今天这样如此艰巨而复杂。

29.5 中国道路与自主创新

未来一个时期，仍然是我国现代化建设与发展的战略机遇期，也是我国迎接新科技革命和产业变革挑战的战略机遇期。全面实现小康社会目标收尾性的工作，面向中华民族伟大复兴和建设科技强国目标等很多起承转合的工作都将在此阶段陆续展开。

未来一个时期，中国特色、中国道路在此阶段将凝聚更多的资源，形成更大的力量，向着既定目标延伸。未来中国的经济规模、社会结构、产业竞争力、科技发展等都会在世界排名方面展示出应有的水准，配得上大国、强国的地位。但这些都只是中国特色、中国道路的外在表现。中国特色是一个文化的创导过程，中国道路是一个战略意志的创导过程。这类创导性实践以人性的理念、科学的预期为导引，融合了历史积淀与传承，释放实事求是的努力和奋发有为的创造。那么，将来中国特色、中国道路在内容上除展示出党的领导、人民为本、协商民主、民族气派等制度和文化因素外，笔者深信会有越来越多的内容和价值源自我们与时俱进、与民共享的自主创新。因为自主创新是创造历史的实践中最为积极活跃的部分，涵及原始性创新、集成创新和引进消化吸收再创新，是以科技创新为核心的全面创新，是用行动和结果来彰显自力主张的创新、自觉主动的创新、自强主导的创新。从这个意义上讲，只有积极地实践自主创新，才能不断地增显中国道路的内容和特色。

> 中国特色是一个文化的创导过程，中国道路是一个战略意志的创导过程。

> 自主创新是创造历史的实践中最为积极活跃的部分，……是用行动和结果来彰显自力主张的创新、自觉主动的创新、自强主导的创新。

面向未来，《国家创新驱动发展战略纲要》《"十三五"国家科技创新规划》等众多有关科技创新的战略文献已发布实施，战略目标、战略任务已然明确，战略举措正在展开，针对要解决问题的政策已发布，一些必要的改革已行动起来。在贯彻落实当

第二十九章 以自主创新不断增显中国道路的内涵和特色——中国科技改革开放40年的探索和实践

中，全社会需要重点把握好3个方面的关键性要点。

首先，知行合一，在自主创新中不断升级理论武装、开辟中国道路。越是伟大的事业，越是需要以正确的理论思想为指针。40年的改革开放实践也印证了这一点。面对新科技革命和产业变革，以及颠覆性创新群集到来的挑战，我们要大胆解放思想，升级与时代和形势相适应的科技观、创新观、发展观，在把握好党对科技事业政治领导的同时，用中国特色社会主义理论体系和中华民族伟大复兴宏伟目标的旗帜统一思想，凝聚力量，进一步激发广大建设者、创新创业者的想象力、创造力，升华创新创业境界。围绕新理念、新体系、新布局、新要求，积极探索并构建基于中国创新实践的新思想理论体系，并与科技创新发展实际密切结合起来，坚持走中国特色自主创新道路，坚定地把自主创新作为现代化建设的核心巩固到位，不断提高建设创新型国家和科技强国的实践能力。

> 围绕新理念、新体系、新布局、新要求，积极探索并构建基于中国创新实践的新思想理论体系。

其次，远近结合，强化面向科技强国目标的战略布局。解决不平衡诸多矛盾的关键是要着眼于战略和全局考量超前布好局。我国科技事业进一步发展应按照"五位一体"和"四个全面"的总体要求，从实施好创新驱动发展战略和体现"四个面向"等方面考量，统筹各创新主体规划目标，统合架构和资源，突出问题和目标导向，围绕增强国家先发优势及引领能力、推动大众创业、万众创新格局展开、提升原始性创新能力和科技供给保障水平、拓展创新驱动发展的战略空间、完善科技创新管理和服务体系、营造良好创新创业生态和文化氛围等六大主题，加快形成6个层面的战略部署，着力破解影响国家和区域科技发展的重大体制及政策问题、瓶颈或短板问题，凝聚和开发越来越多的创新创业要素和资源，让中国特色自主创新道路越走越宽，为中华民族的伟大复兴构筑强有力的战略支撑。

最后，内外兼修，加快提升基于现代科技的全球治理能力。后小康时代中国的发展离不开全球化，离不开中国与全球的同步发展。促进国家治理能力现代化及提高全球治理能力更离不开现代科技的广为应用、深度运用。国家在提升科技创新实力、能力、活力的同时，应更加注重提升科技创新对全球全社会的引导力、辐射力和影响力。战略管理者应把科技的引导力、辐射力和影响力视为科技实力和能力的重要组成部分，积极研究并充分利用科技的渗透作用、倍增器作用，以及现代技术在经济社会事务中赋权、赋能和赋值方面的主导作用，着眼于全球治理、创新治理议程中的重大课题有效地探索相应的方案和路径。

40年来，中国从一个比较落后的发展中国家向较高发展水平的变迁，这是世界现代化进程中具有标致性和深远影响的事件。40年的改革开放，与我们用科技、抓创新始终相生相伴，在未来它们还将相伴甚至融合在一起，为国家的可持续发展中提供永续动力。

参考文献

[1] 宋健.科学与社会系统论[M].济南：山东科学技术出版社，1991.

[2] 徐冠华.当代科技发展趋势和我国的对策[J].中国软科学，2002（5）：1-12.

[3] 徐冠华.通向未来之路：当代高新技术及其产业发展概览[C].长春：吉林人民出版社，1998.

[4] 冯之浚.论战略研究[M].北京：群言出版社，1995.

[5] 钮先钟.西方战略思想史[M].桂林：广西师范大学出版社，2003.

[6] 摩根·威策尔.管理的历史：全面领会历史上管理英雄们的管理诀窍、灵感和梦想[M].孔京京，等译.北京：中信出版社，2002.

[7] 约翰·达文，菲尔·约翰逊，约翰·麦考利.战略思维创新：变革时代的企业发展战略[M].杨世伟，佟博，徐芬丽，等译.北京：经济管理出版社，2003.

[8] 卡尔·W.斯特恩，小乔治·斯托克.公司战略透视：波士顿顾问公司管理新视野[M].波士顿顾问公司，译.上海：上海远东出版社，1999.

[9] 罗伯特·艾尔克斯，尼丁·诺瑞亚，詹姆斯·伯克利.超越管理精髓：重新审视管理本质[M].李新东，译.北京：经济管理出版社，2003.

[10] 刘琦岩.试论国家科技的层次性[J].中外科技信息，2002（1）：23-25.

[11] 凯文·凯利.失控：全人类的最终命运和结局[M].东西文库，译.北京：新星出版社，2010.

[12] 乔治·吉尔德.知识与权力[M].蒋宗强，译.北京：中信出版社，2015.

[13] 克莱顿·克里斯坦森.创新者的窘境[M].吴潜龙，译.南京：江苏人民出版社，2001.

[14] 克莱顿·克里斯坦森，迈克尔·E.雷纳.困境与出路：企业如何制定破坏性增长战略[M].容冰，译.北京：中信出版社，2004.

[15] 克莱顿·克里斯坦森.创新与总经理[M].郭武文，主译.北京：中国人民大学

出版社，2005．

[16] 克莱顿·克里斯坦森，迈克尔·E·雷纳．创新者的解答［M］．李芳龄，李田树，译．台北：天下杂志股份有限公司，2004．

[17] 克莱顿·克里斯坦森，史考特·安东尼，艾力克·罗斯．创新者的修炼［M］．李芳龄，译．台北：天下杂志股份有限公司，2005．

[18] 刘大椿．科学活动论［M］．北京：人民出版社，1985．

[19] 李汉林．科学社会学［M］．北京：中国社会科学出版社，1987．

[20] 张之沧．科学：人的游戏［M］．北京：中国青年出版社，1988．

[21] W.C.丹皮尔．科学史：及其与哲学和宗教的关系［Z］．李珩，译．北京：商务印书馆，1975．

[22] 理查德·罗蒂．后哲学文化［M］．黄勇，译．上海：上海译文出版社，1992．

[23] J.D.贝尔纳．科学的社会功能［M］．陈体芳，译．北京：商务印书馆，1982．

[24] 约翰·齐曼．元科学导论［M］．刘珺珺，张平，孟建伟，译．长沙：湖南人民出版社，1988．

[25] 麦克思·霍克海默．批判理论［M］．李小兵，等译．重庆：重庆出版社，1989．

[26] RORTY R.Essays on heidegger and others: philosophical papers［M］．Cambridge: Cambridge University Press，1991.

[27] CASTI, JOHN L.Paradigms lost: images of man in the mirror of science［M］．NewYork:William Morrow & Company,Inc,1989.

[28] 薛民．哈贝马斯科学技术社会功能理论评析［J］．复旦学报（社科版），1994（2）：36—40．

[29] 中华人民共和国科学技术部．中国高新技术产业发展报告［M］．北京：科学出版社，1999．

[30] 王缉慈，等．创新的空间：企业集群与区域发展［M］．北京：北京大学出版社，2001．

[31] 张景安，亨利·罗文．创业精神与创新集群：硅谷的启示［M］．上海：复旦大学出版社，2002．

[32] 陈益升．高科技产业创新的空间：科学工业园区研究［M］．北京：中国经济出版社，2008．

[33] M.卡斯特尔，P.霍尔．世界的高技术园区：21世纪产业综合体的形成［M］．李

鹏飞，范琼英，等译．北京：北京理工大学出版社，1998．

[34] 迈克尔·波特，郑海燕，罗燕明．簇群与新竞争经济学［J］．经济社会体制比较，2000（2）：21-31．

[35] 迈克尔·波特．国家竞争优势［M］．李明轩，邱如美，译．北京：华夏出版社，2002．

[36] 保尔·芒图．十八世纪产业革命：英国近代大工业初期概况［M］．杨人楩，陈希秦，吴绪，译．北京：商务印书馆，1983．

[37] DEANE P M. The first industrial revolution［M］．2版．Cambridge：Cambridge University Press，1980．

[38] 约翰·齐曼．技术创新进化论［C］．孙喜杰，曾国屏，译．上海：上海科技教育出版社，2002．

[39] 克利斯·弗里曼，罗克·苏特．工业创新经济学［M］．华宏勋，华宏慈，等译．北京：北京大学出版社，2004．

[40] MARK D，ROY R．创新聚集：产业创新手册［C］．陈劲，等译．北京：清华大学出版社，2000．

[41] 詹·法格博格，戴维·莫利，理查德·纳尔逊．牛津创新手册［M］．柳卸林，郑刚，蔺雷，等译．北京：知识产权出版社，2009．

[42] 约翰·E．艾特略．创新管理：全球经济中的新技术、新产品和新服务［M］．王华丽，刘德勇，王彦鑫，译．上海：上海财经大学出版社，2008．

[43] 威廉·L．米勒，朗顿·莫里斯．第四代研发：管理知识、技术与革新［M］．关山松，李彤，杨作兴，等译．北京：中国人民大学出版社，2005．

[44] 罗伯特·维甘提．第三种创新：设计驱动式创新如何缔造新的竞争法则［M］．戴莎，译．北京：中国人民大学出版社，2014．

[45] 杰弗里·摩尔．公司进化论：伟大的企业如何持续创新[M].陈劲，译．北京：机械工业出版社,2007．

[46] 斋藤优．技术开发论：日本的技术开发机制与政策［M］．王月辉，译．北京：科学技术文献出版社，1996．

[47] 迪伊·霍克．隐形VISA：面向未来的混序组织［M］．张珍，张健丰，等译．上海：上海远东出版社，2011．

[48] 克莱·舍基．未来是湿的：无组织的组织力量［M］．胡泳，沈满琳，译．北京：

中国人民大学出版社，2009.

[49] DAVID S E, ANDREI H, RICHARD S. 看不见的引擎：软件平台驱动下的产业创新和转型［M］. 陈宏民，胥莉，张艳华，译. 北京：清华大学出版社，2010.

[50] MABERLA F. Sectorial systems of innovation and production［J］. Research policy, 2002, 31（2）: 247-264.

[51] TIDD J. Innovation Models［EB/OL］.［2022-01-16］. http://www.emotools.com/media/upload/files/innovation_models.pdf.

[52] BRANSCOMB L M, AUERSWALD P E. Between invention and innovation: an analysis of funding for early-stage technology development［R］. Gaitherburg MD: National Istitute of Standards and Technology, 2002.

[53] 吕薇. 我国产业技术发展阶段与创新模式［J］. 中国软科学，2013（12）：1-7.

[54] 本·巴鲁克·塞利格曼. 美国企业史［M］. 复旦大学资本主义国家经济研究所，译. 上海：上海人民出版社，1975.

[55] 理查德·霍夫斯达特. 改革时代：美国的新崛起［M］. 俞敏洪，包凡一，译. 石家庄：河北人民出版社，1989.

[56] 黄安年. 美国的崛起［M］. 北京：中国社会科学出版社，1992.

[57] 李剑鸣. 大转折的年代：美国进步主义运动研究［M］. 天津：天津教育出版社，1992.

[58] 薄贵利. 国家战略论［M］. 北京：中国经济出版社，1994.

[59] 中国美国史研究会. 美国现代化的历史经验［M］. 北京：东方出版社，1994.

[60] 汪和建. 现代经济社会学［M］. 南京：南京大学出版社.1993.

[61] 塞缪尔·亨廷顿，等. 现代化：理论与历史经验的再探讨［M］. 上海：上海译文出版社，1993.

[62] C·赖特·米尔斯. 白领：美国的中产阶级［M］. 杨小东，译. 杭州：浙江人民出版社，1987.

[63] 富永健一. 社会结构与社会变迁：现代化理论［M］. 董兴华，译. 昆明：云南人民出版社，1988.

[64] 雷诺兹·诺曼，等. 美国社会：《心灵的习性》的挑战［M］. 徐克继，等译. 北京：生活·读书·新知三联书店，1993.

[65] 乔尔·莫基尔. 雅典娜的礼物：知识经济的历史起源［M］. 段异兵，唐乐，译. 北

京：科学出版社，2011.

[66] 刘易斯·芒福德. 技术与文明[M]. 陈允明，王克仁，李华山，译. 北京：中国建筑出版社，2009.

[67] 凯文·凯利. 科技想要什么[M]. 熊祥，译. 北京：中信出版社，2011.

[68] 詹姆斯·伯克. 圆：历史、技术、科学与文化的50次轮回[M]. 梁焰，译. 上海：上海科技教育出版社，2011.

[69] 詹姆斯·M.麦克弗森. 火的考验：美国南北战争及重建南部（上）[M]. 陈文娟，等译. 北京：商务印书馆，1993：11-32.

[70] 哈罗德·埃文斯，盖尔·巴克兰，戴维·列菲. 美国创新史：从蒸汽机到搜索引擎[M]. 倪波，蒲定东，高华斌，等译. 北京：中信出版社，2011.

[71] 赫尔南多·德·索托. 资本的秘密[M]. 王晓冬，译. 南京：江苏人民出版社，2005.

[72] 杰里米·里夫金. 第三次工业革命[M]. 张体伟，孙豫宁，译. 北京：中信出版社，2012.

[73] 彼得·马什. 新工业革命[M]. 赛迪研究院专家组，译. 北京：中信出版社，2013.

[74] 伊曼纽尔·沃勒斯坦. 否思社会科学：19世纪范式的局限[M]. 刘琦岩，叶萌芽，译. 北京：生活·读书·新知三联书店，2008.

[75] 戴维·赫尔德，等. 全球大变革：全球化时代的政治、经济与文化[C]. 杨雪冬，等译. 北京：社会科学文献出版社，2001.

[76] 查尔斯·P.金德尔伯格. 世界经济霸权1500—1990[M]. 高祖贵，译. 北京：商务印书馆，2003.

[77] 哈尔·海尔曼. 技术领域的名家之争[M]. 刘淑华，郭威，译. 上海：上海科技教育出版社，2011.

[78] DAVID V G, GEORGE K, RAYMOND W S, et al. Technopolis phenomenon: smart cities, fast systems, global networks[M]. Lanham: Rowman & Littlefield Publishers, 1992.

[79] 杜君立. 历史的细节[M]. 上海：上海三联书店，2013.

[80] 刘琦岩. 迎接颠覆性创新群集到来的挑战[J]. 中国科技奖励，2012（9）：70-72.

[81] 万钢. 中国科技改革开放30年[M]. 北京：科学出版社，2008.

[82] 中华人民共和国科学技术部. 中国科学技术发展报告2014［M］. 北京：科学技术文献出版社，2016.

[83]《国家创新体系发展报告》编写组. 国家创新体系发展报告2014［M］. 北京：科学技术文献出版社，2016.

[84] 郑新立. 科技创新能力显著提升不平衡现状需转变［EB/OL］.［2022-03-09］. http：//finance.sina.com.cn/roll/20140515/121319118370.shtml.

[85] 李政，杨思莹. 十年创新型国家建设：成就、经验与问题［J］. 学习与探索，2017（1）：123—131.

后 记

序言中谈到，世纪之交及稍后时间里是一段风云际会的战略调适期，并在全球范围内兴起了战略或策略研究热潮，波及政商各界，以及科技界、管理界等主要发展热点领域。本书关于战略议题的某些研究思考也是这段热潮的一个见证。

把早期的研究成果拿来重新发表，难免有立此存照之嫌。可在此集中刊印，只是想给读者提示3个方面内容：一是不想让后人吐槽，在这历史中难得的战略调适期，也是战略研究繁荣期，这代人并没有"以战术或学术之忙碌掩饰战略之懒惰"，虽然水平受制于当时条件，但还是积极思考了，也扎实地实践了。二是记录科技创新发展、改革、战略管理等方面面临的真实问题及可能不同于主流范式的新思考。这是笔者翻译伊曼纽尔·沃勒斯坦《否思社会科学》后所获的一大心得，即抛开传统学理思维范式重新思考、定位是科技创新或改革的逻辑起点。这在上上下下开始运用国家创新体系、产业集群、科技（成果）转移转化、高新技术产业开发区等政策概念或工具时，我们这一代研究者实际上在引介或应用过程中就注入了中国特色的思考。三是特别想指出的，所有的成功战略也都是在体系尚未完善、资源尚未均衡、信息尚未充分的条件下制定的。这期间我们制定的一系列战略策略都可作为相关案例分析和推演。书中特别列示了世纪之交我国R&D资源和投入的情况，对支撑一个大国的科技创新战略而言，让人深感捉襟见肘。我们按1000亿元支出和现在按30 000亿元支出的战略考量定然不一样，当时"体系尚未完善、资源尚未均衡、信息尚未充分"同现在的"不完善、不均衡、不充分"也大不一样，可对制定一个好战略的需求依然非常强烈，标准要求同样非常严格。

我和许多同代同道中人一样，非常感激这个时代给予的改革创新的机会，感激我所执事的机构及我参与过的项目或课题组，庆幸自己所遇到的老师和同学、领导、同事和朋友，受他们的鼓励和相互浸染，没放弃独立的研究与思考，在知行合一中领略了伟大时代的进步和历史风景。